AI 工程师书库

玩转 3D 视界

3D 机器视觉及其应用

刘佩林　应忍冬　钱久超　文　飞　耿相铭　著

電子工業出版社
Publishing House of Electronics Industry
北京・BEIJING

内容简介

3D 机器视觉是计算机视觉的重要组成部分。本书对 3D 机器视觉的基础知识、核心算法及应用进行了系统、全面的介绍，具体包括 3D 传感器、3D 数据表示、3D 数据存储与压缩、3D 数据处理、3D 几何测量与建模、3D 物体识别和 3D 动作识别等。本书力求理论结合实际，在原理与概念讲解的基础上，辅以简单的应用实例，便于读者深刻地理解各部分的知识点并学以致用。为满足读者自检与思考的需要，书中给出了一些思考题，并列出了主要文献供读者参考。

本书可供从事 3D 硬件、算法及 3D 应用开发的相关技术人员阅读和参考，也可作为高等院校信息工程、计算机视觉、电子科学与技术等专业的教材。

图书在版编目（CIP）数据

玩转 3D 视界：3D 机器视觉及其应用/刘佩林等著. —北京：电子工业出版社，2020.2
（AI 工程师书库）
ISBN 978-7-121-38258-1

Ⅰ. ①玩…　Ⅱ. ①刘…　Ⅲ. ①计算机视觉－研究　Ⅳ. ①TP302.7

中国版本图书馆 CIP 数据核字（2020）第 010181 号

策划编辑：王　群
责任编辑：徐蕾薇　　文字编辑：王　群
印　　刷：北京盛通商印快线网络科技有限公司
装　　订：北京盛通商印快线网络科技有限公司
出版发行：电子工业出版社
　　　　　北京市海淀区万寿路 173 信箱　　邮编：100036
开　　本：720×1000　1/16　印张：18.25　字数：350.4 千字
版　　次：2020 年 2 月第 1 版
印　　次：2024 年 1 月第 5 次印刷
定　　价：88.00 元

凡所购买电子工业出版社图书有缺损问题，请向购买书店调换。若书店售缺，请与本社发行部联系，联系及邮购电话：（010）88254888，88258888。

质量投诉请发邮件至 zlts@phei.com.cn，盗版侵权举报请发邮件至 dbqq@phei.com.cn。

本书咨询和投稿联系方式：（010）88254758，wangq@phei.com.cn。

推荐序一

在这个3D机器视觉飞速发展的时代，众多爱好者纷至沓来，却遗憾地发现并没有合适的资料可供参考，想要投身于这一新兴行业，只能在迷茫中慢慢开拓。作为3D ToF领域的深入研究者，我也曾感慨于3D相关教材的稀缺。因而当受到作者的邀请为本书作序时，我感到既兴奋又荣幸。兴奋于有一本面向3D初学者的基础教材即将面世，荣幸于能让很多3D爱好者在入门阶段看到我想说的话。这本书的内容重视基础，理论和实践关联度高，真切地为每一个入门者着想。阅读其中的内容，从硬件到应用，也让我回想起自己曾经和ToF一点一滴的故事。

1985年，我萌生了设计3D ToF传感器的想法。彼时，依据光通过空间的时间来测量距离，只考虑了点与点之间的距离，"ToF"这个术语甚至还没有出现，利用这样的方式进行成像的研究更是一个无人问津的领域。但在那时，我就希望能做出一个类似于3D相机的东西，让它都能够测量与物体之间的距离。

1987年，我完成了第一台激光扫描仪的原型，并将其应用于一个自动门传感器。它是基于一个大功率的激光二极管所发射的脉冲光实现的，光线穿过旋转的透镜后发生偏转，达到扫描整个场景的目的。

脉冲光在反射后被一个高速光电二极管接收，再通过一个由双极晶体管构成的放大器进行放大。在整个过程中，由一个模拟积分器完成时间测量，从激光二极管触发开始，到放大器输出反射光脉冲结束。通过这样的方式，我们得到了一台能以2纳秒的精度每秒测量10000个点的距离的扫描仪，在这个反射系统中，2纳秒相当于30厘米的精度。

然而，我始终心心念念的应用其实是一个既能够打开自动门，又能够在自动门关闭时保护其间的人和货物的传感器，这需要厘米级的距离分辨率。厘米级意味着什么？光在空间中的传播速度众所周知，若想要在光往返厘米级的距离所需的时间内响应，需要超高速的光电子器件和电子电路。可是当时的激光雷达技术只能做到几纳秒范围内的定时分辨率，几纳秒的时间乘以光速，仅可达到米级的分辨率。也就是说，要实现厘米级的分辨率，系统性能需要在原有基础上提高100倍。

如今，30 多年过去了，3D ToF 也从一个无人提及的词汇成为一个日渐常用的术语。硬件产品愈加成熟，从成像芯片到传感器模块，再到一体化相机。基于 3D ToF 的应用同样十分广泛，自主驱动汽车、自动门感应器、无人机避障、自动引导车辆、姿态控制及机器人清洁工等，各行各业的应用场景不胜枚举。3D ToF 成像领域的蓬勃发展，吸引了一大批初级爱好者和高级工程师的参与。但同时，乐观之余也要保留一丝冷静，3D ToF 成像的实现并不容易。它需要各种不同的、各具挑战性的工程领域的基础知识，如电子技术、照明技术、光学、图像处理、高等数学、统计学、噪声、大气物理等。恕我孤陋寡闻，据我所知，在目前从事这一广泛领域课题研究的教师中，还没有一位能够以直接的方式成功地实现 3D ToF 应用。

这也正是本书的价值所在，或许本书在内容深度上并不深，但在广度上却覆盖了初学者可能遇到的方方面面的问题。本书同样着力于规划科学的学习路线，将广度的内容以清晰的逻辑编织起来，努力帮助读者建立明确的思路，是不可多得的优秀图书。

这本书的功能在于让工程师从电子、信息科学或物理等方面，成功地将 3D 技术应用到他们的项目中去。本书同样可以为产品管理工程师提供技术诀窍，以便他们对所需的镜头系统、照明光功率、距离分辨率、距离精度、帧率等参数做出规划和调整。

Beat De Coi

推荐序二

近年来，以深度学习为代表的机器学习技术极大地推动了计算机视觉研究和应用的发展。一些多年来在该领域持续进行研究的科研人员在回顾这些进展时，也都会惊叹不已。对于计算机视觉领域中的很多基础问题，如 2D 图像中的图像分类、目标检测、图像分割、物体匹配、人脸识别等，之前很多研究人员都估计还需要数十年才能得到解决，但近年来这些问题一个接一个地被攻破，并且相关技术也被迅速地应用到不同的实际系统之中。在这种形势下，我一直在思考计算机视觉研究下一步的发展方向是什么。在深思熟虑之后，我觉得可以确认的一点是，由处理 2D 图像信息向处理 3D 图像及视频信息发展，肯定是未来的一个发展趋势。

尽管已经预测到 3D 视觉信息处理是计算机视觉领域未来的发展趋势，但当作者邀请我为本书作序时，我再一次惊叹于当前计算机视觉技术的发展速度，因为在技术快速发展的同时，相关的传感器芯片和元器件产业也都在高速发展，从而推动整个行业一起向前发展。在惊叹的同时，收到作者发来的邀请我也非常荣幸，因为和许多读者一样，对于 3D 图像及视频信息处理，我也算是一个入门者，近年来刚开始接触，很荣幸能够推荐本书给大家，和大家一起加入 3D 视觉信息处理的方法研究和应用开发的大队伍。

在翻阅整本书之后，我不禁感慨，现在的研究环境和条件真是好。记得十多年前，我为了获取一个场景的 3D 图像信息，在编写程序绘制黑白棋盘格、打印棋盘格、固定双目摄像头、拍摄图像序列、计算不同摄像头间图像对应点、估计摄像头参数、校正畸变后，最终得到的深度图还很不稳定，对环境的纹理要求非常苛刻。有了本书介绍的 3D 相机和开发环境，大家可以非常方便地得到高质量的 3D 图像及视频信息，自己只需将精力放在需要研究和解决的具体问题上。

本书在写作上非常注重可读性，章节内容组织合理、语言叙述通俗易懂，对基础知识的讲解非常到位，同时又非常强调理论与实践相结合，从零开始讲解了多个具体的 3D 视觉信息处理应用，是一本难得的从读者角度出发介绍 3D 机器视觉方法和应用的优秀书籍。相信广大读者在基于本书的内容进行学习时，能够很快进入 3D 视觉信息处理的方法研究和应用开发阶段，在最短的时间内将知识融会贯通。

中国科学院自动化研究所模式识别国家重点实验室教授

兴军亮

前 言

这是一本介绍 3D 机器视觉及其应用的书。在写这本书时，我和我的团队刚刚研发了基于时间飞行（ToF）法的 3D 相机，并期待着我们的 3D 相机——SmartToF®有规模化的应用。而在推广 3D ToF 应用的过程中，我们意识到，系统、全面地介绍 3D 机器视觉技术对 3D 应用的推广至关重要，遂着手编写这本《玩转 3D 视界——3D 机器视觉及其应用》，希望能和广大从事机器视觉技术的同仁在“3D 视界”中一起“玩”起来。

我们希望通过本书让更多进行机器视觉研究的同仁了解 3D 机器视觉，方便他们构建 3D 机器视觉的知识体系，因而在书中我们介绍了 3D 传感器、3D 数据处理、3D 物体识别与建模等多个层面的基础知识和算法。本书涉及光学、电子技术、信号处理、模式识别等领域的知识，虽无法全面完整地介绍所有知识点，但我们努力对构建 3D 机器视觉的知识体系所需的基础知识进行了介绍，本书可作为一本入门书籍。

本书也可以作为 3D 机器视觉开发者的应用指南。当前，各大手机厂商先后在手机中植入 3D 相机，3D 机器视觉应用的帷幕已经拉开，面向 3D 视觉的海量应用亟待开发。目前，2D 机器视觉已在各行各业中得到了应用，相比之下，3D 机器视觉领域还缺乏完善的软件开发环境和数据资源，需要从事机器视觉研究工作的同仁共建 3D 视觉的开发环境，面向应用实现各种 3D 算法的软、硬件。在本书中，我们介绍了自己开发的 SmartToF®的开发环境架构，一方面，使读者能在此基础上快速实现和验证自己开发的 3D 算法；另一方面，为构建特定领域 3D 机器视觉软件系统提供了架构参考。

我们力求通过本书让读者了解 3D 机器视觉的基本原理、方法，与此同时，我们也介绍了目前存在的问题，以期和相关同仁共同探讨 3D 机器视觉技术的未来。每个新技术的发展都遵循一定的规律，3D 机器视觉技术也是如此。当前 3D 机器视觉正处在应用的起步阶段，还有各种问题需要解决，如 3D 传感器的电信号处理、光源控制及光照环境自适应等，要实现智能 3D 相机，为每台机器人装配“慧眼灵瞳”，还需要各位同仁共同努力。

王伟行、王俊、贾佳璐、潘光华、金成铭、陈琢、郭维谦等人参与了本书的初稿及后续修订工作，他们对本书的创作起到了非常大的作用，再次向他们表示衷心的感谢。在本书出版过程中，电子工业出版社的编辑王群也给予了很多帮助，在此也向她表示谢意。

由于作者水平有限，书中难免有错误和不当之处，欢迎业界专家、读者给予批评和指正。

刘佩林

目录

第1章 引言

1.1 何为“3D视界”

3D是Three Dimensions的缩写。与2D（Two Dimensions，2D）平面相对应，3D空间就是三维的立体空间。

提到“3D”，很多人的第一反应可能是电影院里的3D电影，游戏迷想到的或许是3D游戏。3D电影是利用人眼的双目视差特性，将两个影像进行叠加，从而产生3D立体效果；而3D游戏则是构建一个3D立体空间，其中所有的基础模型都是3D立体模型，游戏场景更加真实。这些应用侧重的是感官上的3D特效，而我们所说的“3D 视界”，不仅包括这些，还涵盖了对客观存在的现实空间的 3D度量，如设计师设计的各种家装3D模型，以1∶1的比例还原真实物体的尺寸。另外，很多人都玩过Xbox体感游戏，而Xbox游戏机的体感周边外设Kinect，实际上就是一种3D相机。除此之外，苹果手机的“Face ID”面部解锁、近些年发展迅猛的3D打印等都是典型的3D应用。

计算机视觉作为人工智能的一个分支，侧重的是视觉方面的研究，通过相机获取图像，然后利用计算机对采集的图片或视频进行处理，最终实现用机器代替人来进行测量和判断等。从20世纪50年代至今，计算机视觉已经有了几十年的发展历史。20世纪60年代，Roberts尝试通过计算机提取3D多面体，开始了对3D计算机视觉的研究；20世纪70年代，马尔计算视觉理论被提出后，各种计算机视觉的理论和方法不断涌现；20世纪90年代，计算机视觉得到进一步发展，尤其是多视几何理论的提出，极大地加快了3D视觉的研究进程；到21世纪，深度学习崛起，席卷了计算机视觉各研究领域。总体来说，目前计算机视觉的体系架构和理论方法都相对成熟，业界已经有很多进入市场的应用，如 OCR 车牌识别、人脸识别、行为分析等。

这些应用基本上都是基于 2D 视觉的，而在现实场景中，2D 视觉技术存在一定的局限性，难以满足实际的应用需求。

首先是光照的影响。与 3D 图像相比，基于 RGB 图像的研究和应用更加依赖纯图像特征，所以在光照条件较差的情况下，效果都会非常差。这一点，大家在平时使用手机相机拍照时应该深有体会。

其次，2D 相机无法直接测量物体的物理尺寸，通常需要一些额外的标定操作。基于 2D 相机采集的图像，可以检测一些平面的形状，但很难得到其他物理特征，如物体倾斜角度、物体位置、物体体积等。这一点带来的影响在后续的章节中会陆续提到。

此外，2D 相机依赖目标之间的对比度，很难检测同色背景中的同色物体，无法区分具有相同颜色的物体。

还有一点是物体运动带来的影响。由于 2D 相机只能检测平面特征，当物体沿着传感器的光轴方向移动时，虽然可以通过时域特征和近大远小的特点检测到物体的运动，但无法精确获得其运动轨迹。同时，还存在另外一个问题，就是在识别物体时需要使用尺度不变的特征。

综合以上几个方面，我们可以发现，2D 视觉技术虽然已经普及，但在实际应用时仍然存在诸多约束。而且，在本质上，我们所处的世界是立体的，仅使用 2D 视觉去感知 3D 世界显然是不够的，因此，3D 视觉的应用十分必要。

1.2 如何玩转 3D 视界

玩转 3D 视界需要具备哪些知识呢？

“工欲善其事，必先利其器。”要想玩转 3D 视界，必须要有一台能够获取 3D 数据的设备，也就是这里要给大家介绍的 3D 相机。目前市面上常用的 3D 相机很多，根据测距原理的不同可以分为三种，分别是双目立体相机、结构光相机和飞行时间（Time-of-Flight，ToF）相机。其中，双目立体相机是双摄像头，结构光相机和 ToF 相机则是单摄像头。结构光相机发射的是结构化的光源，如光点、光线、光面等，而 ToF 相机则是向目标物体发射脉冲激光或连续波激光。每种相机的测距方式都有各自的特性，在不同的应用场景中也各有优劣，三种 3D 相机的选择也需要根据具体的需求而定。

本书基于 ToF 相机，介绍配套的底层开发工具包 SDK 和算法开发平台 DMAPP。DMAPP 平台是上海数迹智能科技有限公司（简称“上海数迹”）开发的算法平台，支持多平台、多语言开发，支持 Windows、Linux、Android 多种操作系统，同时支持 Python、C、C++等多种编程语言。开发者在使用时只需要调用封装好的函数，可减少基础算法的学习时间，降低实现难度，有效提高工作效率。

准备好设备和平台后，若想要快速高效地完成任务，大家必须对数据的存储结构、不同数据结构的特性等有深入的了解，这样才能更好地利用数据、表示数据。或许你已经了解过传统的数据结构，如堆栈、树、队列等，但 3D 数据结构与这些不同，3D 数据的表示方法通常比较直观且易于理解，其中还有一些是 2D 数据的扩展。常见的 3D 数据表示方法有很多，如点云、体素、多边形网格等，而最容易理解的就是深度图了。深度图是一种类似于灰度图的表示方法，不同的是，深度图的每一个像素记录的是物体距离相机镜头的实际距离值，而不是灰度值。而且深度图可以通过前面提到的 3D 相机直接得到，不需要进行其他额外的转换和处理。不同的 3D 数据结构之间可以互相转换，不同的数据表示方式有各自适用的应用场景，例如，体素可以用于医学成像、美术设计等场景。大家在深入理解 3D 数据后，可以根据应用场景自由地选择不同的数据表示方法，甚至可以自己构建新的方法。

但以上内容还不足以支撑我们玩转 3D 视界，因为我们要面对一个很现实的问题，那就是数据本身并不是理想的。如果你之前学习过图像处理的相关知识，就会知道，在 2D 图像处理的过程中会存在噪声和冗余等问题。同样，在 3D 数据的采集过程中，总会因为各种不可控的因素，导致采集的数据中存在噪声或误差。例如，当某个像素的深度值受到干扰而产生误差时，在转换成点云后，该点会出现在点集外部，这种就是飞散点，是我们不希望看到的。

3D 相机采集的数据必然会存在误差，这些误差从来源上可以分为两类：系统误差和非系统误差。系统误差是由相机本身的内部结构引起的，而非系统误差则是由外部因素造成的。为了消除这些误差或者减少噪声对后续应用的干扰，需要采用滤波器。滤波器的设计和数据表示方法有关，基于深度图的滤波器和传统的 2D 滤波器类似，常见的有空域滤波器和时域滤波器，空域滤波包括高斯滤波、中值滤波、双边滤波等，时域滤波包括滑动平均滤波、自适应帧间滤波等。此外，还有基于点云的滤波器，其针对映射到 3D 空间中的点云，如体素滤波器、统计过滤器、半径过滤器等。滤波器可以在一定程度上减少图像噪声的干扰，而数据的冗余则需要通过数据压缩来解决。无效的冗余信息的剔除、高传输效率和低空间占用率是未来 3D 应用领域的基本需求。3D 数据的压缩也可以分为两类：深度图的压缩和深度视频序列的压缩，但目前都还处于发展阶段，远不如 2D 图像压缩算法成熟，本书所述内容仅供大家学习和参考。

1.3 本书的主要内容

1.3.1 章节内容

本书的每一章都对应一个主题，从底层的数据结构到信号处理，再到上层应用，不断加深，循序渐进。同时，在应用部分，每章最后都配有对应的实践例程，供读者参考和学习。

本书后续分为两个部分，共六章。

第一部分是基础知识篇，包括对常用的 3D 相机、3D 数据表示和 3D 数据处理的介绍。

- 第 2 章介绍了常用的 3D 相机，对双目相机、结构光相机、ToF 相机的测距原理和标定补偿等内容分别进行了详细讲解。重点介绍了 ToF 3D 相机，包括 P-ToF 与 CW-ToF 的特性、重要的参数、误差与校正等，并对三种相机的特性进行了对比，介绍了三种相机各自适用的应用场景。在第 2 章的最后，介绍了适用于各种 3D 相机的通用开发平台——DMAPP。
- 第 3 章介绍了 3D 视觉常用的数据表示方法，包括深度图、点云、体素、三角剖分和 3D 数据存储格式。对每种数据格式的结构、生成方法、特性进行了详细介绍，利用每节讲解的知识，最终生成 3D 打印的模型。
- 第 4 章介绍了 3D 数据的处理和压缩。数据处理包括针对深度图和点云的噪声滤波处理，深度图滤波包括高斯滤波、中值滤波、双边滤波及两种简单的时域滤波；点云滤波部分介绍了滤除飞散点的直通滤波器、统计滤波器、半径滤波器及在下采样时使用的体素滤波器。数据压缩部分介绍了适用于单帧深度图和深度视频序列两类不同场景的压缩方法。

第二部分是 3D 应用篇，包括 3D 几何测量与建模、3D 物体分割与识别、3D 活体检测与动作识别。

- 第 5 章介绍了基于 ToF 相机的测量应用的主要步骤及其中涉及的主要算法，包括预处理、边缘检测、轮廓检测、形状检测、3D 测量等，还介绍了基于 RGB-D 的 3D 重建的主要步骤及涉及的主要算法。
- 第 6 章介绍了 3D 物体的分割与识别。应用背景主要是基于智能服务机器人执行任务的小型场景，通过平面检测方法实现目标物体的分割。物体分割是目标识别的基础，对于分割后的目标物体，通过提取物体的几何形状属性特征、结构属性特征进行匹配、学习，从而完成物体几何形状的识别与分类。此外，针对复杂场景中的多物体分割与识别，为了应对前景物体与背景高度融合及点云数据噪声性、稀疏性和无序性的挑战，通过融合 RGB-D 数据来设计神经网络，学习不同物体的 3D 特征，最终实现物体的语义识别。
- 第 7 章主要介绍了 3D 技术在活体检测与动作识别中的应用，从人脸识别、人体骨架识别、跌倒检测和手势识别四个方面进行介绍，包括相关概念、原理、算法设计与代码实现。学习完本章之后，读者能够自己实现一些简单的应用。

1.3.2 应用介绍

在 3D 视觉应用部分，本书围绕如下四种应用展开介绍。

应用一：3D 测量

3D 测量，顾名思义，就是指利用计算机视觉对待测物体进行几何测量，得到物体的 3D 尺寸、面积、体积等。3D 测量在我们日常生活中的应用非常广泛。例如，在物流行业中，通过测量包裹的几何尺寸，优化运输过程中的空间利用率，降低人力成本；在工业生产中，需要对元器件进行长度测量和体积测量等。与传统的接触式测量相比，基于 3D 视觉的测量更加智能且高效。用户只需使用 3D 相机拍摄几张图片，就可以计算出目标的 3D 尺寸。而且，3D 相机还具有体积小、功耗低的特点，适合移动便携式测量设备和嵌入式设备的开发。

应用二：3D 重建

3D 重建是计算机视觉中一个非常重要的领域。基于计算机视觉的 3D 重建分为基于 2D 相机的重建和基于 3D 相机的重建两类。早期，在 3D 相机尚未普及的时候，3D 重建技术通常以多幅 2D 图像为输入，需要进行相机标定等额外操作。而基于 3D 图像的重建因为输入简单、使用便捷，近几年逐渐成为新的研究热点。

尤其是随着深度学习的发展，基于单幅深度图的 3D 重建也取得了显著成果，但该方法往往需要一些先验知识或者约束条件来辅助重建。

应用三：智能服务机器人

前面两个应用更侧重于智能化的工业生产，未来，智能化还会走进家家户户，如智能家居、智能服务机器人等。其中，智能服务机器人近年来得到了越来越多的关注，人们期望借助其搭载的 3D 相机来帮助用户完成家庭场景中的日常活动，如摆放物品、避障移动等，这就要求机器人具有感知环境和识别目标物体的能力。高鲁棒性、高精度的物体识别是智能服务机器人系统的关键，虽然基于 2D 图像的物体识别在特定场景中取得了不错的效果，但视角、尺度和光照等因素的变化仍会导致物体识别失败，这也说明了 2D 图像特征对 3D 真实世界的物体和场景的描述依然不够。此应用聚焦智能服务机器人执行任务的场景，实现基于 3D 图像的物体识别与分割。

应用四：3D 人体动作识别

智能服务机器人进入市场还需要一定时间，但智能家居已经出现在我们的生活当中。例如，已经出现可以用手势控制的抽油烟机，只需要挥一挥手就可以开关抽油烟机，实现无接触式交互。智能家居的实现依赖本书介绍的 3D 人体行为识别。人体行为识别是一个很广泛的研究领域，本书选择其中四个课题进行介绍，分别是人脸识别、人体骨架识别、跌倒检测和手势识别。人脸识别涉及人工智能和生物特征识别等多个领域，其目的是实现人的身份识别与鉴定。人体骨架识别的目标是自动定位场景中人体的主要关节点位置，这也是许多高层次图像理解任务的关键步骤。基于骨架检测可以识别许多人体动作，如后续的跌倒检测等。手本身也是由多个关节构成的，是一个具有高自由度的物体，手势识别是指识别用户的手部动作，通过手势识别的结果，向计算机发送不同的指令，让计算机理解人类的行为，实现便捷智能的人机交互。

1.4 面向的读者

学习本书之前建议读者具备以下知识。

- 数字图像处理。本书是介绍 3D 视觉的书，其中很多知识都与图像处理技术相关，如滤波算法、边缘提取算法等。这些名词的具体含义，本书不再做具体介绍。

- Python、C++语言基础。本书大部分例程都是以 Python 语言为基础的，所以建议读者熟悉这门编程语言。Python 语言相对比较易懂，各种第三方库也比较容易安装。读者需要知道如何配置 Windows 下的 Python 环境，尤其要熟悉 NumPy、OpenCV 的使用。本书还有少部分的代码是用 C++语言编写的，所以建议读者了解 C++语言，要求不是很高，了解类的概念，会写简单的 C++代码即可。
- 机器学习。本书会用到很多与机器学习相关的知识，如支持向量机、随机森林，还有一些与神经网络相关的知识。这部分内容可能需要读者花费一些时间去学习。

如果你没有具备以上知识，可能会在学习本书的过程中会遇到一些困难，尤其是与机器学习相关的部分。所以建议读者在学习本书之前，先掌握以上知识。对于正在阅读本书的作者，我们有理由相信你已经具备这些知识了。

本书中所使用的 SDK 已经上传到 Github 上，读者可访问 https://github.com/smarttofsdk/sdk 或 www.smarttof.com/sdk 获取相关资源，同时可以了解针对本书提供的深度相机开发板的信息。

如果没有深度相机，你也不用担心，可以访问 https://github.com/smarttofsdk/3DWorld 获取本书中的全部例程及相应数据集。

最后，希望大家能够在阅读本书的时候感受到 3D 的乐趣，体会到 3D 的魅力，也希望大家在学习之后能够玩转 3D 视界！

第 2 章

3D 视界的硬实力与软实力——3D 相机与开发平台

主要目标

- 了解 3D 相机的分类方式及三种 3D 相机的应用场景。
- 理解三种 3D 相机的测距原理及各自的特性。
- 掌握三种 3D 相机的使用方法。
- 了解 DMAPP 开发平台的功能与使用方法，为后续开发做准备。

2.1 概述

3D 视觉涉及传感器、照明设备、计算软件、系统设计、应用端的相机模组及软件开发环境，每个环节都有巨大的科研和经济潜力。巧妇难为无米之炊，丰富可靠的数据是研究与开发的前提。为了获取 3D 数据，走进 3D 世界，本章将与大家一起学习和了解 3D 相机及对应的开发平台。

在了解各种 3D 相机之前，本节先为读者简单介绍一下光学测量的分类。光学测量的方法分为主动测距法和被动测距法，如图 2.1-1 所示。顾名思义，主动测距法就是人为地、主动地发射能量信号，利用物体表面的反射特性及信号的传播特性实现对物体 3D 信息的测量；被动测距法没有人为的信号发射过程，而是利用自然光在物体表面反射形成的 2D 图片进行 3D 重建。实际上，随着技术的不断发展，为了适应昏暗的环境，有些双目相机也增加了主动光源进行补光，以提高测量精度和扩大测距范围，但我们认为这种光源在测距过程中并未起到直接的作用，所以我们仍然把带有补光光源的双目相机归为被动测距的范畴，在本书中，我们讨论的双目相机均指普通的无补光光源的双目相机。

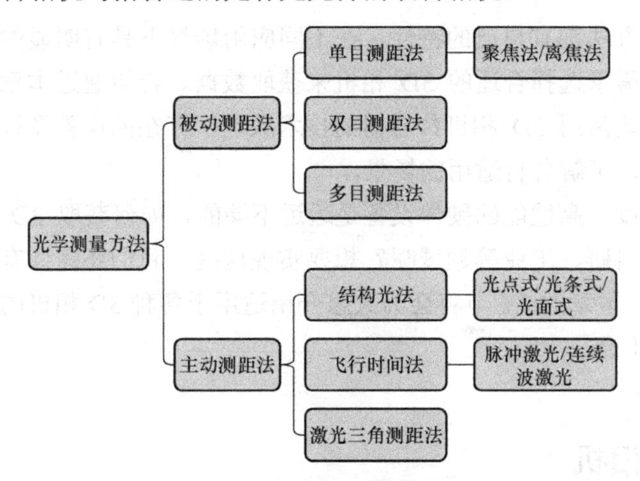

图 2.1-1　光学测量方法的分类

按照相机的数量，被动测距法分为单目测距法、双目测距法和多目测距法。其中，单目测距法有两种，一种是聚焦法，一种是离焦法，聚焦法利用相机焦距可变的特性，变化焦距使被测量物体处于聚焦位置，然后利用成像公式计算出被测量物体与相机之间的距离；离焦法则不需要被测量物体处于聚焦位置，而是根据标定好的离焦模型计算物体与相机之间的距离。双目测距法是在两个视点观察同一个场景，然后利用匹配算法计算两个图像像素的位置偏差来进行 3D 测距。多目测距法可以理解为双目测距法的一种扩展，就是在多个视点观察同一个场景，进行多次匹配计算以实现距离的测量。单目测距法简单、成本低廉，但存在精度不高、测量范围小等问题；双目立体视觉与人眼结构类似，因此双目测距法测距精准；多目测距法虽然精度更高，但是匹配也更复杂，多个相机的摆放也更困难。综合考虑精度和复杂度，目前被动测距的主流方法是双目测距法，所以我们对双目相机进行详细讲解，具体在 2.2 节中介绍。

主动测距法根据测距原理分为结构光法、飞行时间法和激光三角测距法。激光三角测距法利用主动光源、被测物体和检测器的几何成像关系来确定被检测物体的空间坐标，该方法主要用于工业级应用；结构光法可以根据投用光束的形态分为光点法、光条法和光面法，光面法是目前应用较广的方法；飞行时间（ToF）法是将激光信号发射到物体表面上，通过测量接收信号与发射信号的时间差计算物体表面到相机的距离。基于以上两种原理的相机目前已经成为消费级产品。我们将分别在 2.3 节和 2.4 节对两种消费级 3D 相机——结构光相机和 ToF 相机进行详细介绍。

每种测距方法都有自己的特性，在不同应用场景下具有明显的优劣势，我们应该根据实际需求选择合适的 3D 相机来获取数据。希望通过本章的介绍，能够让大家了解一些常用 3D 相机传感器的技术原理、存在的误差及校正方法，并通过对比其特性，了解各自适用的场景。

只有高精度、高性能的硬件设备是远远不够的，如何获取 3D 数据，并将其真正地应用于科研、工业等领域呢？想要实现这些，我们还需要有成熟稳定的开发与应用平台，本章的 2.6 节将会为大家介绍适用于各种 3D 相机的开发平台——DMAPP 开发平台。

2.2 双目相机

在自然界中，绝大部分动物有两只眼睛，有的甚至更多，但没有只有一只眼睛的动物，这是生物经过长期的生存竞争和进化之后的结果。因为两只眼睛观察世界的角度不同，所以看到的场景会有微小的差别，大脑接收到这种差别后，通过中枢神经系统的分析处理，可以判断物体的远近，因此感知到的世界就会是立体的，所以用双眼观察到的信息会更加精细和准确。

随着图像处理技术和计算机视觉技术的发展，2D 的图像信息已经不能满足需求，人们希望计算机拥有获取物体 3D 特征的能力，于是双目相机应运而生。双目测距法是一种被动测距方法，双目相机获取图像的过程就是简单的拍照过程，因此成本较低。

2.2.1 双目相机原理

一个典型的双目相机由一组（2 个）摄像头和计算机处理模块组成，双目测距法是由左右相机拍摄不同角度的场景，将其传输到计算机中，由计算机处理模块计算对应的视差，进而得到深度值的测距方法。如图 2.2-1 所示为具有视差的两幅图像的叠加图。空间中某一点的双目视差为该点在左右图像中位置的差别，双目视觉基于图像处理技术，通过立体匹配获得空间中的点在两幅图像中的对应点，进而得到空间点的视差。

图 2.2-1　具有视差的两幅图像的叠加

双目相机感知深度的能力是形成立体视觉的基础，这种能力是由“视差”提供的，换句话说，视差是实现立体视觉的条件。例如，当我们用一只眼睛去观察周围时，虽然在大部分时候并不会有什么问题，但穿针引线等细活往往很难完成，因为此时没有视差存在，所以我们无法获得准确的距离信息。

那么双目相机是如何利用视差感知深度的呢？这要从双目的成像过程[1]说起。如图 2.2-2 所示为双目立体视觉原理图，两相机镜头的间距（基线）为 b，对于人眼的双目系统，基线距即为双眼眼球的距离；相机坐标系的原点 O 位于相机镜头的光心；左右图像坐标系的原点为相机光轴与像平面的交点 O_1 和 O_2。

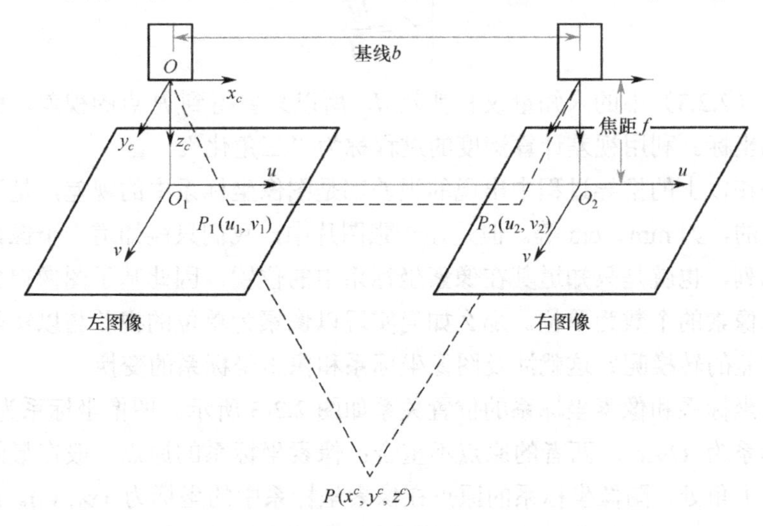

图 2.2-2　双目立体视觉原理图

实际上，相机的成像平面在镜头后 f 处（f 为相机焦距），为便于理解，在图中将成像平面绘制在镜头前 f 处。选取世界坐标系与左相机坐标系重合，空间中一点 $P\,(x^c, y^c, z^c)$在左右图像中相应的坐标分别为 $P_1\,(u_1, v_1)$和 $P_2(u_2, v_2)$。左右相机坐标系的 x 轴及左右图像坐标系的 u 轴分别重合，且相机坐标系的 x 轴与图像坐标系的 u 轴平行，那么由几何约束关系可知，P_1P_2 与 O_1O_2 平行，于是点 P_1 和点 P_2 的 v 坐标相同，即 v_1=v_2。

由图 2.2-2 中的空间几何关系得到点 P 的 3D 空间坐标与 2D 像素坐标之间的关系：

$$u_1 = f\frac{x^c}{z^c},\ u_2 = f\frac{(x^c - b)}{z^c},\ v_1 = v_2 = f\frac{y^c}{z^c} \tag{2.2.1}$$

其中，f 为相机焦距，(x^c, y^c, z^c)为点 P 在左相机坐标系（世界坐标系）中的坐标，P_1 和 P_2 在对应图像中像素位置的差别（P 点的视差）为

$$d = u_1 - u_2 = f\frac{b}{z^c} \tag{2.2.2}$$

由公式（2.2.1）与公式（2.2.2）可得点 P 的坐标表达式为

$$\begin{cases} x^c = \dfrac{bu_1}{d} \\ y^c = \dfrac{bv_1}{d} \\ z^c = \dfrac{bf}{d} \end{cases} \tag{2.2.3}$$

公式（2.2.3）中的未知量仅有视差 d，所以只要得到 P 点的视差，就可以求出其空间坐标。利用视差计算深度的过程称为“三角化”。

但是在以上的推导过程中出现的视差都是图像坐标系中的视差，是以实际距离为单位的，如 mm、cm 等。但是在一张图片中，我们只能知道一个像素在第几行、第几列，也就是只知道其在像素坐标系中的位置，因此基于图像得到的视差也只能以像素的个数为单位。那么如何实现以像素为单位的视差与以实际距离为单位的视差的转换呢？这就涉及图像坐标系和像素坐标系的变换。

图像坐标系和像素坐标系的位置关系如图 2.2-3 所示。图像坐标系为 O_I-uv，像素坐标系为 O_P-xy。两者的原点不重合：像素坐标系的原点一般在最终形成的图像的左上角处，图像坐标系的原点在像素坐标系中的坐标为 (x_0, y_0)。此外，由于相机感光器件的分辨率一定，所以两者的坐标变换为线性的。

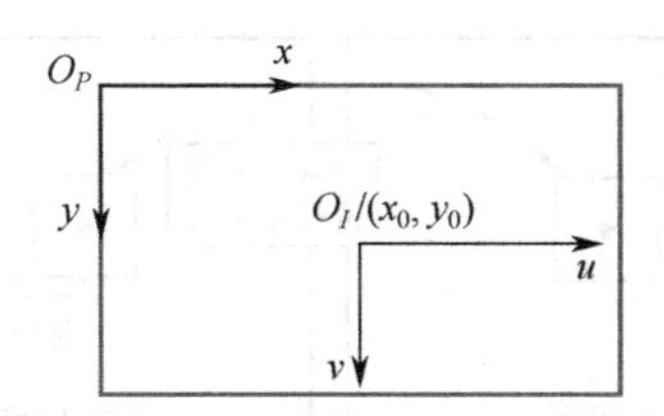

图 2.2-3　图像坐标系和像素坐标系的位置关系

图像坐标系中的点 (u, v)和像素坐标系中的点 (x, y)的对应关系为

$$\begin{cases} x = P_x u + x_0 \\ y = P_y v + y_0 \end{cases} \tag{2.2.4}$$

其中，(x_0, y_0)为图像坐标系的原点在像素坐标系中的坐标，P_x和 P_y为相机感光器件在单位长度内包含的像素个数，单位为“pixel/length”，如在 Nikon D610 相机中，$P_x = 0.168\text{pixel}/\mu\text{m}$，$P_y = 0.167\text{pixel}/\mu\text{m}$。

为了得到某一点在像素坐标系中的视差，首先需要进行立体匹配，即得到空间中的点在左右图像中的对应位置。人眼的匹配在观看场景物体的同时自然发生，以至于我们根本不会意识到此过程；但双目相机与人眼不同，需要经过专门的立体匹配过程才可得到左右两幅图像中的对应点。双目立体匹配是双目视觉领域最复杂的问题，将在 2.2.2 节重点介绍。

2.2.2　立体匹配方法

立体匹配是双目立体视觉中最困难也是最关键的步骤，其效果直接决定了重建结果的好坏，目前国内外在双目立体匹配方面已积累了大量研究成果，提出了很多立体匹配算法。根据算法运行时匹配约束的作用范围，可将其分为局部立体匹配算法、全局立体匹配算法和半全局立体匹配算法。其中，局部立体匹配算法计算量较小、运行速度较快，能满足实时性要求，但是匹配精度无法保证；全局立体匹配算法准确性较高，但是计算速度慢，不适合实时运行；半全局立体匹配算法在匹配效果和复杂度方面性能居中。

2.2.2.1　局部（Local）立体匹配算法

局部立体匹配算法又称为基于窗口或基于支持区域的立体匹配算法，如图 2.2-4 所示，该算法独立地对左图像中的每个像素设定一个合适大小的窗口，然后依据一定的相似度测量准则，在右图像中寻找与此窗口最相似的子窗口，该子窗口所对应的像素即为匹配点[2]。

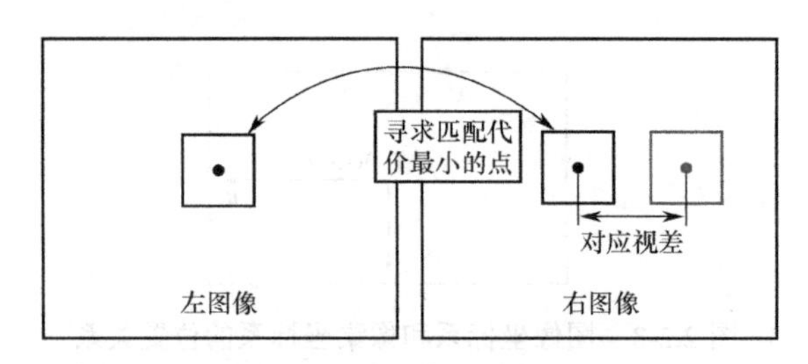

图 2.2-4 局部立体匹配算法

由于双目相机得到的图像具有 2.2.1 节中所述的“P_1和 P_2（匹配点）的 v 坐标相同”的约束，所以匹配点一定是同一行的像素点；且右图像的拍摄位置偏右，所以同一空间点在右图像中的对应点一定会偏左；此外，寻优过程一般会设置一个最大搜索范围 maxoffset。对于左图像的每一像素，从右图像的同一位置开始，计算同一行内左侧 maxoffset 个像素的相似程度，并从中寻找最相似的像素作为匹配点，匹配点与初始搜索位置的距离就是视差。

但是现在得到的视差是以像素为单位的，可利用 2.2.1 节中的公式（2.2.4），得到以实际距离为单位的视差。

常用的相似度测量准则有灰度差的绝对值和（Sum of Absolute Differences，SAD）、灰度差的平方和（Sum of Squared Differences，SSD）、归一化交叉相关（Normalized Cross Correlation，NCC）等。

算法复杂度分析：根据前面的分析，局部匹配需要为左图像中的每个像素设置支持窗口，并在右图像中匹配最接近的支持窗口，计算相似度要求遍历两个窗口内的所有像素。在局部匹配算法中，支持窗口一般为滑动性支持窗口，也就是说，每个像素都会依次与同一行中最大搜索范围内的所有像素进行比较。假设支持窗口的边长为 kernel，规定匹配点的搜索范围为 maxoffset，那么复杂度为 $O(H\times W\times \text{maxoffset}\times \text{kernel}^2)$，其中，$H$ 和 W 分别是图像的高度和宽度，需要说明的是，$O(\cdot)$表示与括号内的变量同量级的变量，所以当 kernel 不为 1 时，以上等式仍成立。

2.2.2.2 全局（Global）立体匹配算法

相比于局部立体匹配算法，全局立体匹配算法引入了相邻像素视差之间的约束关系，保证相邻像素之间视差的变化较平缓，这就是其中“全局”的含义。该算法定义了由数据项和平滑项组成的能量函数，能量函数的自变量为左图像中各像素的视差，也就是说，在使用全局立体匹配算法之前，需要给定各像素初始的“试探性”视差。

在给定视差之后，每个像素的数据项表示在该视差下的匹配代价，也就是该视差对应的右图像中的像素与此像素的相似度，视差与右图像中像素的对应关系：假设该像素在左图像中的坐标为 (u_1, v_1)，视差为 d，则对应的右图像像素的坐标为 (u_1-d, v_1)。与局部立体匹配算法不同，最终得到的视差对应的相似度不一定是最大的，因为还会有“平滑项”的影响；平滑项表示该像素的视差与邻近点视差的差别，邻近点是指该像素邻域内的点，这里的“差别”一般用“差的绝对值和”来度量。

整个全局匹配过程就是求解能量函数最小时各像素的视差值。计算过程：根据当前输入的视差值，计算出各像素的数据项和平滑项，从而得到当前的全局能量函数，然后逐步调整视差输入，重新计算能量函数，直到能量函数的值最低，此时的视差输入即对应最佳匹配。

算法复杂度分析：能量函数在 2D 图像中寻找最优解的问题是多项式复杂级别的非确定性问题，即 NP-complete 问题，非确定性问题是只能用假设—验证的方法解决的问题，在实际中需要进行迭代求解；与此相对，确定性问题就是可以直接求解的问题。

2.2.2.3　半全局立体匹配算法（Semi-Global Matching, SGM）[3]

局部立体匹配算法快速简单，全局立体匹配算法精度高，半全局立体匹配算法在一定程度上结合了二者的优点，该算法数据项的计算与全局匹配算法类似，而将平滑项的计算简化到若干个（一般为 8 个或 16 个）一维路径上去，将计算得到的视差的平均值作为最终的视差，从而避免了 2D 平面上的计算，提升了效率，同时将非确定性问题转化为确定性问题。对于每个一维路径，某一像素的平滑项只与该路径上的前一像素的视差有关，而全局立体匹配中的平滑项与该点邻域内的所有点均相关，因此半全局立体匹配算法既不需要给定初始视差，也不需要迭代，从而大大简化了计算。假设使用 8 个一维路径计算平滑项，其中的四个路径如图 2.2-5 所示，另外四个路径与该四个路径方向相反，图中圆圈代表像素，箭头代表像素视差依次计算的顺序，每个圆圈的能量函数由它本身确定的数据项和它与前一个圆圈共同确定的平滑项给出，该能量函数取最小值时的视差为该像素的最终视差。

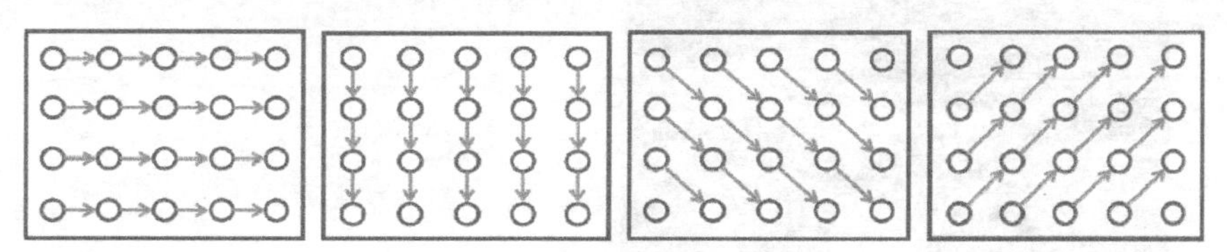

图 2.2-5　半全局算法的四个路径

算法复杂度分析：数据项计算复杂度等同于局部算法；对于平滑项，在每一搜索路径上都只保证当前像素与前一像素视差接近，所以单个搜索路径计算平滑项

的复杂度为 $O(H\times W\times \text{maxoffset})$，算法总的复杂度为 $O(H\times W\times \text{maxoffset}\times (\text{kernel}^2+N))$，半全局立体匹配算法的复杂度与局部立体匹配算法的复杂度为同一数量级。

以上三种算法在不同的场景和目标下均有各自的应用。局部立体匹配算法简单地将相似度作为匹配的唯一准则，而未考虑相邻像素视差的平滑问题，所以其运行速度最快，而准确度却无法保证，所以适用于对匹配准确性要求不高的场景。全局立体匹配算法保证了像素视差与周围像素视差的平滑变化，使得各点视差不再孤立，但是这也导致了视差无法独立求解，需要进行全局假设和迭代，所以运行速度非常慢，而准确度很高，适用于对准确性要求很高的非实时系统。半全局立体匹配算法使用若干次一维平滑来代替全局平滑，既保证了相邻视差的平滑性，又使得计算量不至于太大，所以半全局立体匹配算法是目前商业软件中使用最多的立体匹配算法。

在各类 3D 相机中，双目相机的结构最为简单，只需两个普通的相机和一个处理器，所以其成本也较低；并且双目相机直接采集环境光来形成图像，所以在室内和室外均可使用。

但是双目相机也有一些固有的局限，其中最重要的是计算量的问题。双目相机采用纯视觉的方法，需要逐像素进行匹配，因此双目匹配算法的计算量普遍较大；而且双目相机对光照非常敏感，在光照较强（会出现过度曝光）和较暗的情况下，匹配算法的效果都会急剧下降。

另外，双目相机不适用于单调、缺乏纹理的场景。因为双目视觉根据视觉特征进行图像匹配，所以对于缺乏视觉特征的场景（如天空、白墙、沙漠等），会出现匹配困难甚至匹配失败的情况。纹理丰富和纹理缺乏的场景对比如图 2.2-6 所示。

图 2.2-6　纹理丰富和纹理缺乏的场景对比

对物体本身特征的依赖是双目视觉的一大固有问题，为此人们想到了主动向场景中投射特征化光源的方法——结构光法，结构光自带大量特征点，从而可以摆脱对物体本身特征的依赖。

2.3　结构光 3D 相机

2.2 节讲解了通过双目测距获取深度的方法，但是在双目测距中，基于图像匹配的方法有一个很大的难点，由于其光源是环境光或者白光这类没有经过编码的光源，图像识别完全依赖于被拍摄物体本身的特征点，导致匹配的精度和准确性很难保证。双目测距是一种被动测距方法，它获取的图像是被动接收物体反射的自然光得到的，因此缺少特征点，那么我们可不可以通过主动投射包含丰富特征的光源来解决这一问题呢？由此出现了结构光测距技术，这是一种主动测距技术，其对投射光源进行了特征化，解决双目视觉特征点难以匹配的问题。

2.3.1　结构光相机原理

顾名思义，结构光是一种具有特定模式、特定结构的光，即对投射光源进行结构化与特征化编码，简单的结构化包括点、线、面等模式图案，复杂的结构化涉及光学图案的编码。结构光测距技术的独特之处即是利用了这些经过编码与特征化的投射光源。如图 2.3-1 所示，投影仪将含有特定模式图案的结构光投射至物体表面，模式图案遇到物体表面会发生形变，相当于被物体表面高度所调制，图案的形变程度取决于投影仪与相机之间的相对位置和物体表面高度，再由相机捕捉这些被调制过的结构光，利用三角测距原理计算模式图案的形变程度，从而得到物体的深度信息。投影仪、相机和计算机系统构成了结构光 3D 视觉系统[4]。

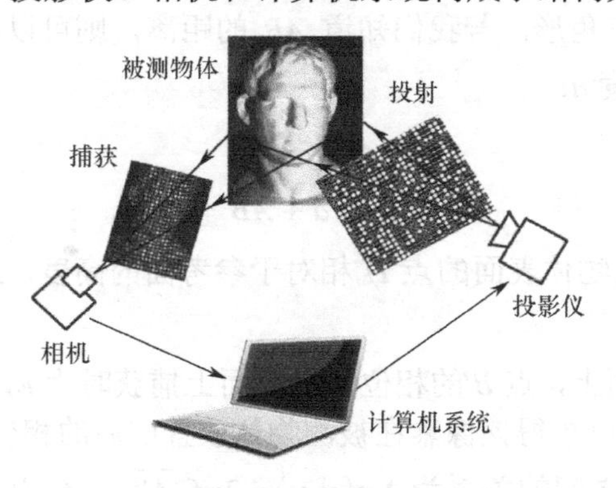

图 2.3-1　结构光 3D 视觉系统示意图

结构光测距技术使用了三角测距原理，如图 2.3-2 所示，点 P 和点 I 分别是投影仪和相机的光学中心，它们之间的距离为 d。相机光轴与投影仪光轴相交于点 O，设过点 O 且与光轴垂直的平面为参考面 XY 平面，其与点 P 和点 I 之间的距离为 L，物体的高度 h 为物体表面相对于参考面的距离。

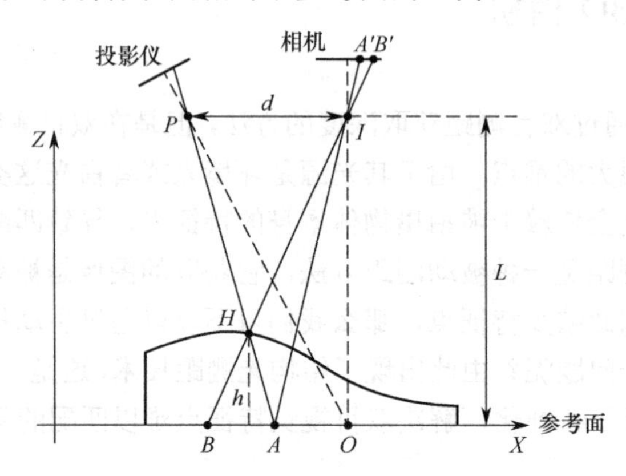

图 2.3-2　三角测距原理示意图

利用投影仪将特定的结构光投射到参考面上，然后用相机捕获。当没有物体放置在参考面上时，投影仪投射的光在参考面上的相位值是沿 X 轴单调变化的[4]，对图像进行相位展开，即可求解参考面上各点的绝对相位值。当没有物体存在时，对于参考面上的点 A、点 B，其在相机成像平面上的位置为 A'、B'，相位值为 φ_A、φ_B；然后，将被测物体放置于参考面上，则投影仪的投射光线 PA 与物体表面相交于点 H，且其在相机成像平面上的位置为之前 B'的位置，其相位为之前点 A 的相位，即 $\varphi_H=\varphi_A$，从相机捕获的图像来看，相当于参考面上的点 A 移动到了点 B 的位置，即由于物体的存在，投影仪投射的光受到了相位调制。图中的△ABH 与△PIH 为一对相似三角形，若我们知道 AB 的距离，则可以利用三角形的相似原理，得到点 H 的深度 h：

$$h=\frac{L\times\overline{AB}}{d+\overline{AB}} \tag{2.3.1}$$

其中，h 为被测物体表面的点 H 相对于参考面的高度，L 和 d 为该测量系统的参数。

在相机成像平面上，点 B'的相位从参考面上捕获时为 φ_B，而从物体表面捕获时为 $\varphi_H=\varphi_A$，由此可以求得该像素在被测物体放置前后的相位差 $\Delta\varphi(x,y)$。可以证明，$\Delta\varphi(x,y)$ 与 $\overline{AB}$ 之间的关系为 $\Delta\varphi(x,y)=2\pi f_0\overline{AB}$，$f_0$ 为所投射的结构光的频

率，则可以得到被测物体表面高度：

$$h(x,y) = -\frac{L \times \Delta\varphi(x,y)}{2\pi f_0 d + \Delta\varphi(x,y)} \tag{2.3.2}$$

2.3.2 结构光的分类

根据投射的光模式的不同，结构光法又可分为光点式结构光法、光条式结构光法和光面式结构光法。

2.3.2.1 光点式结构光法

光点式结构光法又称为点结构光法，类似于激光三角法，其利用激光器等设备投射一个点光源到物体表面上，通过相机获取光点的 2D 图像坐标。由于相机光线和激光光束在光点处相交，这样就形成了三角几何关系，从而可以获得光点在 3D 空间中的位置，如图 2.3-3 所示。

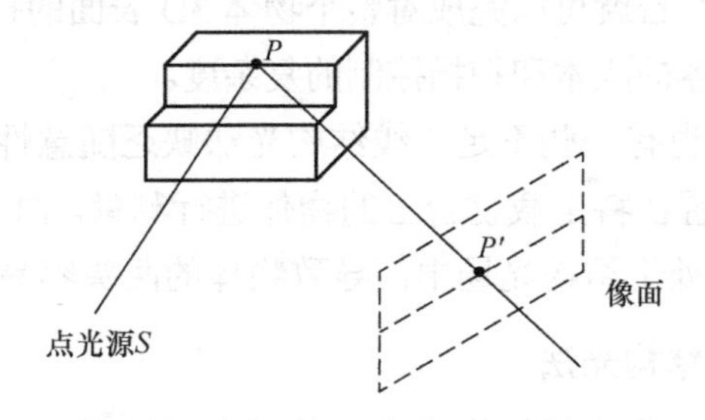

图 2.3-3 光点式结构光法示意图

光点式结构光法需要通过逐点扫描物体进行测量，每次获得的信息量少，当被测物体增大时，图像获取时间和图像处理量急剧增加，不适合进行实时测量；而且机械扫描机构增加了系统的复杂性与不稳定性；测量精度随测量范围变化而变化，从几微米到一毫米不等；测量精度随入射角（光束与被测点法线的夹角）的增加而降低，有时甚至会出现测量失效的情况。

2.3.2.2 光条式结构光法

光条式结构光法又称为线结构光法，其示意图如图 2.3-4 所示，其基本原理是利用线光源产生的光平面照射被测物体，由于被测物体表面凹凸不平，可形成受表面轮廓调制的光条纹，通过 CCD 摄像头及数字信号处理器（DSP）可获得光条纹的数字图像，在计算机处理过程中，依次提取光条纹的轮廓线，一次轮廓提取能完成一个截面的 2D 轮廓测量，移动被测物体或激光测量系统，让光切面按一定间隔扫描物体表面，将一定间隔的 2D 截面轮廓组合起来，即能得到该目标物体表面的 3D 轮廓信息。

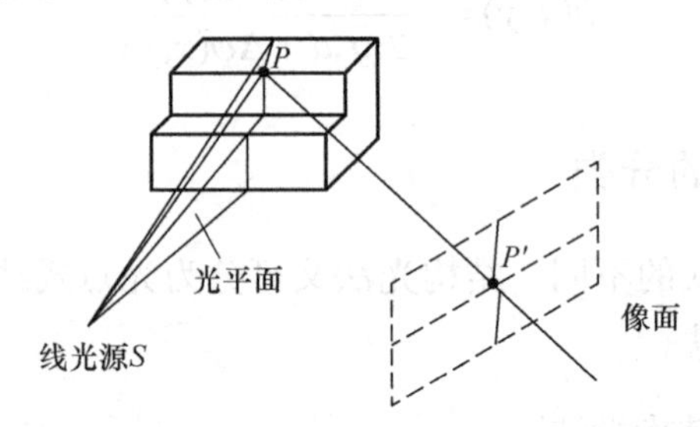

图 2.3-4　光条式结构光法示意图

线结构光法的精度略低于点结构光法，但精度也可达到微米级。其光学与机械结构简单，费用低廉。与点结构光法相比，线结构光法采集的信息量大大增加，测量速度大大提升，而实现的复杂度并没有增加。它只需要在一个方向上进行扫描，因此只需要一个位移平台就可以完成对整个物体 3D 表面的扫描，不仅缩短了扫描时间，而且降低了仪器的成本和扫描控制的复杂度。

但是线结构光法也有一些不足。线结构光法缺乏随意性，因为其大多采用台架式结构，只能对放置在特定载物台上的物体进行测量。由于光线行进的直线性，被测物体不一定全部处于结构光场中，导致物体的两头容易出现截头现象。

2.3.2.3　光面式结构光法

光面式结构光法又称为面结构光法，其示意图如图 2.3-5 所示，该方法主要通过投影仪投射结构图像到被测物体表面上，通过 CCD 接收，在计算机中对接收图像进行解码，就可得到每个透射光点的角度，再根据三角测距原理就能计算出物体表面的深度信息。

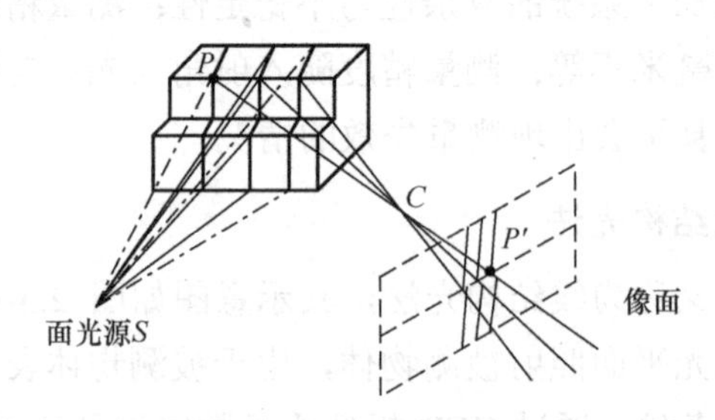

图 2.3-5　光面式结构光法示意图

在该方法中，由投影仪一次性向物体表面投射多条光条，从而形成 2D 结构光图案，这样不需要进行扫描就可以实现 3D 轮廓测量。一方面，提高了图像处理的效率，加快了测量速度；另一方面，增加了被测物体表面的信息量，能够获得物体表面更大范围的深度信息。与线结构光法相比，面结构光法的测量效率和测量范围大大提高和增加，但同时引入了光条识别的问题，而且增加了标定的复杂度。

2.3.3　结构光的标定与匹配

通常来说，在构建结构光 3D 视觉系统时需要解决的两个重要问题是标定和匹配。标定是为了确定结构光相机系统的结构参数，匹配是为了确定投影图像与编码图案对应点的对应关系。

2.3.3.1　标定与补偿

标定是构建结构光 3D 视觉系统的关键一步，它建立了 3D 空间的物像关系，直接影响后期 3D 测量的精度。结构光系统的标定包括相机标定和投影仪标定，具体来说，就是要确定相机和投影仪的内部几何参数、光学成像参数及其相对于世界坐标系的方向和位置参数[5]。经过多年的广泛研究，相关的标定原理和方法已经非常成熟，包括线性变换法[6]、两步标定法[7]等，基于两步标定法的思想，张正友提出了平面标定法[8]，通过采集平面标定板在不同位置的多幅图像，利用奇异值分解和极大似然准则求解标定参数。该标定方法过程简单，易于操作，灵活性高，标定板制作简单、成本低廉，因而得到了广泛应用。

在结构光系统中，多种因素都会引起测量误差，其中最主要的是镜头非线性畸变、相移误差和非正弦波形误差。镜头非线性畸变在含有光学镜片的系统中普遍存在，这类误差可通过对相机镜头进行标定来解决。相移误差是由相移步距的不准确性导致的，它常常是不可避免的，但可通过采用精密的相移装置和实时相移校正技术来减弱其影响。而随着数字显示技术的发展，数字投影仪广泛应用于结构光系统，在数字投影仪中，可以通过数字相移消除相移误差，此时非正弦波形误差成为影响测量精度的主要因素。非正弦波形误差是由投影仪和相机系统中存在的 Gamma 非线性畸变引起的，投影仪和相机的亮度传递函数是非线性的，导致采集到的光栅条纹并不是理想的正弦波形，而是带有畸变的。为了补偿非正弦波形误差，通常采用查表法来修正[9]，通过事先计算系统的 Gamma 值，预先计算误差值，生成系统误差查找表，根据查找表来补偿修正误差。

2.3.3.2　匹配与编码

我们之前讲过，结构光的优势在于其光源提供了很多的匹配角点或者直接的码字，可以很方便地进行特征点的匹配。那么这些特征点或者码字具体是如何进行对应与匹配的呢？这就依赖于结构光的编码。结构光编码主要是指对投射到物体表面的投射图案进行编码，通过对包含编码的照片进行解码和 3D 重构，对特征点进行提取，实现投影图像与编码图案的匹配。编码方法的选择关乎解码的准确性，并且对投影物平面和相机图像平面的匹配有重要影响，直接影响系统的测量精度和测量效率，是结构光 3D 视觉的核心技术和研究重点之一。为了实现准确的匹配，需要采用有效的结构光编码方法。

从大类上，结构光编码可以分为直接编码、时间编码和空间编码。直接编码利用投射光线的特性，直接为编码图案的每个像素设定一个码字；时间编码按时间顺序依次投影多幅图案，每次投影为每个像素产生一个码值，从而生成与每个像素一一对应的码字；空间编码则只需投影一幅编码图案，利用相邻像素的信息来产生码字。

1. 直接编码

直接编码分为直接灰度编码和直接彩色编码。直接灰度编码根据图像灰度的不同形成编码，其原理示意图如图 2.3-6 所示，每一个灰度级别对应一个码字；直接彩色编码则使用许多不同的颜色形成编码图案，每一种颜色对应一个码字，为了提高投影图案的分辨率，需要利用较多颜色。然而，在直接编码中，相邻像素的色差很小，往往对噪声相当敏感。此外，图像颜色会受测量表面颜色的影响，因此直接编码法的应用范围通常仅限于中性色或灰白色目标物。直接编码法对每个像素都进行了编码，在理论上可以达到较高的分辨率。但由于受环境噪声影响较大，测量精度较低。

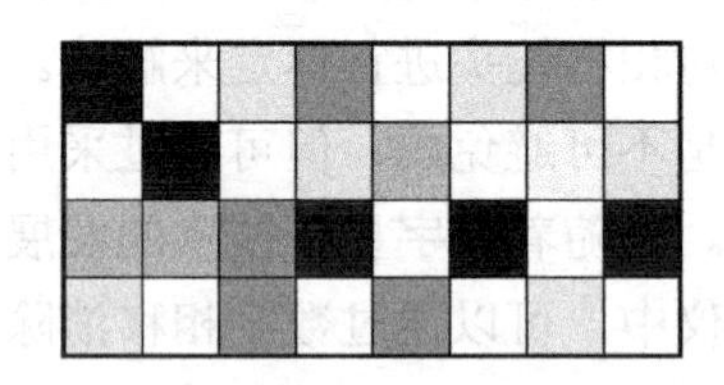

图 2.3-6　直接灰度编码原理示意图

直接编码在解码时，使用相机获取两幅不同光强下的场景图像，一幅为编码投影下的图像，另一幅为均匀光照下的图像，利用两幅图像中每个点的像素值之比，建立投影图像与各像素的对应关系。由于要投影两幅图案，直接编码法不太适用于动态场景。

2. 时间编码

时间编码是将多幅不同的编码图案先后投射到物体表面上，形成图案序列以获得编码值，从而得到3D信息，其原理示意图如图2.3-7所示。编码值是由通过N个图案得到的“0”和“1”序列组成的。如果有N幅图像，那么每一个条纹都对应唯一的N位编码值。将预先设计好的编码图案由投影仪一次性投射到被测物体上，然后由CCD相机按顺序拍摄畸变条纹图像。每经过一次这样的投影，图像中的每一个像素就获得一个二进制“0”或“1”的码值，在N幅投影图案全部投影完后，将每个像素所获得的二进制数按顺序组合起来，即得到该像素对应的编码值。具有相同编码值的像素就构成了一个窄的带状区域，这样被测物体被分割成很多可以唯一确定的区域。该方法要求每次投射图案时，投射空间位置和景物位置不能有变化。该方法易于实现、空间分辨率高、3D测量精度高，但由于需要投影多幅图案，因而比较适合静态场景，不适用于动态场景，同时，因为识别一个编码点需要连续多次投影，其计算量较大。

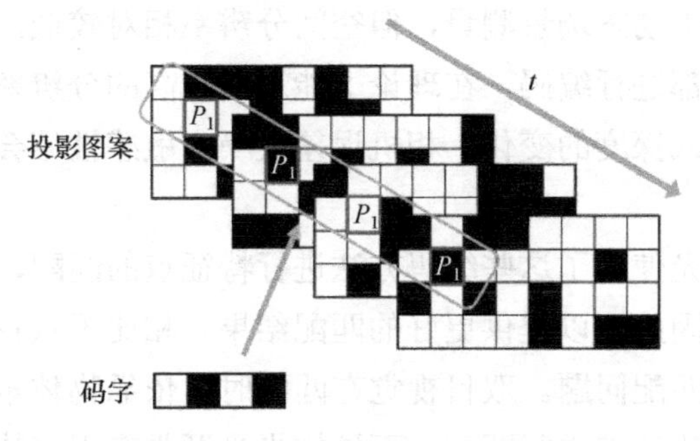

图2.3-7　时间编码原理示意图

时间编码在解码时，在时间t内连续采集N幅投影图案，每个像素位置的像素值即形成一个序列，每个序列对应一个码字。

3. 空间编码

空间编码是将一幅具有特定空间分布特征的编码图案投射到物体表面上，根据周围邻近点的像素值、颜色、几何形状等分布特征来识别码字，其原理示意图如图2.3-8所示。空间编码利用投影图案中每个点和其相邻点的关系进行编码，一般只需要单帧投影图案，因此可以较好地处理动态扫描问题，比较适合动态场景。但如果空间信息丢失，在解码时易产生误差。与时间编码相比，该方法分辨率、测量精度较低。

空间编码在解码时，需要利用周围邻近点共同确定中心码字的位置信息，根据周围邻近点的信息，如像素值、颜色、几何形状等得到每个像素的码值。

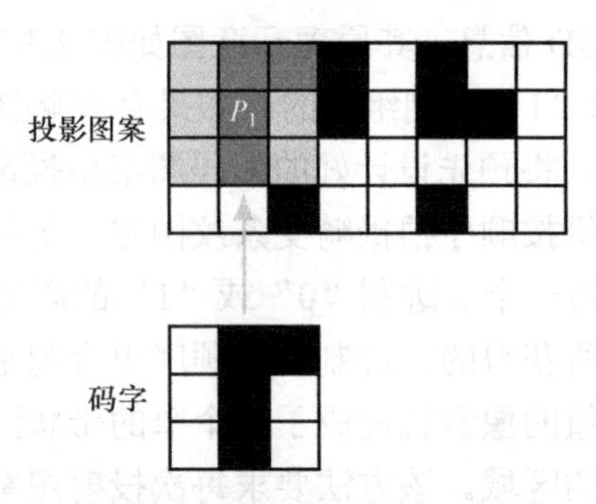

图 2.3-8　空间编码原理示意图

相比较而言，时间编码需要投影多幅图案，空间分辨率和测量精度较高，但一般只适用于静态场景，拍摄运动的物体时会造成拖影。空间编码往往只需要投影一幅图案，可用于动态场景测量，但空间分辨率相对较低，并且重建精度低。直接编码对每个点都进行编码，在理论上能达到较高的分辨率，但投影仪颜色带宽、测量表面颜色或深度的变化、相机误差及噪声敏感性等会制约系统的测量精度和应用场景。

正是因为结构光使用了这些编码方法进行特征点的匹配，不需要利用被测物体本身的特征点，因此可以提供更好的匹配结果。相比于双目视觉，结构光主要的优点在于解决了匹配问题。双目视觉在匹配时，依靠物体本身的特征点，即需要找到物体表面的特征点进行匹配。而结构光光源带有很多特征点或者编码，其本身就提供了丰富的匹配角点和特征点，不要求被测物体本身具有特征点，可以很方便地进行匹配，结果也更加准确。

此外，由于被拍摄的物体多种多样，在不同的场景中，双目视觉每次都需要重新提取不同的特征点进行匹配，而结构光投射的模式图案是固定的，特征点不会根据场景的不同而变化，从而降低了匹配的难度，同时提高了精度。

结构光测距技术是基于双目测距原理发展而来的，但其巧妙地解决了双目匹配中图像匹配的难点，因此比单纯的双目匹配更加有效。

2.4　ToF 相机

2.2 节和 2.3 节分别介绍了双目相机和结构光相机，本节主要介绍飞行时间（Time-of-Flight，ToF）相机。ToF 作为除结构光法外的另一种主动测距方法，在当前和未来的 3D 测距领域都有着举足轻重的地位。其通过连续向目标发送光信号，用传感器接收从物体返回的光，通过探测光信号的飞行（往返）时间来得到目标物距离。在测距原理上，其与 3D 激光传感器非常相似，但是 3D 激光传感器是逐点扫描，而 ToF 相机可同时得到整幅图像的距离信息。ToF 相机可以直接用于 3D 结构的估计，解决传统计算机视觉算法计算量过于庞大的难题。简单、方便的特性使 ToF 相机成为机器人导航、3D 重建等领域的“新宠”。

2.4.1 ToF 相机的发展历程和分类

1676 年，奥勒·罗默首次测定光速，证明光的传播非常快且速度是有限、可测的；1983 年，国际单位制（SI）中的米被重新定义为 1/299792458 秒内光在真空中传播的距离，此时，光速在“m/s”的单位下已经成为固定的精确值。在光速可测的基础上，ToF 相机就可以利用光的飞行时间对距离进行测量。

ToF 相机可以根据测距信号分为两大类，一类是基于光学快门的脉冲（Pulse）调制方法进行测距的 P-ToF；另一类是基于连续波（Continuous Wave）调制测距的 CW-ToF，根据调制方式还分为三个子类，分别是基于调幅连续波（Amplitude Modulation Continuous Wave）的 AMCW-ToF、基于调频连续波（Frequency Modulation Continuous Wave）的 FMCW-ToF 和基于门信号（Gate Image）的 GI-ToF。目前市面上已有的 ToF 相机大部分是 AMCW-ToF，有一些是 P-ToF。除了根据测距信号进行分类，还可以根据在测量计算距离时是直接获取时间差和相位差还是间接采样后计算时间差和相位差，分为直接（Direct）方法的 ToF（D-ToF）和间接（Indirect）方法的 ToF（I-ToF）。ToF 相机原理的分类如图 2.4-1 所示，在 2.4.2 节中我们着重讲解脉冲波调制的直接方法和连续波调制的间接方法，之后大家可以再回来理解这张图。

根据感光芯片的像素数量，还可以将 ToF 相机分为单点和面阵两类，单点 ToF 相机需要逐点扫描从而探测物体 3D 信息，面阵 ToF 相机通过拍摄一张场景图即可获得整个表面的 3D 信息。面阵 ToF 相机明显具有更多的优点，不论是工业市场还是消费市场都更青睐面阵 ToF 相机，但面阵式技术研发难度也更大，所以在 ToF 发展史上，最先也是单点式的发展，之后面阵式才慢慢成熟。

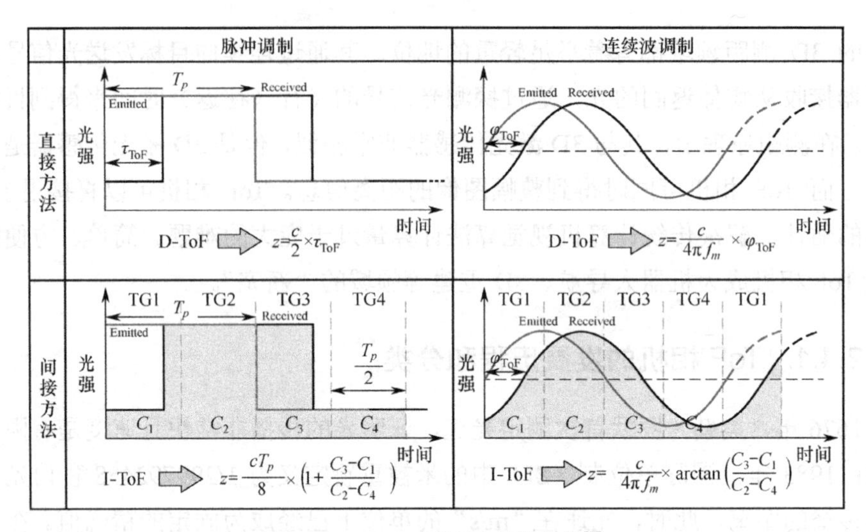

图 2.4-1 ToF 相机原理的分类[7]

注：在间接方法的脉冲调制中，C 表示阴影面积；在间接方法的连续波调制中，C 表示接收信号的相位值，C_1 为起始相位。

2.4.2 ToF 相机原理

ToF 相机的关键组成单元包括滤光片、镜头、主动光源、感光芯片与驱动控制电路等，SmartToF 相机结构如图 2.4-2 所示。

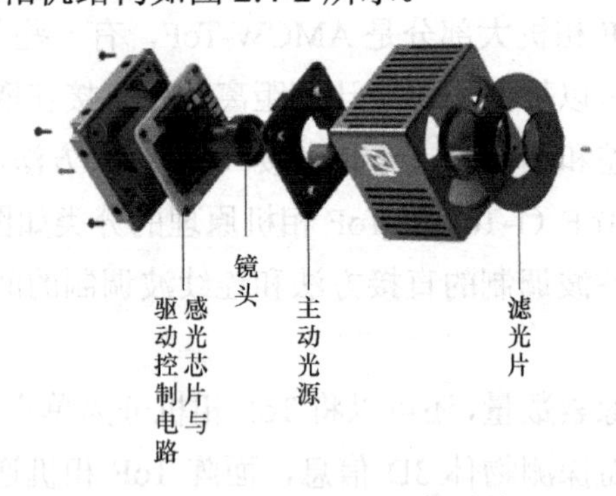

图 2.4-2 SmartToF 相机结构

2.4.2.1 ToF 测距原理

通过前面的学习，我们已经了解到 ToF 相机采用的是主动光探测方式，利用入射光信号与反射光信号的变化来进行距离的测量。在 2.4.1 节中提到，有三种连续波调制方式，其对应的时域和频域的波形如图 2.4-3 所示，虽然 AMCW 会受多径干涉影响而产生误差，但是由于 AMCW 相比于另外两种方式，所需的数据传输速率低很多，这一特性对于 ToF 相机的高帧率和高分辨率非常重要，所以目前最常用的连续波调制方法为 AMCW，接下来本节重点介绍 AMCW-ToF。

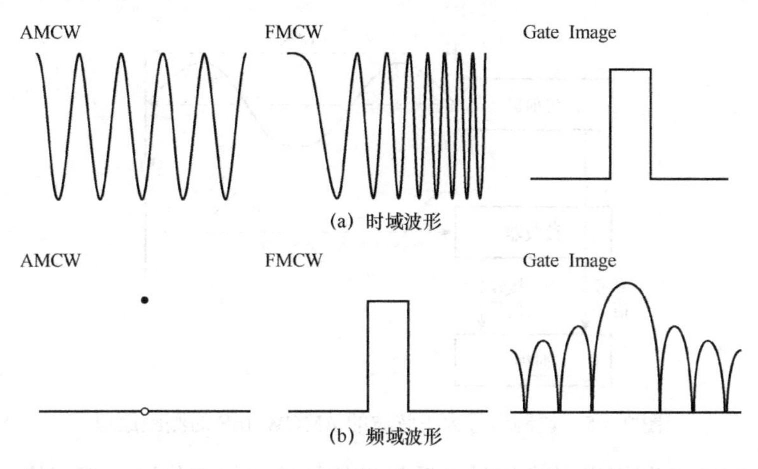

图 2.4-3　三种连续波调制的时域和频域波形

P-ToF 和调制信号为方波信号的 AMCW-ToF 的测距原理如图 2.4-4 所示。

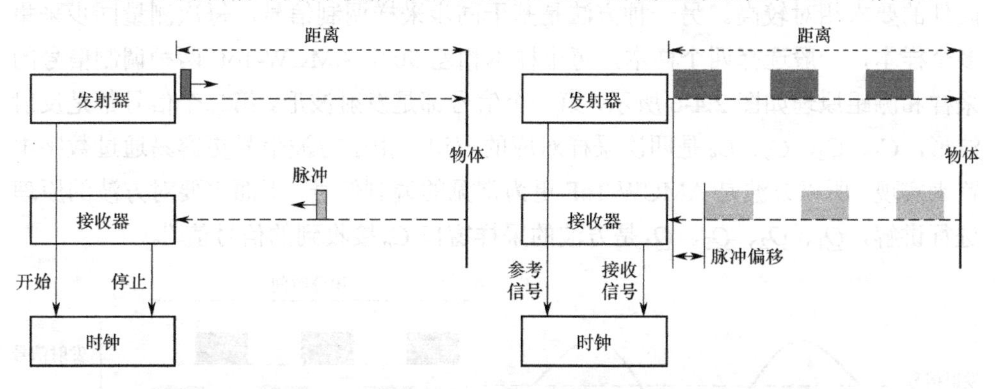

图 2.4-4　P-ToF 和调制信号为方波信号的 AMCW-ToF 的测距原理

P-ToF 的原理非常简单，P-ToF 的 P 由 Pusle（脉冲）得名，顾名思义，只需记录发射光脉冲的时间和接收光脉冲的时间，利用时间差和光速就可以得到距离：

$$d=\frac{\Delta t}{2}\times c \tag{2.4.1}$$

其中，c 是光速，Δt 是时间差。虽然 P-ToF 计算距离的方法非常简单，但是想要达到较高的精度，对硬件有非常严苛的要求，如发射器和接收器时钟的高度同步，快门产生脉冲的高精度、高重复性。

除了图 2.4-4 中右边所示的方波信号，AMCW-ToF 也可以利用正弦波，如图 2.4-5 所示。

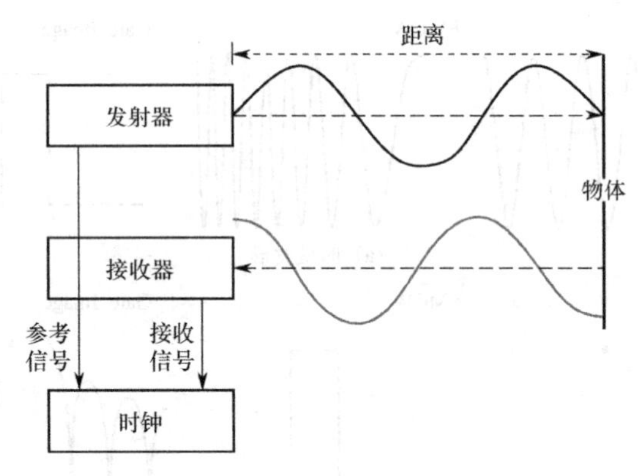

图 2.4-5　调制信号为正弦波的 AMCW-ToF 的测距原理

AMCW-ToF 利用发射光信号与反射光信号的相位变化进行距离的测量，一种方法是可以通过计算接收信号与参考调制信号的相关积分来实现相位解算，但对硬件的要求相对较高。另一种方法是基于同步采样调制信号，每次测量同步采集多个样本，一般选择四个样本，每个样本相差 90°，AMCW-ToF 两种调制信号的采样和测距原理如图 2.4-6 所示，第一个信号都是发射波形，第二个信号都是反射波形，C_1、C_2、C_3、C_4 是四次采样对应的窗口。由于方波信号更容易通过数字电路来实现，所以方波是 AMCW-ToF 更为常见的调制信号，下面主要对方波的原理进行讲解，Q_1、Q_2、Q_3、Q_4 是方波的采样窗口 C_n 接收到的信号值[9]。

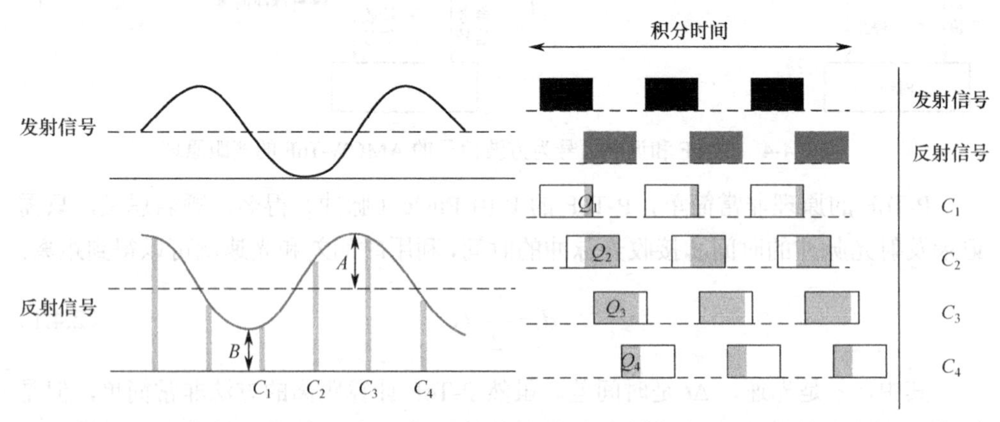

图 2.4-6　AMCW-ToF 两种调制信号的采样和测距原理

相位差可以利用四次采样 Q 值计算得到：

$$\varphi = \arctan\frac{Q_2 - Q_4}{Q_1 - Q_3} \tag{2.4.2}$$

然后利用相位差φ计算距离：

$$d = \frac{c}{2f} \times \frac{\varphi}{2\pi} \tag{2.4.3}$$

这种方法除了能够测量距离，还能够通过公式（2.4.4）和公式（2.4.5）计算像素的亮度与信号的偏移，亮度的求解比图 2.4-6 中的正弦信号的调制更容易理解，反射信号的幅值 A 对应得到的强度图，强度偏移 B 反映了环境光。

$$A = \frac{\sqrt{(Q_1 - Q_3)^2 + (Q_2 - Q_4)^2}}{2} \tag{2.4.4}$$

$$B = \frac{Q_1 + Q_2 + Q_3 + Q_4}{4} \tag{2.4.5}$$

根据光电转换原理，接收的光子过多就会饱和，所以当环境光太强（B 太大）或者积分（曝光）时间太长时，会导致进光量太多，经过 ToF 传感器芯片光电转换后电子太多，超过电容阈值，则无法测量出真实值，不能计算距离，出现过曝（或饱和）现象。

测量结果深度值的方差可以利用亮度和偏移进行估计，同时与调制频率 f 和传感器分离和收集光电信号的能力常数 g_d 有关，方差计算方法如下：

$$\sigma = \frac{c}{4\sqrt{2}\pi f} \times \frac{\sqrt{A + B}}{g_d A} \tag{2.4.6}$$

由于调制频率 f 在分母上，所以调制频率越高，测量深度值的方差越小，也就是噪声越低，因此提高调制频率是提高 ToF 测量精度的一种技术手段。目前，ToF 相机的最大量程约为 8m，主要受激光功率的限制和测距方式的影响。连续波测量基于相位，每 2π 重复一次，意味着远距离处会产生锯齿，从而变得模糊，所以最大观测距离会变小，所以我们要想增大观测距离，就需要选择较小的调制频率。具体计算公式如下：

$$d_{\max} = \frac{c}{2f} \tag{2.4.7}$$

例如，我们将波长约为 15m 的信号作为测距光源时，ToF 相机的量程为 7.5m 左右。在改变调制频率时，需要对测量精度与量程进行权衡。

由于基于 Gate Image 的 ToF 与 AMCW-ToF 较为相似，也容易理解，所以我们给出一个简单的公式来进行讲解。基于门信号（Gate Image）的 ToF 的采样和测距原理如图 2.4-7 所示。

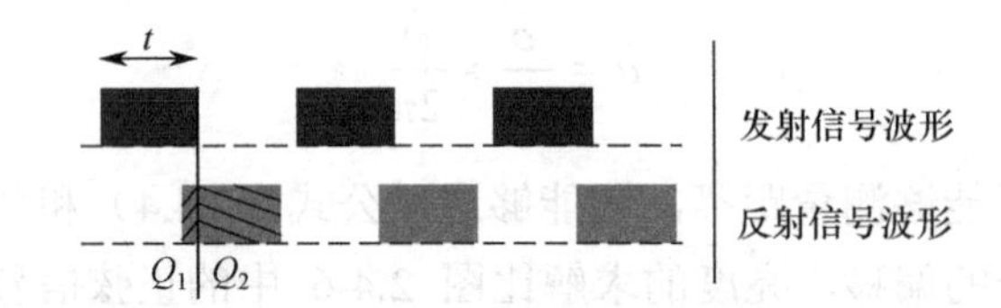

图 2.4-7　基于门信号（Gate Image）的 ToF 的采样和测距原理

距离计算公式：

$$d = \frac{ct}{2}\frac{Q_2}{Q_1 + Q_2} \tag{2.4.8}$$

2.4.2.2　ToF 像素电路与控制

测距原理在 2.4.2.1 节已经讲解完毕，那到底是通过什么芯片和电路实现的呢？接下来我们主要对 ToF 的硬件进行简单介绍，并对 ToF 测距流程做整体的概念性介绍。首先，如图 2.4-8 所示是简化的 ToF 相机结构示意图[8]。

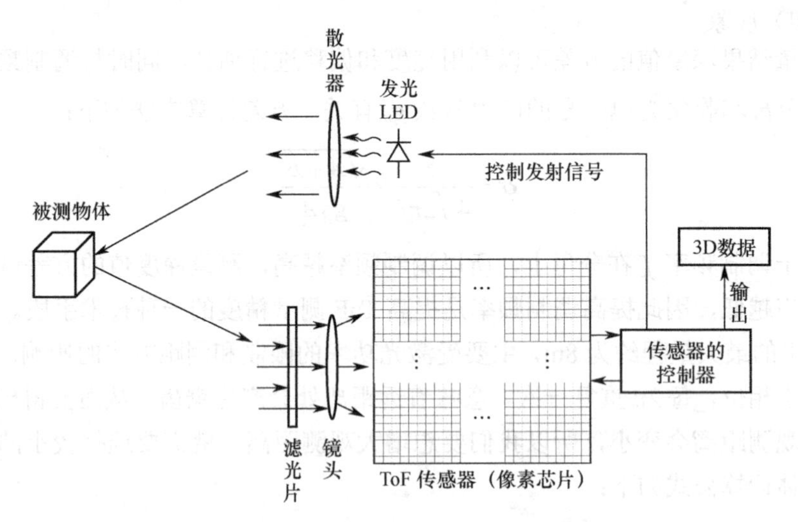

图 2.4-8　简化的 ToF 相机结构示意图

通过传感器的控制器打开信号光源，发出的光源经过散光器后成为一束面光源，同时高精度时钟开始工作，发射信号遇到被测物体后被反射，包含滤光片的一组由透镜组成的镜头接收反射光，然后像素芯片根据时间差计算距离信息。具体如何得到计算距离所需的时间差呢？如图 2.4-9 所示，电流辅助光电解调器（Current Assisted Photonic Demodulators，CPAD）的像素架构能够对像素中的漂移电流进行高速调制，从而提高检测光信号的精度，能够提高 ToF 相机测量远距离场景的精度。

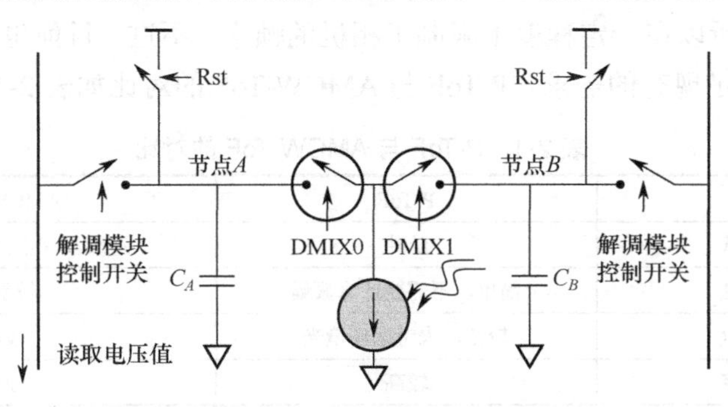

图 2.4-9　单个像素 CPAD 电路

基于 ToF 的成像过程分为 4 步：复位过程（Reset）、采集（积分）过程（Integration）、读取过程（Readout）和死区（Deadtime），我们对应图 2.4-9 一一进行讲解，读者也要结合之前的测距计算公式进行理解。

复位过程：通过图 2.4-9 中的 Rst 开关进行控制，在开始测量之前，将 Rst 开关闭合，让电容 C_A 与 C_B 充电，充满后断开 Rst。

采集过程：DMIX0 和 DMIX1 是由解调模块控制的开关，当 DMIX0 开关闭合且感光元器件接收到光子时，电容会放电来中和感光元器件放出的电子，如果接收到的光子太多，转换了过多的电子，电容已经放电完毕但还未完成中和，就会出现饱和现象，这种问题是进光量太多引起的，所以也称为过曝现象。

读取过程：当停止采集后，打开 DMIX0 开关，读取电容上的电压。

死区：在给定帧率和积分时间后，还有部分时间剩余，此时会停止发射光源。

已经有了一个开关 DMIX0，那 DMIX1 有什么作用呢？实际上，当使用非直接测量方式时，ToF 测距需要在一个周期内多次采集信号才能计算出相位差或时间差，然后计算距离。当有 DMIX0 和 DMIX1 两个窗口时，其中一个窗口与发射光相位一致，另一个是反向相位，即相位差为 180°；当有四个窗口时，相位差为 90°，具体测距原理参见公式（2.4.2）和公式（2.4.3）给出。在公式（2.4.8）中，Q_1 和 Q_2 就是利用图 2.4-9 中 DMIX0 和 DMIX1 两个相位相反的开关进行测量的。

P-ToF 和 AMCW-ToF 各有优缺点，P-ToF 不用计算振幅和环境光，测量方法比较简单，相应的相机帧率也可以达到比较高的水平，但正因为没有计算环境光，所以不能消除环境光对测量的影响，精度也比较低；AMCW-ToF 可以计算出环境光，而且在计算相位的过程中利用多次采样的差值计算(Q_1-Q_3)和(Q_2-Q_4)，可以减掉相同的部分，所以能够消除由环境光、复位电压等引起的固定偏差，还可以估算测量结果的精确度（方差）。但是 AMCW-ToF 需要多次采样，比 P-ToF 耗费的时间多，所以在一定程度上限制了相机的帧率，不过，目前也能够达到 60fps 以上，完全满足现有的需求。P-ToF 与 AMCW-ToF 的对比如表 2-1 所示。

表 2-1　P-ToF 与 AMCW-ToF 的对比

类型	P-ToF	AMCW-ToF
调制方式	脉冲	连续波（正弦波、方波）
测量方法	简单，不需要计算振幅	较复杂
测量精度	较低，未考虑环境光	较高
测量帧率	较高	较低
是否可估算精确度	否	是

ToF 相机与普通相机的区别在于，其需要收集特定波长的光线，即只有相机 LED 主动发射的特定波长的光才能进入，其他波长的环境光不能进入，这要求在镜头上加一个带通滤光片。ToF 像素芯片的制作工艺较为复杂，一个主要原因是 AMCW-ToF 需要用两个以上的快门采集不同时间的反射光，然后利用多次的采样结果计算出相位差以实现测距功能。复杂的工艺导致在相同成本的产品中，其深度图分辨率比较低，目前最高分辨率只能达到 VGA（640×480）。

2.4.3　ToF 的标定与补偿

双目相机的两个相机是普通的 RGB 相机，无须对镜头内部做特殊的标定和补偿，只需要进行双目标定即可；结构光技术已经比较成熟，有固定的标定补偿流程供研究人员和用户参考；ToF 相机作为新兴的 3D 相机，因其测距方式的不同，需要进行一些特殊的标定与补偿。虽然这些标定与补偿都是在相机出厂前进行的，但学习相关内容可以帮助我们更深入地理解 ToF 的测距原理。

由于 AMCW-ToF 是目前主流的 ToF 相机，所以下面我们主要介绍基于 AMCW-ToF 相机的标定与补偿。理想（无误差）的 ToF 相机测距流程设计如图 2.4-10 所示。

可以根据相关采样的结果计算出距离和幅度（强度），同时会测量和记录一些与环境和芯片相关的数据，包括环境光、芯片温度、积分时间、光源的调制频率等，然后输出理想的深度数据。

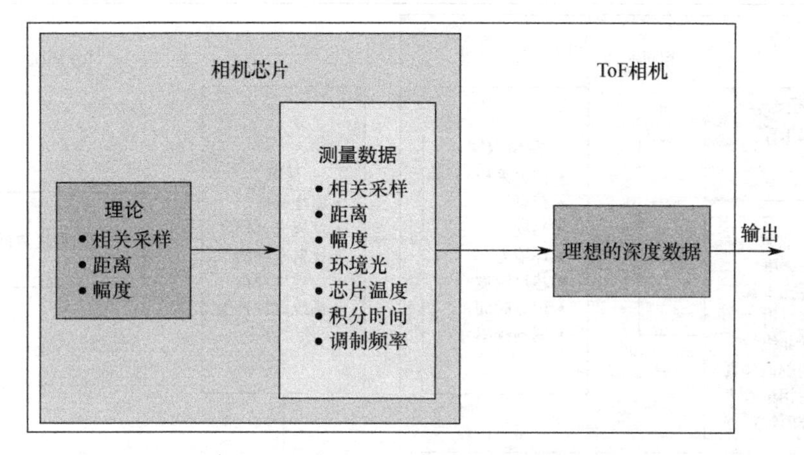

图 2.4-10 理想（无误差）的 ToF 相机测距流程设计

但现实与理想总是有差距的，实际上，各环节都可能会受噪声的影响。CCD（Charge Coupled Device，电荷耦合器件）成像仪是由 2D 的感光探测器或像素阵列组成的。CCD 阵列在机械上相当稳定，像素保持着严格固定的几何关系。然而，阵列中的每个像素都有其独特的光敏感特性，我们称产生的误差为平场误差（Flat-field Error）；在制作工艺方面，每个像素的噪声模式不完全相同；在解调算法方面，由于环境中存在多次发射的波形，所以在解调时会受四阶谐波的影响。这些误差都会严重影响 ToF 的测量精度，所以需要通过补偿和校准来消除它们。我们通过测量得到的芯片温度、环境光等就是为了补偿校准而准备的数据。

补偿和校准后的 ToF 相机设计示意图如图 2.4-11 所示。其中，理论和测量数据部分我们之前已做过讲解，那么误差源具体有哪些呢？如图 2.4-11 所示，误差源包含了温度影响、环境光干扰、物体反射、像素非线性、调制解调失真、固定相位噪声及系统时钟误差，每种误差源都有对应的补偿方法。

我们先来了解一下几种常见的补偿方法，每家制作 ToF 相机的公司所用的芯片都不同，噪声源也不完全一样，所以进行补偿校准的内容和方法也不完全一样，但温度补偿、环境光补偿、反射率补偿和线性度补偿都是普遍需要做的。温度补偿一般是线性的，利用多组不同温度下的测试数据，可以得到不同温度需要的补偿数据；根据芯片的不同，反射率补偿和环境光补偿使用的方法也不同，本书不做详细介绍；线性度补偿是针对像素非线性、调制解调失真和固定相位噪声综合失真所进行的补偿，也是最重要的一步，下面我们介绍一种通用方法。

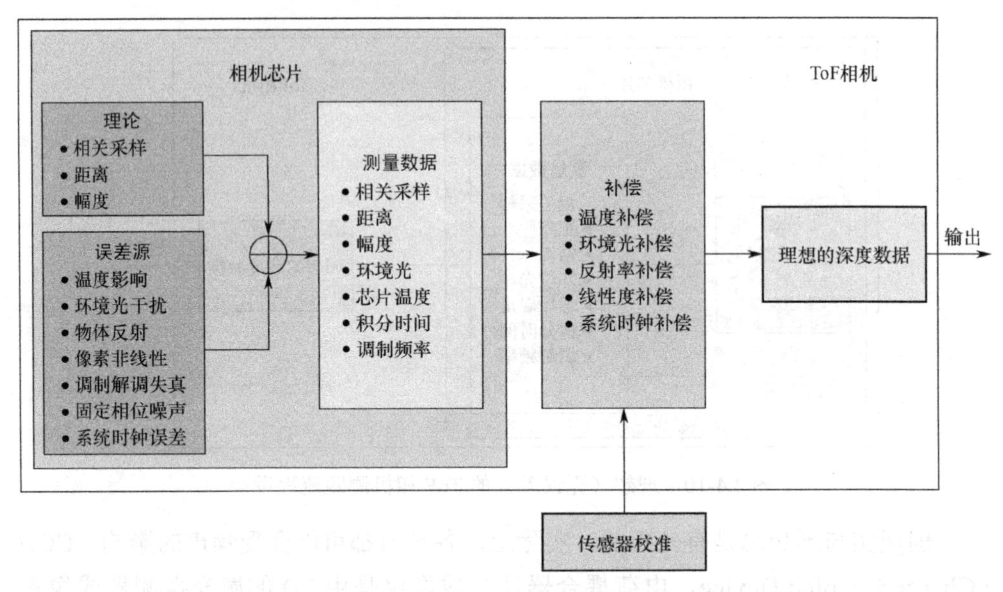

图 2.4-11 补偿和校准后的 ToF 相机设计示意图

线性度补偿也可以看作曲线拟合，即将从芯片中得到的距离数值转换为真实距离的拟合函数。通常会用线性函数拟合，设为 $y = ax + b$，但为了得到更精确的测距结果，我们也会选择二次函数和分段函数进行拟合。图 2.4-12 是线性度失真原理图和物理校准过程示意图，通过采集的一系列真实距离和从芯片中获得的距离，拟合出对应关系。

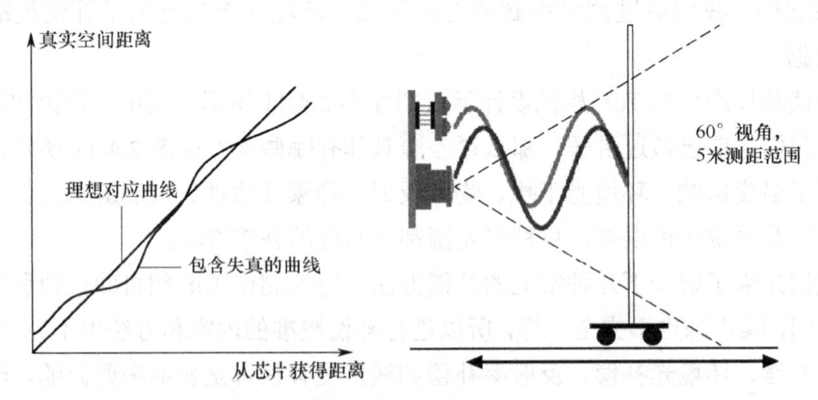

图 2.4-12 线性度失真原理图和物理校准过程示意图

线性度失真主要有四个来源，分别是调制信号失真、解调信号失真、像素非线性失真和固定相位噪声。其中，调制解调信号失真与测距原理有关，多个正弦波的叠加会产生干扰，使得测量不准确，从而导致相位差计算不准确，测距误差大。但随着调制频率的升高，这种失真逐渐减小，所以当发射光信号和接收光信号调制频率较高（如 60M）时，一般不考虑这两种失真的影响。像素非线性失真实际上是每个像素的线性拟合中的斜率系数 a，固定相位噪声可以理解为线性拟合函数中的 b。读者需要了解的是，需要对每个像素都进行一次线性度补偿，所以我们需要考虑算法的复杂度和标定距离的间隔大小，也就是说，不能一味追求精度而进行二次分段函数的拟合。

通过补偿和校准操作，ToF 相机的测量误差将明显降低，表 2-2 给出了某 ToF 相机校准前后的对比。

表 2-2　某 ToF 相机校准前后的对比

参数	校准和补偿前	校准和补偿后
绝对距离误差	19cm	5cm
温度漂移（$\Delta T = 40$K）	60cm	5cm
强环境光漂移	100cm	10cm

由于 ToF 相机不需要像双目相机一样进行匹配，也不需要像结构光相机一样进行编码，所以 ToF 相机的计算相对简单，帧率能够达到上百 fps。在测距范围和精度方面，ToF 表现非常均衡，解决了结构光相机远距离受限和双目相机近距离精度不足的问题，具有明显的优势。同时，ToF 相机作为一种采用主动测距方式的 3D 相机，在昏暗环境中也能正常工作，而且由于光源是经过高频调制的，其在强光环境下的抗光干扰表现也非常优异。结构光相机对于运动物体的拍摄不够理想，而 ToF 相机可以提供运动模式（具体参考 2.5.1 节），可以减少运动模糊，在行人检测、动态手势识别等应用中更加合适。

但 ToF 相机也存在一些限制，由于其采用主动测距方式，当遇到强反光的物体时，会因为饱和现象不能正常工作。受限于芯片的制作工艺，目前的分辨率只有 VGA（640×480）。

2.5　三种相机的对比及典型应用

2.5.1　三种相机的对比

在双目相机、结构光相机、ToF 相机三类 3D 相机中，双目相机的结构最简单，其不需要使用特殊的发射器和接收器，所以成本也较低；但双目相机获取深度图靠的是纯软件计算，计算复杂度较高且不适用于夜间黑暗场景。另外，双目相机不需要考虑反射光的强度问题，适合远距离的测距，而结构光相机和 ToF 相机适用的距离相对较短。

结构光相机的技术相对成熟，功耗较低，生成的深度图的分辨率较高，并且能够很好地解决双目算法的复杂性和准确性问题，但是其核心技术要素激光散斑容易被强光淹没，因此在室外环境中表现较差。结构光发射的编码图案在一定距离外能量密度会降低，所以不适用于远距离的深度信息采集，其适用于近距离（0.2～2m）的场景。因此目前结构光技术主要应用于手机或电脑前置摄像中，用于人脸识别、解锁、安全支付及对自拍美颜进行细节补充等。在功耗方面，由于结构光只需要照射局部区域，且结构光投射图案并不需要高频调制，所以结构光相机的功耗较 ToF 相机低。

ToF 相机除了具有精度高、测距范围大两个明显的优点，还具有较强的抗干扰性：因为其采用主动光源，所以可以在无光环境中使用；因为环境中的太阳光未经调制，所以 ToF 相机受环境光干扰小，抗环境光能力强。在器件尺寸方面，因为 ToF 相机发射和接收路径的不同会引起误差，所以要求接收端与发射端尽可能地接近，而双目相机基线越大匹配精度越高，结构光相机的投射器和相机之间需要保持一定距离，从而 ToF 相机从体积上来说，会小于另外两类 3D 相机。

由于计算复杂度和实时性都是非常重要的性能指标，所以我们单独对比三种相机的计算复杂度。由于双目匹配算法的计算量较大，所以帧率较低。在此以速度和准确性较为适中的半全局匹配算法为例，算法总的复杂度为 $O\,[H\times W\times \text{maxoffset}\times(\text{kernel}^2+N)]$，其中，kernel 一般至少取 3，否则用于匹配的窗口中将只有一个像素。在此假设 kernel 为 3，maxoffset 为 10，N 为 8，得到的复杂度为 $O(170\times H\times W)$。而结构光的计算时间主要消耗在匹配特征点与利用三角测距原理逐点计算距离上。特征点匹配的复杂度主要取决于编码方式，以空间编码方式为例，匹配一张尺寸为 $W\times H$ 的图，取码字阵列长宽为原图的1/10，则匹配过程的复杂度为 $O(100\times H\times W)$，时间编码方式的复杂度一般要高于空间编码方式的复杂度。但与双目匹配相比，由于其主动提供了许多特征点，其匹配复杂度已大大降低。而利用三角测距原理逐点计算距离这一过程的复杂度与双目匹配相近，因此其总体复杂度要低于双目匹配。ToF 的计算复杂度相对较低，每个像素通过公式（2.4.2）和公式（2.4.3）计算得到距离，一幅 $W\times H$ 的深度图对应的计算复杂度为 $O(c\times W\times H)$，其中，c 可以从四次采样的 AMCW-ToF 距离计算公式中得到，当 arctan 采用查表计算时，c 是一个常量（约为 5），比双目匹配和结构光的复杂度要低几十倍。三种 3D 相机的对比如表 2-3 所示。

表 2-3　三种 3D 相机的对比

参数	双目相机	结构光相机	ToF 相机
测距精度	cm 级	μm～cm 级	mm～cm 级
测距范围	中等	可扩展	可扩展
帧率	中	中/高	高
计算复杂度	高	中/高	低/中
弱光照性能	弱	好	好
强光照性能	好	弱/中	中
变化光照性能	弱	弱	好
黑暗条件工作	否	能	能
紧密性	中	高	低
校正复杂度	高	高	低
成本	低/中	中/高	中

每种 3D 相机都有自己的优点，例如，双目相机价格低廉，结构光技术发展成熟，ToF 相机受外界光照影响极小且体积小，所以我们应当根据应用场景的不同选择合适的 3D 相机。

2.5.2　三种 3D 相机的典型应用

三种 3D 相机在 VR/AR、手机、场景重建与定位等领域都有非常广泛的应用。例如，在工业中，自主导航运输车（AGV）的避障、仓储的智能化管理、物流运输的体积测量等都可以利用 3D 相机实现；在生活中，3D 相机在人脸识别、手势互动、人流统计等方面的应用也在不断发展，同时，机器人 SLAM、无人机定高等研究领域也开始使用 ToF 相机进行实验，图 2.5-1 给出了 ToF 相机的部分应用领域。每种相机都有很多成熟的产品，如双目领域的 ZED 相机、结构光领域的 RealSense 相机和 ToF 领域的 SmartToF 相机。接下来，我们就来介绍一下目前市场上具有代表性的 3D 相机和其部分应用场景。

无人机定高

AVG 避障

机器人

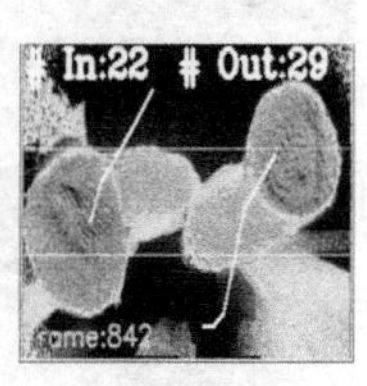

人流统计

人脸识别

图 2.5-1　ToF 相机的部分应用领域

2.5.2.1 双目相机的应用

双目相机是应用双目视觉理论实现 3D 测量的 3D 相机，随着计算机视觉的发展和 GPU 计算能力的提升，双目相机得到广泛应用，包含工业生产的控制与检测、物体识别与测量、各种机器的自主导航及交互式娱乐等。专业的双目相机有富士推出的 FinePix 和 PointGrey 推出的 Bumblebee2 等。除此之外，双目相机在日常生活中也极其常见，例如，现在很多智能手机具有双目拍摄的功能。

STEREOLABS 推出的 ZED 立体相机（ZED Stereo Camera）是一款性能良好的双目相机，可以实现深度感知、位置跟踪和 3D 重构。

ZED 双目相机外形如图 2.5-2 所示，其左右两边各有一个相机，两个相机能以高分辨率和高帧率获取视频。在 ZED 得到两个视点的图像后，可使用 USB 3.0 接口将其传输到计算机中，计算机的图形处理单元（GPU）使用 ZED SDK 实时计算深度图。

图 2.5-2　ZED 双目相机外形

ZED 最重要的功能是通过不断扫描周围环境创建对应的 3D 地图（3D Map）。ZED 实现的场景重建如图 2.5-3 所示，3D 地图以紧密相连的多边形的形式存在，这些用于近似表示实际表面的多边形组成了网格（Mesh），网格的概念在第 4 章中有详尽的叙述。当设备移动并捕捉到场景中的新元素时，3D 地图会被更新，ZED 获取 3D 地图的过程称为 3D 映射。由于 ZED 相机可以感知的距离较大，因此可以快速重建大型室内和室外场景。

图 2.5-3　ZED 实现的场景重建

ZED 是一款较为先进的双目相机，其高分辨率和较远的感知距离吸引了众多爱好者，不过也有人对其在不同环境下的实用性持怀疑态度，因为双目视觉是利用 2D 平面信息恢复 3D 深度信息的逆问题，存在很多影响最终结果的不确定因素，而且尽管视觉技术的进步让机器模仿了大量的人脑功能，但深度感知一直是计算机尚未掌握的领域。

2.5.2.2　结构光相机的应用

结构光相机的应用距离较近，因此其一般应用于电脑或者手机的前置摄像中。英特尔的 RealSense 技术和苹果的 Face ID 技术分别是应用于电脑端和手机端的结构光技术的代表。

在 2015 年的 IDF 大会上，RealSense 技术大放异彩，英特尔 CEO 科再奇现场演示了 RealSense 技术在不同设备上的表现，包括刷脸解锁 PC 屏幕等一系列动作，实现了从虚拟到现实的无缝衔接。简单来说，RealSense 技术相当于给电脑加了一双眼睛，使得电脑能够精确识别人的手势动作、面部特征、前景和背景，让电脑理解人的动作和情感，在虚拟现实领域打造新一代互动体验，人类与计算机之间的交互变得更为自然。

英特尔®实感™摄像头 SR300（Intel® RealSense™ Camera SR300）是英特尔公司推出的第二代前置摄像头。如图 2.5-4 所示，SR300 设备拥有 RGB 摄像头、红外接收器和红外发射器，三者相互合作，通过探测挡在前面的物体所反射的红外线推断景深。这些视觉数据与英特尔 RealSense 动作跟踪软件相结合，造就了可响应手部、手臂和头部运动及面部表情的免触控界面。

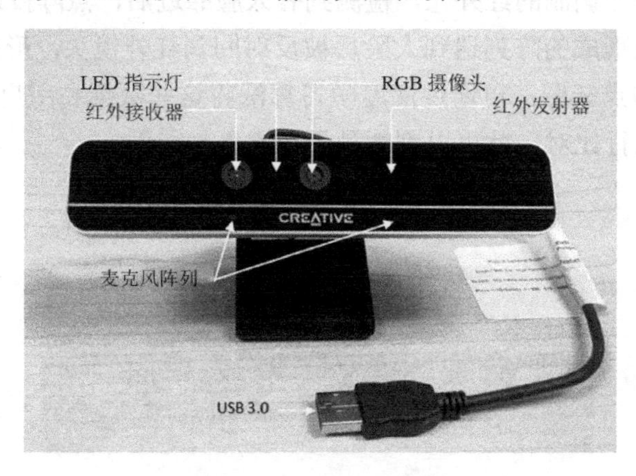

图 2.5-4　SR300 外形

SR300 设备的红外线发射器发射的结构光经物体反射后会被红外接收器接收。由于红外线发射器到反射物体表面各处的距离不同，红外接收器捕捉到的结构光图案的位置和形状会发生变化，根据这些实感图像，处理芯片就能计算出物体表面的空间信息，再用三角测距原理进行深度计算，进而重现 3D 场景。

利用英特尔官网提供的 SDK 我们可以方便地使用 SR300 设备进行深度图的采集，其采集的深度图如图 2.5-5 所示。

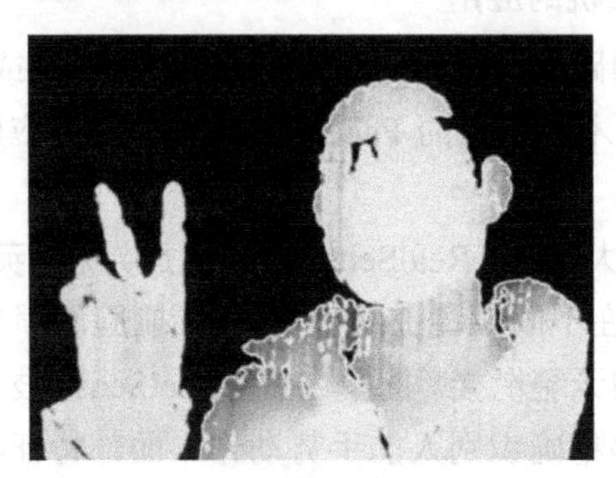

图 2.5-5　SR300 设备采集的深度图

结构光相机另一个众所周知的应用便是在 iPhone 上。苹果在十周年之际推出了全新的 iPhone X，大胆地砍掉了沿用多年、在用户中口碑甚佳的 Touch ID 指纹识别，取而代之的是 Face ID 人脸识别，Face ID 使用的就是结构光技术。

如图 2.5-6 所示是在 iPhone X 上搭载的结构光深度相机，图中标注了 3 个核心部件，分别是左侧的红外镜头、中间的泛光感应元件及右侧的点阵投影器。泛光感应元件发出非调制的红外光，检测到有人脸靠近后，点阵投影器发出 3 万个结构光点，光点形成的阵列遇到人脸后被反射回到红外镜头，形成包含脸部不同位置深度数据的点云图；再通过深度学习算法将这些数据和用户之前录入的 3D 人脸模型数据进行比对，就可以判断是否是本人。

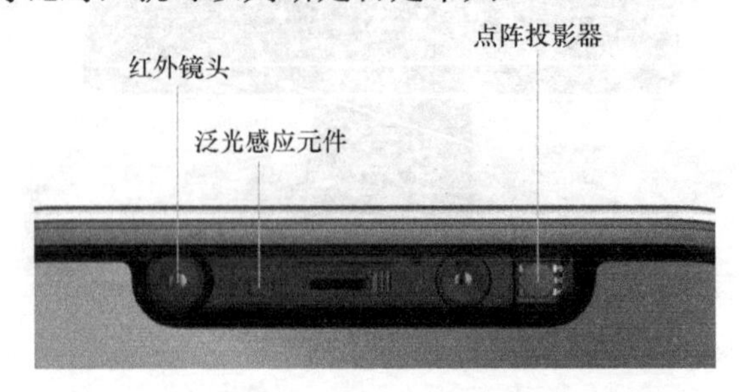

图 2.5-6　在 iPhone X 上搭载的结构光深度相机

和传统相机直接收集自然光不同，结构光相机多了可以主动发出结构光点的光源，红外镜头收集的是经过人脸等物体反射回来的光线。由于这种独特的设计，结构光相机可以收集到精确的 3D 点云数据，这是普通的 RGB 相机做不到的。同时，由于结构光相机拥有主动发光的红外光源，因此在弱光、暗光环境中不会受影响。

不过结构光相机也有一定的局限，相比于传统相机，结构光相机的工作距离要短一些，最长距离一般在 1 米左右（不过这个距离对人脸解锁来说是足够的）。另外，在强光环境中，自然光还可能造成干扰。

在手机人脸解锁中，由于结构光相机可以获得精确的人脸深度信息，因此可以实现优于传统指纹解锁的超高安全级别，这也是基于结构光相机的人脸识别与目前 Android 手机上常见的人脸识别的根本区别。

2.5.2.3　ToF 相机的应用

ToF 相机作为一种近几年新兴的 3D 相机，同样已经应用于生活、工业和科研之中，SmartToF 相机由上海数迹研发，是一款高帧率、高精度的小型深度 CCD 相机，如图 2.5-7 所示是 SmartToF TC-S2 系列 3D 相机和客流计 3D 相机。SmartToF TC-S2 系列 3D 相机可以获取深度图、灰度图和 3D 点云信息，支持开发手势识别、物体测量等多种算法；客流计 3D 相机是一款集人流统计算法于一体的 3D 相机，能够统计出入口的进出人数，进行客流分析。

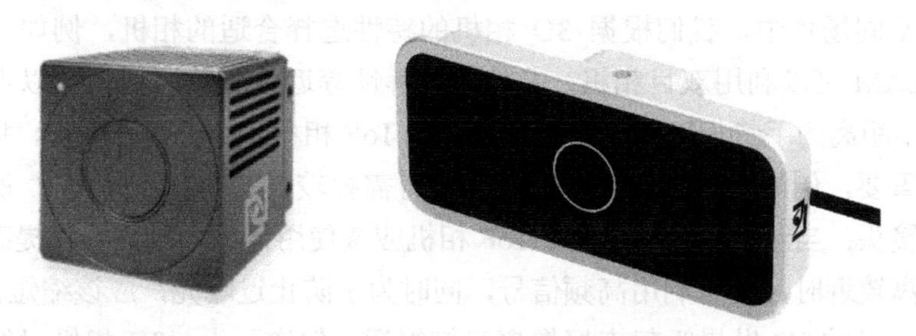

图 2.5-7　SmartToF TC-E2 系列 3D 相机和客流计 3D 相机

SmartToF 相机可通过 USB 2.0 接口以 60fps 的速度输出 QVGA（320×240）尺寸的深度图、灰度图和点云图。测距范围可达 0.3～8m，同时覆盖了近景和远景，尤其在中远距离场景中表现出色。该相机配备两个摄像头，一个为标准摄像头（FOV=90°），另一个为宽视角摄像头（FOV=122°），测量误差低于 2%。SmartToF 相机具有很多突出的优异特性，该相机可应用于人流统计、手势识别、体积测量等多种场景。

由于结构光相机功耗较低，更适合静态的近处场景，iPhone X 搭载了结构光相机，使得 Face ID 更加方便和安全。但 ToF 相机测距范围更大，可以拍摄较远的物体且能更好地抑制噪声和运动模糊，于 2018 年年底发布的荣耀 V20 手机搭载了一颗 ToF 后置摄像头，使荣耀 V20 具备了超强的 3D 空间感知能力和 3D 体感游戏功能，同时还能够实现深度测量、3D 重建和 3D 美体塑形等。例如，当我们修图时，非常容易把背景修变形，但有了深度信息后，可以很容易地把前景和背景分离，当我们进行瘦身处理时，就不需要担心背景问题，如图 2.5-8 所示是荣耀 V20 手机 3D 美体前和 3D 美体后的对比。

图 2.5-8　荣耀 V20 手机 3D 美体前和 3D 美体后的对比

在不同场景中，我们根据 3D 相机的特性选择合适的相机，例如，室外场景中的 SLAM 可以利用双目相机，人脸识别解锁等近距离应用场景可以考虑结构光相机，中距离的手势识别、人流统计等选择 ToF 相机。除了相机种类，相机的参数也非常重要，例如，在进行运动位姿匹配时需要较大的视角（FOV），所以应该使用广角镜头；当测量距离较远时，ToF 相机应该使用低频调制信号以提高量程，在测量距离较近时，则可利用高频信号，同时为了防止过曝光，应该缩短积分时间。

可触摸的 3D 世界听起来好像离我们很远，但实际上，3D 相机已经以多种形式慢慢走入了我们的生活，为我们带来了全新的体验。

2.6　DMAPP 开发平台

如果相机的校准、数据的预处理等基本工作都要从头开始做，那我们做一个项目的时候，开发周期一定会很长，所以我们迫切需要一个能够直接提供基础算法的开发平台，从而加快研究和产品化的步伐。本节我们将介绍由上海数迹提供的通用、成熟的算法开发平台——DMAPP（Data Miracle Application）。

2.6.1　SmartToF SDK——数据获取与处理

DMAPP 的基础框架是 SmartToF SDK（简称“SDK”）。SDK 是配套前文介绍过的 SmartToF 系列模组进行开发的工具包，支持 Linux、Windows、Android 等主流平台，其基本架构如图 2.6-1 所示。

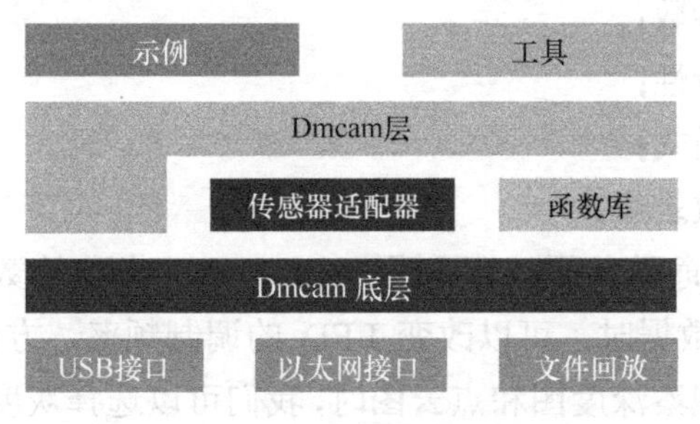

图 2.6-1　SDK 基本架构

其中，工具包含软件工具、深度图可视化界面 SmartToFViewer、点云可视化界面 SmartToF_PCLViewer 等；示例包含 C 语言、Python 等的示例程序；传感器适配器可适配不同厂家的 ToF 相机；函数库中包含多种常用函数，如 3D 数据滤波函数等；同时还支持多种接口。SmartToF SDK 核心的可视化界面如图 2.6-2 所示。

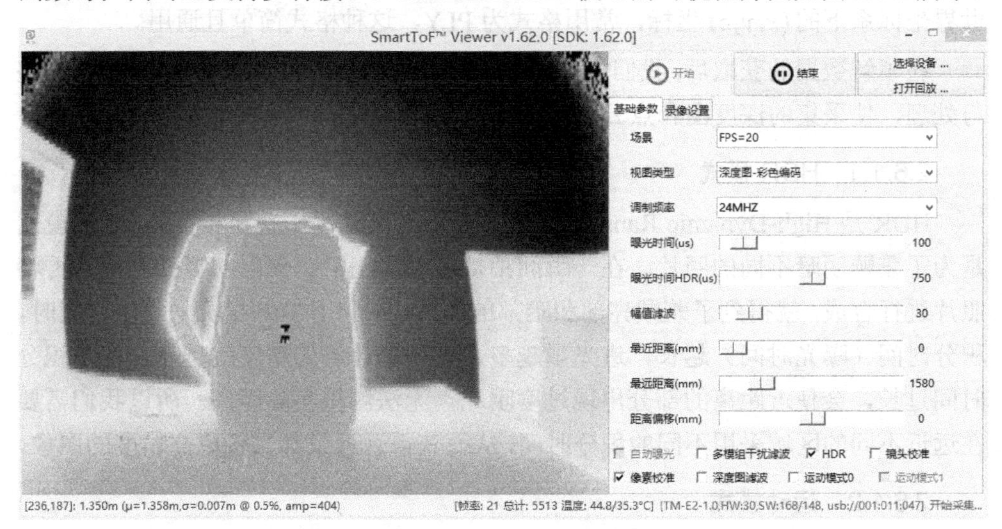

图 2.6-2　SmartToF SDK 核心的可视化界面

SmartToFViewer 是一款可视化工具，可以用来快速评估模组效果，模拟不同参数对显示效果的影响并确定最佳参数，其主要功能如下。

（1）设备选择、打开、关闭等；

（2）显示图像深度图、灰度图等；

（3）配合 PCLViewer 显示点云图；

（4）查看物体和模组摄像头间的距离；

（5）查看模组信息及工作状态；

（6）设置常用参数；

（7）设置滤波特性；

（8）设置运动模式；

（9）录像及回放录像。

接下来，我们简要介绍一下利用 SDK 可以获取的数据及其格式，利用 SmartToF 相机获取数据时，可以改变 LED 的调制频率，方便根据需求平衡精度和范围。利用 SDK 观察深度图和点云图时，我们可以选择灰度编码或伪彩色编码，两种编码方式均采用不同颜色表征距离的远近。SmartToFViewer 还可以保存数据，保存的格式可以为图片、视频、点云等。图片一般为 16bit 的深度图，保存的数据是以毫米为单位的实际距离。视频可以直接保存为二进制 bin 文件，该方式不会压缩数据，可以存储为以毫米单位的整数，也可以存储为以米为单位的浮点数。SmartToFViewer 还提供了经过不同方式压缩后的数据存储格式。点云可以存储为世界坐标系下的 (x, y, z) 坐标，常用格式为 PLY，这种格式简单且通用。

在了解数据的获取后，我们一起来了解 SDK 能够对相机和数据进行哪些调整与处理，使采集的深度图和点云能更好地满足我们的需求。

2.6.1.1　HDR 模式

HDR 是 High-Dynamic Range（高动态范围）的缩写，普通相机的 HDR 模式是为了兼顾明暗不同的照片，在一瞬间拍摄过曝、正常、欠曝的多张照片，再将照片进行合成，就得到了兼顾亮部和暗部的照片。在利用 ToF 相机采集深度图时，积分时间（曝光时间）越长，进光量越多，则距离计算的精度就越高，但是积分时间过长，会使近距离的部分出现过度曝光，无法测量实际距离。所以我们需要在远近不同的区域采用不同的积分时间，从而获得远近景都具备更高精度的图像。

2.6.1.2　运动模式

相机在拍摄运动的物体时会产生拖影现象，当参与计算的多个 DCS

（Differential Correlation Sample，差分相关采样）的采样时间过长会造成运动模糊，我们可以通过缩短拍摄时间来减少运动拖影。当拍摄时间已经缩短到极限值时，我们可以减少 DCS 的数量，例如，我们采用标准的 4 个 DCS 时，每个 DCS 的采样时间是 6ms，运动模糊度就是 18～24ms，如果我们只用 2 个 DCS，运动模糊度就是 6～12ms。但减少 DCS 会降低测量精度，在拍摄运动的手时进行截图，如图 2.6-3 所示，左、右两图分别为 4 个和 2 个 DCS 成像结果，可以看出，左图手指之间有明显的粘连，存在运动拖影，右图较为清晰，无运动拖影。

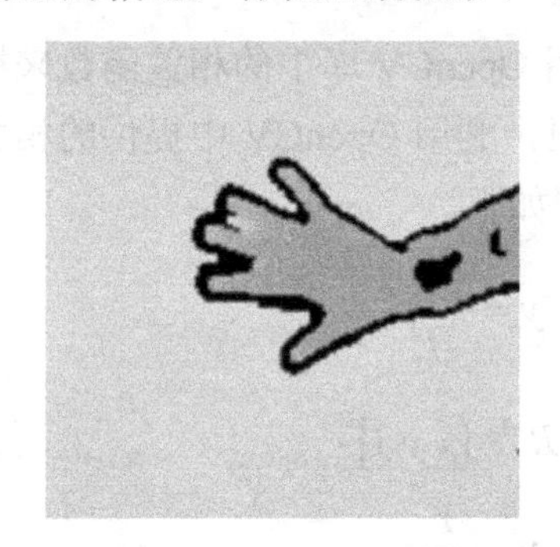 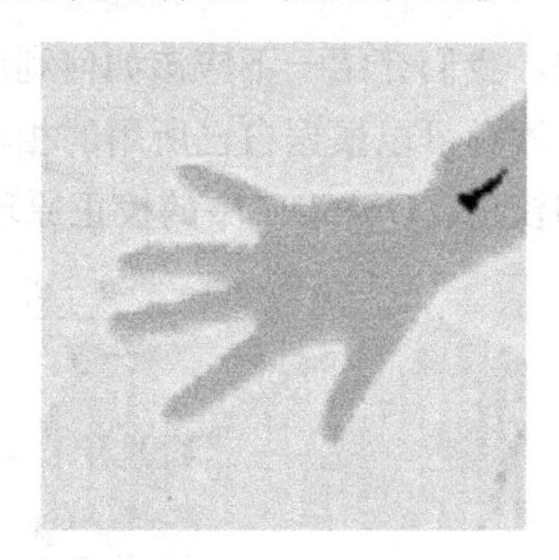

图 2.6-3　运动拖影和无运动拖影

2.6.1.3　多模组干扰滤波

在使用多个模组进行测距时，会出现因为调制频率相同而互相干扰的问题，我们可以采取时分复用的方式，通过控制不同模组的开始时间，避免信号之间的干涉，从而实现多模组的干扰滤波。

2.6.1.4　镜头校准

镜头校准目前主要针对镜头的鱼眼校准，鱼眼失真一般为桶形畸变，其相关示意图如图 2.6-4 和图 2.6-5 所示。

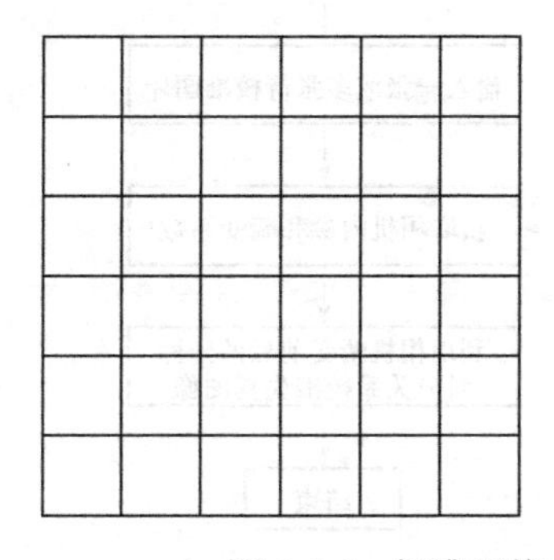 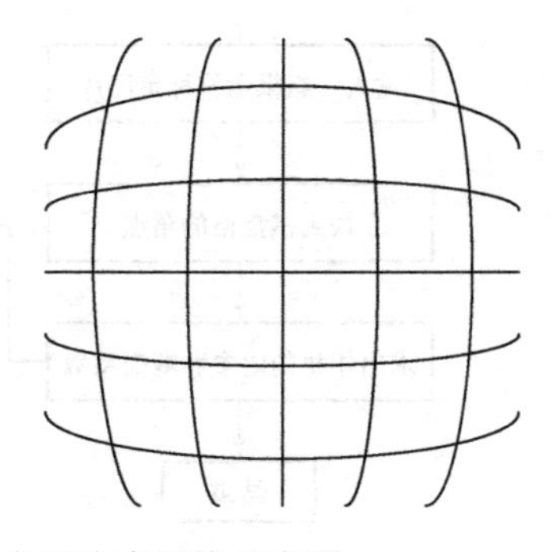

图 2.6-4　标准网格及鱼眼失真网格示意图

图 2.6-5 鱼眼失真相机拍摄的图片及校准后的图片

接下来，我们介绍一下应该如何利用 OpenCV 库中的相关函数来校准相机的鱼眼失真，读者可以根据自己所用的相机，利用 OpenCV 中提供的相关函数进行二次标定和校正。OpenCV 中的校正原理如下。

$$x=\frac{u-c_x'}{f_x'}\ ,y=\frac{v-c_y'}{f_y'} \tag{2.6.1}$$

$$\left[X\ Y\ W\right]^T=R^{-1}\ \left[x\ y\ 1\right]^T \tag{2.6.2}$$

$$x'=\frac{X}{W}\ ,y'=\frac{Y}{W} \tag{2.6.3}$$

$$x_e=x'\left(1+k_1r^2+k_2r^4+k_3r^6\right)+2p_1x'y'+p_2(r^2+2x'^2) \tag{2.6.4}$$

$$y_e=y'\left(1+k_1r^2+k_2r^4+k_3r^6\right)+2p_1x'y'+p_2(r^2+2y'^2) \tag{2.6.5}$$

$$\text{mapx}\left(u,v\right)=x_ef_x+C_x,\ \text{mapy}\left(u,v\right)=\text{y}_ef_y+C_y \tag{2.6.6}$$

其中，k_i 是校正所需的参数，x、y 是未校准的坐标，x_e、y_e 是校准后的坐标。鱼眼失真校准流程如图 2.6-6 所示。

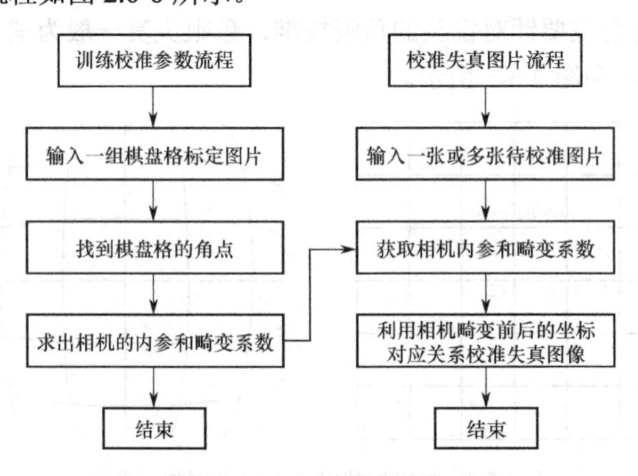

图 2.6-6 鱼眼失真校准流程

数据格式之间的转换和深度图与点云的滤波，我们会在接下来的第 4 章和第 5 章进行详细介绍，数据的压缩也会在第 5 章进行讲解。

2.6.2 DMAPP 架构

相比于 SDK 偏底层的处理，DMAPP 更加注重为上层应用提供帮助，是从样品到产品发布的一体化平台，DMAPP 的目的是有效缩短算法和产品的研发周期。通过 DMAPP 可以选择观察和采集数据的格式与种类，同时可以对传感器获取的原始数据进行不同的预处理。DMAPP 架构示意图如图 2.6-7 所示，其支持 Windows、Linux、Android 平台，主要功能为数据获取和处理，提供算法开发模块、数据共享模块和辅助应用化模块等，利用该平台可以直接发布样品和产品。DMAPP 平台可以调用不同传感器采集不同种类的深度图，并为开发者提供处理深度图的各种基本工具，包括多种滤波器和补空洞算法，同时可将深度图转换为点云、体素、三角网格等不同的数据格式，能够满足不同的研究需求。

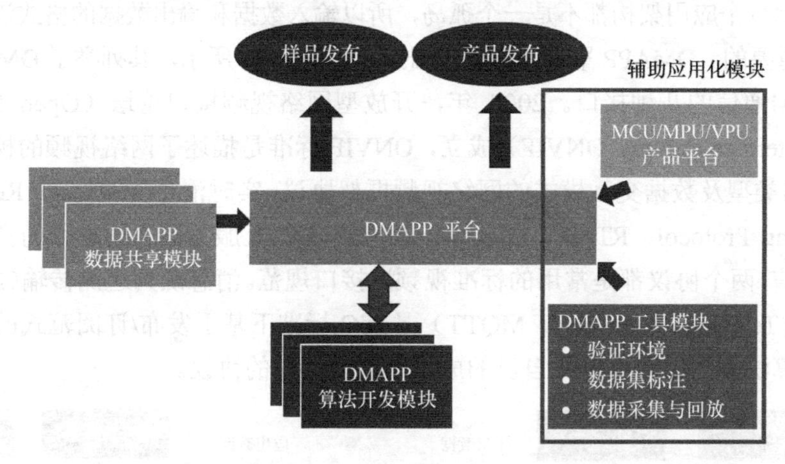

图 2.6-7　DMAPP 架构示意图

1. 数据共享模块

数据是研究的基础，DMAPP 可以采集不同类型的数据，同时提供各种标准的数据存储格式，用户可以将使用 3D 相机采集的 3D 数据通过 DMAPP 的数据共享模块上传，也可以下载其他用户上传的数据，该模块可以为研究人员提供丰富的数据集。

2. 算法开发模块

算法开发是研究的核心内容，在 DMAPP 平台提供各种底层处理算法的基础上，算法开发模块是研究人员唯一需要关注的模块，研究人员可以利用该模块调用底层处理算法，对采集的数据进行预处理，包括底层的滤波（我们会在第 5 章对滤波进行详细讲解）等，也可以直接从数据共享模块中下载所需的数据集。当开发成熟后，研究人员可以选择将算法发布到 DMAPP 平台中，进行测试验证等工作。

3. 辅助应用化模块

一个算法的最终目标是得到实际应用，DMAPP 提供了多种工具，包括人工智能数据标注工具、测试评估体系和图形化显示评估工具，同时还能够对计算量进行分析，匹配合适的计算平台，如微控制单元（Microcontroller Unit，MCU）、微处理器（Microprocessor Unit，MPU）、视频处理单元（Video Processing Unit，VPU）等。

4. 通用数据接口

任何一个应用架构都不是一个孤岛，所以输入数据和输出数据的格式满足规范是非常重要的。DMAPP 平台的标准数据接口如图 2.6-8 所示，其列举了 DMAPP 与外部数据通信的几种接口。2008 年，开放型网络视频接口论坛（Open Network Video Interface Forum，ONVIF）成立，ONVIF 标准是描述了网络视频的模型、接口、数据类型及数据交互模式的网络视频框架协议，实时消息传输协议（Real Time Messaging Protocol，RTMP）主要用于在流媒体/交互服务器之间进行的音视频和数据通信，两个协议都是常用的标准视频流接口规范。消息队列遥测传输（Message Queuing Telemetry Transport，MQTT）是 ISO 标准下基于发布/订阅范式的消息协议，是算法开发用户在发布自己的成果时需要遵循的协议。

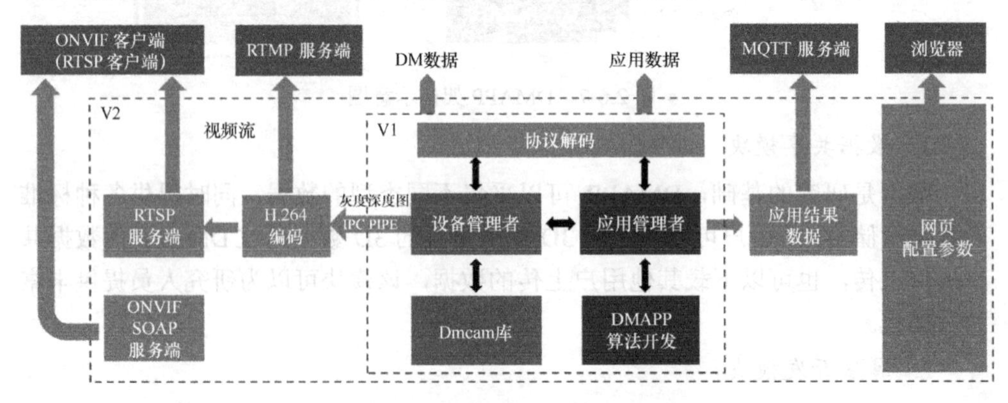

图 2.6-8　DMAPP 平台的标准数据接口

2.6.3 DMAPP 的特点与优势

DMAPP 支持多平台、多语言开发，支持 Windows、Linux、Android 多个操作系统，同时支持 Python、C、C++等多种语言。通过使用 DMAPP，研发人员无须花费时间进行与研发无关的基础算法的学习和实现，只需要调用对应的已封装好的函数即可，这样可以使研发人员专注于核心算法的研究，有助于产品的快速形成。

DMAPP 的各项功能代码都是开源的，用户可以根据实际需求进行修改，如滤波器的叠加、伪彩色视图的颜色修改等。DMAPP 提供的数据共享平台使用户能够将采集的数据按照一定的规则标准进行发布，为同一研究领域的人员提供交流和验证的数据集，减少重复的数据采集工作。

DMAPP 可提供多种外部设备的接入支持，包括 ONVIF 支持，可接入普通监控系统；RTMP 推流支持，可接入公有云或私有云直播系统；MQTT 支持，可以快捷方便地将结果发布到物联网系统中；同时还能够通过 Web 配置 DMAPP 的所有参数。

2.7 总结与思考

我们通过本章的学习认识了三种 3D 相机，并且了解了它们的测距原理、误差的标定与补偿，还了解了几种典型的 3D 相机的应用场景。DMAPP 开发平台为我们提供了很多可调用的工具库，帮助我们更好地使用 3D 相机来进行开发。最后我们利用如下几个实践巩固所学的知识。

（1）调用 DMAPP 采集一份自己的 3D 数据，并利用 Python 实现的数据读取。

（2）用双目相机拍摄两幅图片，利用 Python 实现匹配。如果没有双目相机也可以用手机小幅度变换位置来实现两幅图片的拍摄。

（3）相机都会存在不同程度的鱼眼失真，寻找一个相机，然后利用 OpenCV 进行鱼眼失真的校正。

相信大家通过本章的阅读和学习，已经对 3D 相机和开发平台有了一定的了解，当我们能够熟练地使用 3D 相机和开发平台时，就可以真正开始对 3D 世界的探索了。

参 考 文 献

[1] 隋婧，金伟其. 双目立体视觉技术的实现及其进展[J]. 电子技术应用，2004(10):4-6+12.

[2] Gu Z, Su X, Liu Y, et al. Local stereo matching with adaptive support-weight, rank transform and disparity calibration[J]. Pattern Recognition Letters, 2008, 29(09):1230-1235.

[3] Heiko Hirschmüller. Accurate and Efficient Stereo Processing by Semi-Global Matching and Mutual Information[J]. CVPR 2005 IEEE Computer Society, 2005:807-814.

[4] Stefano L D, Boland F. A new phase extraction algorithm for phase profilometry[J]. Machine Vision and Applications, 1997, 10(04):188-200.

[5] Salvi J, Jordi Pagès, Batlle J. Pattern codification strategies in structured light systems[J]. Pattern Recognition, 2004, 37(04):827-849.

[6] 周平，朱统晶，刘欣冉，等. 结构光测量中相位误差的过补偿与欠补偿校正[J]. 光学精密工程，2015，23(01):56-62.

[7] Remondino F, Stoppa D. TOF Range-Imaging Cameras[M]. Berlin: Springer-Verlag, 2013.

[8] 戴观祖. 3D ToF 3D 场景距离（景深）测量系统简介[J]. 德州仪器应用报告，2016.

[9] Miles Hansard, Seungkyu Lee, Ouk Choi, et al. Time of Flight Cameras: Principles, Methods, and Applications[M]. Berlin: Springer, 2012:99.

第 3 章

3D 数据表示方法

主要目标

- 理解 3D 数据是如何表示的，以及每种表示方法的特点是什么。
- 学习各种表示方法之间的转换，并通过编写代码得到工程所需的数据表示方法。
- 理解 3D 数据的存储方式及各种存储文件的数据结构；重点理解 3MF 文件的特点和生成方式。

3.1 概述

任何研究的基础都是数据，在 3D 领域同样如此，若想快速有效地完成任务，必须将数据以某种特定的方式存储在某种特定的结构中，以便更好地利用数据、表示数据。本章我们将对 3D 数据的存储方式进行探讨，介绍若干主流的 3D 数据表示方法。或许你已经学习过许多 2D 数据表示方法，那么你可以通过类比的方式快速上手 3D 数据表示方法；又或许你之前并没有相关的学习经验，那也不要担心，我们生活的世界就是 3D 世界，平时接触的物体也都是 3D 物体，3D 数据的表示相对于其他维度来说更加直观，你只需要代入日常的生活经验，就可以很好地理解本章的内容。

根据使用的广泛度及经典程度，我们给出了四种目前主流的 3D 数据表示方法，如图 3.1-1 所示。

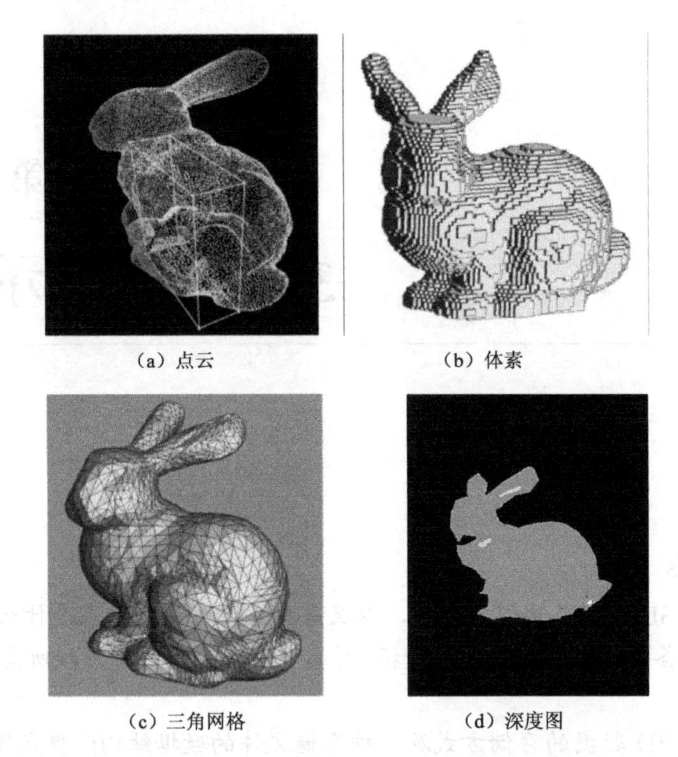

（a）点云 （b）体素

（c）三角网格 （d）深度图

图 3.1-1 四种目前主流的 3D 数据表示方法

（1）点云是 3D 空间中点的集合，每个点具有特定的位置信息（*x, y, z*）和其他属性（如 RGB 信息等）。数量庞大的点如同云团一般聚拢在一起，构成了 3D 模型的数据。

（2）体素是量化成固定大小的可视化点云。点云可以在空间中的任何位置具有无限数量的点与浮点坐标，而体素具有固定大小和整数坐标。

（3）多边形网格由一组具有共享顶点的多边形面组成，以易于渲染的方式表示表面信息，广泛应用于计算机视觉。

（4）深度图是一幅表征被拍摄物体到 3D 相机实际空间距离的图像。

本章我们将根据数据表示的复杂程度，按照深度图、点云、体素、三角网格的顺序分别进行介绍。

3.2 深度图

深度图是表征场景中的物体与 3D 相机之间的空间距离的图像，某一像素的像素值表示物体上对应点相对于3D相机（视点）的距离。深度图比普通的RGB图像多了一维的空间信息，额外的空间信息有助于有效地刻画现实世界中物体的几何结构，因此深度图在计算机视觉研究领域中具有重要地位。

实际物体和深度图示例如图3.2-1所示。

图3.2-1　实际物体和深度图示例

根据位数的不同，深度图通常分为16bit图像和8bit图像。3D相机直接获取的深度图位数为16bit，前3位数通常为0，即每个像素的值由13位二进制数表示。距离的精度（单位）为1mm，13位数可以满足8m以内的应用需求，其较高的精度可应对3D重建和点云识别对高精度的要求。而在普通的视觉场景中，我们看到的深度图是以8bit灰度图的形式来表示的，每个像素的值是一个[0, 255]内的整数。这是对场景中各点的真实距离进行归一化处理后的结果，归一化处理可以参考公式（3.2.1），其中，Z表示真实距离，Z_{near}表示离3D相机最近的距离，Z_{far}表示离3D相机最远的距离，v表示深度图中归一化后的像素值。

$$Z = Z_{\text{near}} + v \times \frac{Z_{\text{far}} - Z_{\text{near}}}{255} \tag{3.2.1}$$

由于人的视觉系统对微小的灰度变化不敏感，即使采集到的深度图有上百个灰度级，但受限于视觉系统特点，人可以直接获取的灰度信息也仅有二十级左右。如图3.2-2所示是在人流涌动的场景中用3D相机俯拍得到的深度图。在以灰度显示的图像中，我们仅凭人眼很难直观地对距离的差异做出明确判断。但人类视觉对彩色的微小差别极为敏感，能够分辨上千种色度，所以有时我们为改善视觉效果，会将深度图转换为伪彩色图，其主要原理是把不同灰度级按照线性或非线性的函数关系映射到不同的彩色空间中。

图 3.2-2　在人流涌动的场景中用 3D 相机俯拍得到的深度图

下面介绍一个简单、常见的伪彩色映射算法。

假设当前像素的灰度值为 $\mathrm{Gray}(x,y)$，转换后的伪彩色图在 (x,y) 点的三通道值分别为 R、G、B。

当 $0 \leqslant \mathrm{Gray}(x,y) \leqslant 63$ 时，$R=0$，$G=254-4\times\mathrm{Gray}(x,y)$，$B=255$；

当 $64 \leqslant \mathrm{Gray}(x,y) \leqslant 127$ 时，$R=0$，$G=4\times\mathrm{Gray}(x,y)-254$，$B=510-4\times\mathrm{Gray}(x,y)$；

当 $128 \leqslant \mathrm{Gray}(x,y) \leqslant 191$ 时，$R=510-4\times\mathrm{Gray}(x,y)$，$G=255$，$B=0$；

当 $192 \leqslant \mathrm{Gray}(x,y) \leqslant 255$ 时，$R=255$，$G=1022-4\times\mathrm{Gray}(x,y)$，$B=0$。

下面我们给出通过 OpenCV 实现的将深度图转为伪彩色图的例子。映射函数为 cv2.applyColorMap()，映射过程采用的色度图为 COLORMAP_RAINBOW，对于色度图的概念，读者无须深入理解，将其大致理解为一块调色板即可。

```
## 功能描述
#  深度图的伪彩色转换
#  输入参数：
#  深度图（16bit 格式）
#  输出参数：
#  伪彩色图
import cv2
# 读取深度图
img_dep  =  cv2.imread('depth.png',cv2.IMREAD_UNCHANGED).astype
('float32')
# 伪彩色图转换
img_rgb = cv2.applyColorMap(img_dep, cv2.COLORMAP_RAINBOW)
```

SmartToFViewer 中也封装了对深度图进行彩色编码的功能，如图 3.2-3 所示，在界面右侧找到“视图类型”选项，单击下拉菜单，选择第一项“深度图-彩色编码”，就可以实时地以伪彩色的形式显示深度图了。

图 3.2-3　SmartToFViewer 中的“彩色编码”功能

3.3　点云

3.3.1　点云概念介绍

深度图其实并不算严格意义上的 3D 表现形式，因为它无法带给我们直观的 3D 感受，那有没有一种数据格式，能够真正体现 3D 结构呢？我们认为点云是最简单的能体现 3D 结构数据格式，而且其能够方便地与深度图、体素等各种数据格式相互转换。在本节，我们将带领读者了解并学习 3D 点云。

点云是分布在空间中的离散点集，在本书中，特指利用传感器测量得到或者基于模型生成的物体表面点的集合。最简单的点云数据只包含每个点的空间坐标（x, y, z），当然，我们也可以把其他属性一起赋给点云，如颜色信息（R，G，B）、反射强度信息和表面法向量等，如图 3.3-1 所示为 SmartToF 获取的物体（玩偶）点云，根据距离信息对点云数据进行了渲染。

近年来，随着深度相机的发展与推广，3D 重建、SLAM（即时定位与地图构建）等研究领域也异常火热，而点云恰恰是这些领域中最基本的数据格式，应用前景广泛。在人工智能领域，最初研究人员偏爱用传统的 2D 神经网络处理多视角的图片，以达到 3D 的识别检测效果，后来人们利用立方体卷积核提取体素网格表现形式下的 3D 特征结构。由于点云特有的无序性，使得传统方法不能直接应用于点云数据。2016 年，PointNet[1]的出现使得点云逐渐走入人们的视野，在解决了无序性的难题之后，点云数据凭借其占用的存储空间小、结构描述更精细等优点，成为 3D 机器学习界的新宠。

图 3.3-1　SmartToF 获取的物体（玩偶）点云

同时，点云是计算机图形学发展的一个重要驱动力，围绕点云的技术主要包括点云获取、点云处理、点云表示和点云重构[2]，如图 3.3-2 所示。本章主要介绍点云数据的获取方法和表示形式，其他问题会在之后的章节进行介绍。

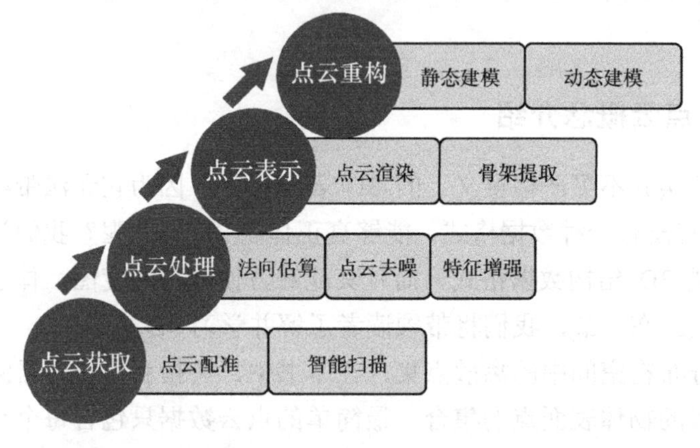

图 3.3-2　点云驱动的计算机视觉领域的主要研究内容

3.3.2　点云数据获取

点云数据的获取方式在这里分为两种，一种是通过 3D 建模软件构建 3D 模型，然后取 3D 模型表面的点构建点云模型；另一种是利用传感器采集真实空间中物体表面的点，然后构建点云模型。基于 3D 模型获取的点云数据通常不包含噪声，而利用传感器采集的点云数据总是包含传感器自身的噪声，同时受到光照、物体表面等的影响，会出现数值失真。

在第 2 章中，我们对常用的采集深度图的传感器进行了介绍，主要有双目相机、结构光相机和 ToF 相机等。在得到深度图后，需要对深度图进行进一步的转换才能得到点云，3.3.3 节会详细讲解转换的原理与方法。在讲解之前大家可能会有疑问，为什么一定要基于深度图，不能直接采集点云吗？首先，点云是可以直接采集的，激光雷达获取的数据就是点云数据。但 3D 激光雷达的成本过高，目前尚未推出消费级商用产品，因此本书只对 3D 激光雷达进行简单的介绍，不做过多讲解。

激光雷达可以根据激光的线数分为 2D 单线激光雷达和 3D 多线激光雷达，2D 单线激光雷达（如 Hokuyo UTM-30LX）可以测量 270°夹角内、距离在 30m 内的物体表面的点到传感器的距离。当我们按照一定的规律（如垂直于测量平面等距向下/上）移动 Hokuyo UTM-30LX 时，可以得到多个单线激光结果的组合，得到的点云可以称为 3D 点云。3D 多线激光雷达是可以直接获得多线距离数据的一种激光雷达，如 Velodyne 公司出品的 VLP-16 激光雷达，如图 3.3-3 所示，其可以实现±15°的垂直视场（等分为 16 线）、360°的水平视场扫描，测距范围达 100m，每秒可以获得 30 多万个点。

图 3.3-3　Velodyne 公司出品的 VLP-16 激光雷达

如图 3.3-4 所示是三种点云，分别是激光雷达采集的点云、双目相机采集的融合之后的点云及 ToF 相机采集的点云。

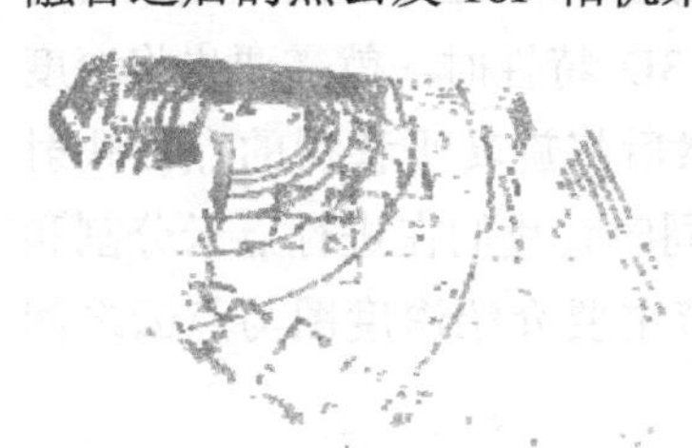

（a）激光雷达采集的点云

（b）双目相机采集的融合之后的点云

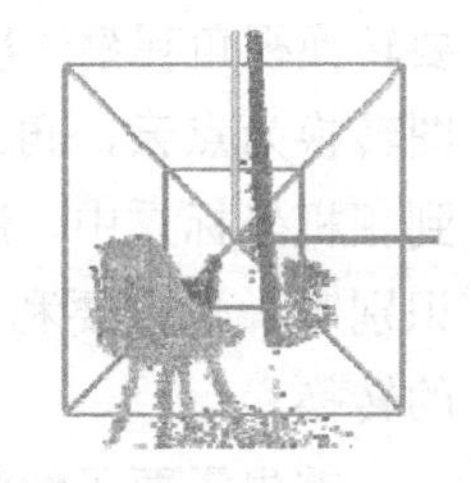

（c）ToF 相机采集的点云

图 3.3-4　三种点云

激光雷达采集的点云一般都比较稀疏，如 VLP-16 激光雷达在垂直方向的角度分辨率只有 2°，稀疏的特性使其更适用于大环境的感知，自动驾驶汽车主要利用的传感器就是激光雷达。另外，激光雷达的售价一般都比较高，数万元起步，高昂的售价使得其更多地应用于工业领域，而不能广泛应用到生活中。双目相机和 ToF 相机的感知结构更加精细，适用于实时的 3D 重建等精细化工作。双目相机价格较低，但是双目相机依赖环境光线和场景的纹理匹配，易受影响且需要依赖计算性能较高的芯片或者 CPU；ToF 相机可以直接获得距离，计算复杂度较低且不受光照的影响，造价比双目相机稍高一些，但是随着 ToF 领域的不断发展与推广，ToF 相机的成本在逐渐下降。

无论是利用激光雷达还是利用 3D 相机采集的点云数据，除了稀疏性和距离范围不同，它们都具有以下几个显著的特点。

（1）离散性：点云不定义在某个区域内，也不能用函数进行拟合；

（2）广泛性：点云广泛分布在空间内，遍历整个点云，建立所有点之间的关系几乎不可能；

（3）灵活无序：将点云中点的存储顺序进行调换后，还是同一个点云；

（4）数量不确定：利用不同数量的点可以表示同一物体，点云依赖物体的几何信息，而不是数值关系；

（5）旋转平移不变性：将点云整体旋转平移后，仍然表示原物体。

对于不同的应用场景，这些特点有可能是优点，也有可能是缺点，本书会再进行详细介绍。

3.3.3　3D 相机数据与点云的转换

在利用 3D 相机获得的深度图中，每个像素的值代表物体到相机 *XY* 平面的距离，现有的相机精度为毫米级。我们用相机获得的数据一般是深度图，当我们想要转换视角观察深度图中的物体，也就是真正体现 3D 特性时，就需要先将深度图转换为点云，再对点云进行空间旋转和平移，然后将旋转平移后的点云映射到相机坐标系中，深度图的 3D 特性就得以体现。同时，我们在进行点云分割和识别时，也需要利用深度图获得点云，所以本小节主要介绍深度图与点云之间的转换。

首先需要了解世界坐标系到图像坐标系的映射，考虑世界坐标系中的点（x, y, z）映射到图像坐标系中的点（u,v）的过程，相机模型为针孔模型，相应的坐标转换示意图如图 3.3-5 所示。

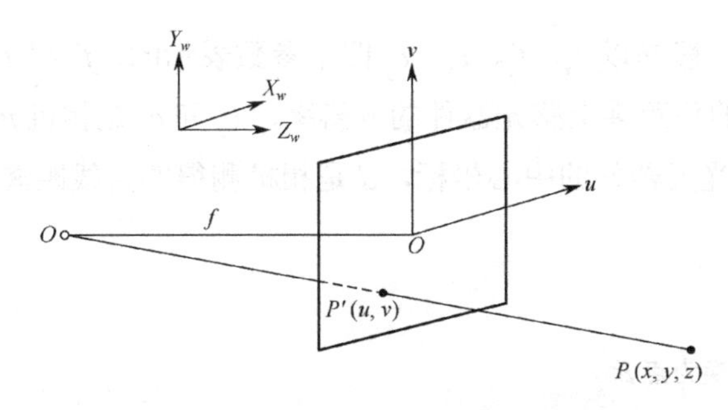

图 3.3-5　针孔模型坐标转换示意图

深度图转换为点云的公式：

$$\begin{cases} x = \dfrac{d(u-c_x)}{f_x} \\ y = \dfrac{d(v-c_y)}{f_y} \\ z = d \end{cases} \tag{3.3.1}$$

点云映射回深度图的公式：

$$\begin{cases} u = \dfrac{x}{k_x \times z} + u_0 \\ v = \dfrac{y}{k_y \times z} + v_0 \end{cases} \tag{3.3.2}$$

其中，深度图与点云之间的相互转换需要根据相机的内参进行计算，相机内参的获得需要基于相机的标定，具体标定方法在很多文献（如文献[9]和文献[10]）里都有说明，需要深入了解的读者可以查阅相关资料。深度图及转换的点云图如图 3.3-6 所示。

图 3.3-6　深度图及转换的点云图

相机的内参一般是以 f_x、f_y、c_x、c_y 四个参数表示的，f_x 和 f_y 分别是相机在 x 轴和 y 轴方向上的焦距乘上感光器件的分辨率，c_x 和 c_y 是相机光圈中心的坐标，u_0 和 v_0 是相机感光元器件的中心坐标，d 是相机测得的直线距离，k_x、k_y 是内参 f_x、f_y 的倒数。

```
## 功能描述
# 深度图转换为点云
# 输入参数：
# img_dep：输入深度图，数据格式为 uint16
# 输出参数：
# pointcloud：输出点云数组，是 3*n 的浮点数数组，每行为一个点坐标（x，y，z）

import numpy as np
import cv2
# 防止出现除数为零的情况
ToF_CAM_EPS = 1.0e-16
## 计算速算表
#      tab_x[u,v]=(u-u0)*fx
#      tab_y[u,v]=(v-v0)*fy
# 通过速算表，计算像素位置(u,v)对应的物理坐标(x,y,z)
#      x=tab_x[u,v]*z, y=tab_y[u,v]*z
# 注意：为了方便使用，tab_x 和 tab_y 矩阵被拉直成向量存放
def gen_tab(cx,cy,fx,fy,img_hgt,img_wid):
    u = (np.arange(IMG_WID) - cx) / fx
    v = (np.arange(IMG_HGT) - cy) / fy
    tab_x = np.tile(u, img_hgt)
    tab_y = np.repeat(v, img_wid)
    return tab_x,tab_y

def depth_to_pcloud(img_dep, tab_x, tab_y):
    pc = np.zeros((np.size(img_dep), 3))
    pc[:, 0] = img_dep.flatten() * tab_x
    pc[:, 1] = img_dep.flatten() * tab_y
    pc[:, 2] = img_dep.flatten()
return pc

if __name__ == '__main__':
     # cam_parameter = [cx,cy,fx,fy,hgt,wid]
     img_dep = cv2.imread('The Path of your depth map',-1)
     tab_x,tab_y = gen_tab(cx,cy,fx,fy,hgt,wid)
     pointcloud = depth_to_pcloud(img_dep,tab_x,tab_y)
```

点云转换回深度图可以看作深度图转换成点云的逆过程，但是在该过程中需要考虑一个问题。当该点云是完整点云或者稠密点云时，在映射成深度图的过程中，可能出现前后两个或多个点的不同深度值都对应深度图上同一个 2D 平面的像素坐标的情况，此时需要根据在拍摄时只能获取物体和相机之间没有遮挡的数据的原则，利用近距离像素屏蔽远距离像素。

```
## 功能描述
# 点云映射回深度图
# 输入参数:
# pc: 输入点云矩阵，每个点对应一行数据坐标(x,y,z)
# cx、cy、kx、ky: 相机的内参
# img_hgt: 深度图的高
# img_wid: 深度图的宽
# 输出参数:
# img_dep: 转换得到的深度图
# valid: 深度图中有效像素的个数

def pcloud_to_depth(pc,cx,cy,kx,ky,img_hgt,img_wid):
    # 计算点云投影到传感器的像素坐标
    x, y, z = pc[:, 0], pc[:, 1], pc[:, 2]
    kzx = z / fx
    kzy = x / fy

    u = np.round(x / (kzx + ToF_CAM_EPS) + cx).astype(int)
    v = np.round(y / (kzy + ToF_CAM_EPS) + cy).astype(int)

    valid = np.bitwise_and(np.bitwise_and((u >= 0), (u <img_wid)),
                           np.bitwise_and((v >= 0), (v <img_hgt)))
    u_valid = u[valid]
    v_valid = v[valid]
    z_valid = z[valid]

    img_dep = np.full((img_hgt, img_wid), np.inf)
    for ui, vi, zi in zip(u_valid, v_valid, z_valid):
        # 利用近距离像素屏蔽远距离像素
        img_dep[vi, ui] = min(img_dep[vi, ui], zi)
```

```
    valid = np.bitwise_and(~np.isinf(img_dep), img_dep > 0.0)
    return img_dep,valid
```

相机在生产出厂后，其内参就固定不变了。在理想情况下，$f_x = f_y = f$，c_x 和 c_y 分别是深度图分辨率的 1/2（图像中心点的坐标数值），有些相机的生产厂商会提供相机内参，有些则不提供，而很多时候相机内参与相机的制作工艺有关，实际值与理想值及生产商给出的值都有微小的差异。我们利用相机标定算法可以实际测得各内参值，目前的标定算法已经很成熟了，如张正友平面标定法[9]，此处不再详细介绍。如果需要在实验中标定相机内参，我们可以拍摄 3 张以上不同角度的标定板（黑白棋盘格）照片用于标定，一般来说，在一定的距离和数量范围内，不同角度的照片越多，标定的结果越准确。2.6.1 节中的 SDK 提供了相应的标定功能，常用的 MATLAB 和 OpenCV 也都提供了相机标定工具箱，这几种标定工具都可以直接使用。

我们对深度图和点云进行了转换，使深度图可以像图片一样直接查看，那我们可以看到点云的真面目吗？利用 SDK 中提供的 SmartToF_PCLViewer 工具可以可视化点云，还可以拖动鼠标选择不同视角，图 3.3-1 就是通过该工具进行点云可视化的例子。当然我们也可以将单帧点云保存为 PLY 等格式的文件，利用开源软件 MeshLab 等查看。

3.3.4 点云数据分类及应用

根据点云的完整性，可以将点云分为部分点云和完整点云；也可以根据点云的疏密，将其分为稀疏点云和稠密点云。

部分点云指物体的部分表面点云，一般由传感器采集的单帧数据得到；完整点云既可以通过 CAD 模型生成的物体表面采样得到，也可以利用不完整点云拼接得到，例如，以 KinectFusion 为典型代表的 3D 重建算法，通过 ICP（迭代最近点）算法匹配点云，实现拼接不同角度的点云，我们在第 5 章的 3D 重建部分会对 ICP 算法进行详细讲解。

由单帧深度图得到的人脸部分点云，正视图是脸的表面结构，但其背面是凹陷的，也就是说，点云是距离相机最近表面的单层点云，同时，镜头平面所成的表面角度越大，采集的点越稀疏。如图 3.3-7 所示为由部分点云表示的人脸数据对应的图像，从侧视图可以看出，耳朵附近的点已经非常稀疏；从俯视图可以看出，只有面向相机一面的数据，背面是凹陷的。

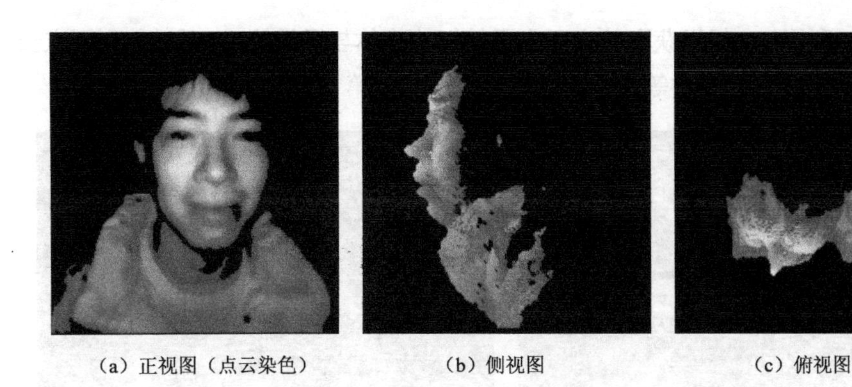

（a）正视图（点云染色）　（b）侧视图　（c）俯视图

图 3.3-7　由部分点云表示的人脸数据对应的图像

最近，研究界提出了利用神经网络预测并补全完整 3D 点云的架构——Rec-GAN 网络[3]，其补全结果如图 3.3-8 所示。

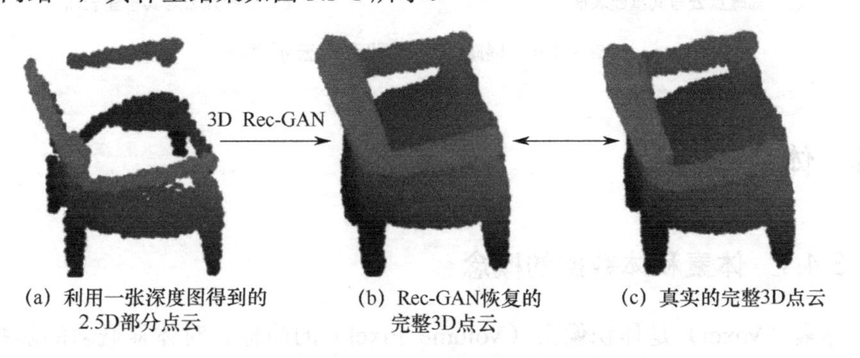

（a）利用一张深度图得到的 2.5D部分点云　（b）Rec-GAN恢复的完整3D点云　（c）真实的完整3D点云

图 3.3-8　Rec-GAN 网络实现的点云补全结果

稀疏点云可以用于表示物体的几何结构，例如，在表示圆柱等规则几何体时，为了节省存储空间，利用稀疏点云来表示，在点云识别与分类的时候，需要提取点云的空间特征点；稠密点云可以描述物体的更多细节，也可以直接作为渲染曲面的一种方式，在上层应用中，还可以用于提取特征结构，如骨架信息等。稀疏点云与稠密点云示意图如图 3.3-9 所示，图 3.9-9（a）是稀疏点云与其重建表面，几乎无法通过点云直观看出是什么物体，图 3.3-9（b）是稠密点云与其重建表面，我们可以直接从点云中观察到物体的形状。对比两个重建结果，稠密点云重建的表面包含更多细节，表面更光滑。

点云具有获取简单、易于存储、可视性强、操作方便等优异特性，所以目前很多领域选择对点云进行学习和研究，例如，利用激光雷达获取的点云实现高精度

SLAM 算法，利用 3D 相机获取的点云实现精细的物体与场景的 3D 重建，利用点云数据实现物体的识别和分类等，读者可以在第 5 章和第 6 章具体学习这些应用。

（a）稀疏点云与其重建表面

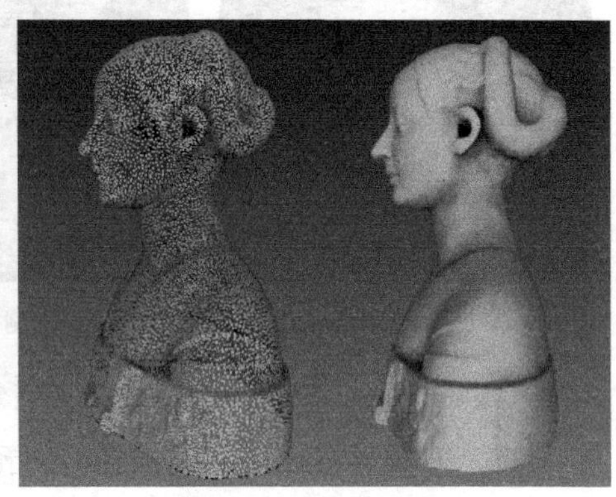

（b）稠密点云与其重建表面

图 3.3-9　稀疏点云与稠密点云示意图

3.4　体素

3.4.1　体素和体数据的概念

体素（Voxel）是体积像素（Volume Pixel）的简称。对体素概念的解释往往都是通过像素引入的，通俗来说，像素是指组成图像的小方格，每个小方格都有一个明确的位置和固有的色彩或其他属性值，小方格的属性值和位置排列决定了图像呈现的样子。像素是 2D 空间中不可分割的最小单位。体素可以理解为 2D 像素在 3D 空间的扩展，是组成 3D 图像的小立方体，是 3D 空间中不可分割的最小单位，常应用于 3D 成像、科学数据、医学视频等领域。如图 3.4-1 所示是一个体素渲染作品，其可以帮助读者对体素有更直观的理解。

常与之并论的概念是体数据（本章限定体数据的维度为 3），体数据可以理解为在 3D 空间中对一种或多种物理属性的离散采样。体数据的表示形式为（x, y, z, v），其中，（x, y, z）表示采样点的 3D 空间位置坐标，v 表示该点的物理属性。v 可以表示颜色、密度、压力等量化数值，也可以表示速度等向量。体数据常用于描述现实世界中的物体或与空间场相关的自然现象等，如核磁共振成像等。

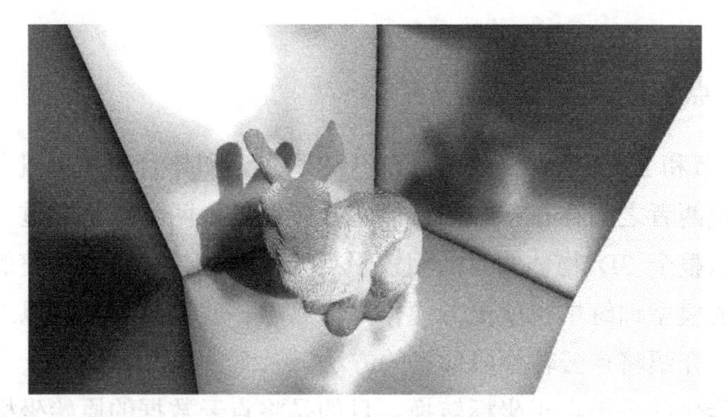

图 3.4-1 一个体素渲染作品

体素与体数据的描述对象和描述方式都比较类似，那么体素与体数据有何关系呢？3D笛卡尔型标量体数据的表示形式为（x, y, z, feature），表示在（x, y, z）点的灰度或其他值。体数据因其表现的是每一个点的属性，不具有可视化的能力。为了使体数据可视化，我们以采样点为中心，将feature值扩充到一个小的立方体上，使其具有3D可视化的能力，这个小立方体就是体素。而对于实际的3D物体，也可以先将其以体素的形式进行表示，再将每一个立方体变化为采样点，从而得到体数据。

体素表示体数据的方式有两种，一种方式是之前提到的将体素定义为中心点在采样点上的立方体，整个立方体的feature值等于采样点的feature值，如图3.4-2（a）所示（图中黑方框点表示采样点）；另一种方式是把体素定义为以八个相邻采样点(i, j, k)、$(i, j+1, k)$、$(i, j+1, k+1)$、$(i, j, k+1)$、$(i-1, j, k)$、$(i+1, j+1, k)$、$(i+1, j+1, k+1)$、$(i+1, j, k+1)$为顶点的立方体，立方体的feature值是变化的，体素内任一点的值可以用八个顶点采样值的三线性插值计算得到，如图3.4-2（b）所示。

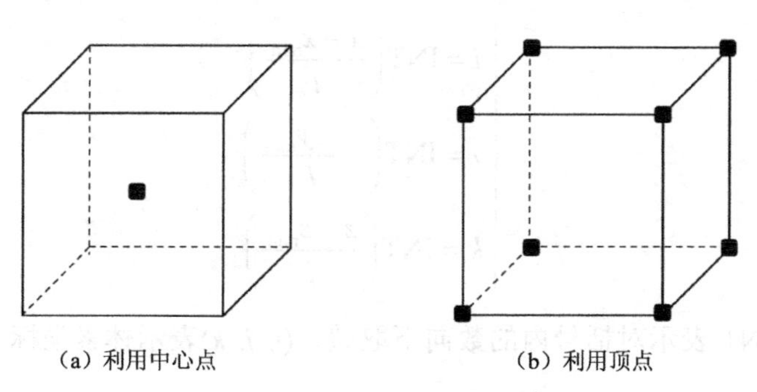

（a）利用中心点　　（b）利用顶点

图 3.4-2 体素表示体数据的两种方式

3.4.2 点云的体素化

在 3.3.1 节和 3.4.1 节中，我们分别介绍了点云和体素的基本概念，有心的读者或许能发现两者之间存在一定的相似之处，例如，两者都是通过一定数量的离散单元来表示整个 3D 物体的。而相较于点云，体素具有更加规整的特点，在一些神经网络的模型训练中也就更方便作为输入项。我们接下来将以二者的相近之处为切入点，介绍将点云转换成体素的方法。

点云体素化的关键在于坐标转换，目的是将点云数据的原始坐标转换成体素坐标。体素坐标系可以看作是一种归一化坐标系，其 X、Y、Z 轴的方向与原始点云坐标系的 X、Y、Z 轴方向保持一致，坐标原点对应原始点云数据 X、Y、Z 坐标各自的最小值，即 $\left(x_{\min}, y_{\min}, z_{\min}\right)$。

在建立好体素坐标系后，3D 空间中的每个点就存在与之对应的体素，经过坐标转换后即可实现点云的体素化，具体方法如下。

（1）确定点云的分布区域。通过比较法分别找到点云在 X、Y、Z 方向上的最小值和最大值：$x_{\min}$、$y_{\min}$、$z_{\min}$、$x_{\max}$、$y_{\max}$、$z_{\max}$，这六个数据确定了点云的分布区域；

（2）根据点云的分布区域大小和体素的分辨率要求，设定体素单元的尺寸 l，体素单元的尺寸决定了体素化后的结果与原始点云的相似程度，与 2D 图像类似，尺寸越小，分辨率越高，结果也就越相似；

（3）确定点与体素的对应关系，对点云的每一个点(x, y, z)，按照公式（3.4.1）找到它对应的体素，并对体素进行标识，遍历所有的点之后，只显示标识的体素，就实现了点云的体素化。

$$\begin{cases} i = \mathrm{INT}\left(\dfrac{x - x_{\min}}{l}\right) \\ j = \mathrm{INT}\left(\dfrac{y - y_{\min}}{l}\right) \\ k = \mathrm{INT}\left(\dfrac{z - z_{\min}}{l}\right) \end{cases} \tag{3.4.1}$$

其中，INT 表示对括号内的数向下取整，(i, j, k)表示体素坐标，i、j、k 均为整数[4]。

3.4.3 体素的应用场景

在计算机辅助设计中，使用最广泛的就是 CAD 设计系统，它绘制 3D 模型的功能成为诸多工程师的一柄利器。然而在很长一段时间里，CAD 都存在一定的局限性，那就是其只能利用数字化方法来描述零件的表面信息，仅限于对单一的均质材料零件进行描述。传统的 3D 实体表示方法，如构造实体几何法（CSG）、边界表示法（B-rep）、扫描表示法等，都只能描述 3D 物体的表面信息，而对于 3D 物体内部，只能将其视为均质材料来处理。当有描述模型内部属性（如密度、材料等）的需求时，使用传统 CAD 模型就很难满足需求了。

体素模型正是这一问题的解决方式，体素不仅包含模型的表面信息，还包含模型的内部属性。基于体素的 3D 模型在对模型内部属性有一定需求的应用场景中有诸多应用，在医学、地质学、计算机及美术等学科和领域中，都有非常重要的应用。这些应用包括：

（1）医学成像：生成 3D 器官模型，辅助诊断、分析，实现手术模拟等；

（2）计算机视觉：作为神经网络的输入，其有序性的特点有利于特征的提取；

（3）地质学：根据探测器测量的数据构建地层结构模型，辅助地质分析，在探索矿藏方面有较大帮助；

（4）美术设计：利用体素搭建大型 3D 场景，形成类似于像素风格的新兴美术思路等。

除此之外，随着网络游戏 3D 大潮的兴起，市场又为体素开拓了前所未有的应用天地。虽然在客户端引擎方面，3D 世界的虚拟构建已经有了较为成熟的技术，如 CryEngine、Havok 等商业引擎都是可以借鉴使用的，但是在服务器端，MMOPRG 服务器无论是对用户模型、硬件现状，还是对业务形态都有着更加严苛的要求。例如，服务器硬件很少有像 GPU 一样的专用图形图像计算单元，只能依赖 CPU 进行计算。在这种情况下，就需要体素大展拳脚了。在性能方面，由于体素是规格化的，无须使用浮点数进行运算，也就避开了服务器 CPU 浮点运算能力的瓶颈，只需合理设置精度范围（体素的大小），就可以大大降低服务器的计算频率，减轻计算压力；同时，体素描述比较简单，服务器使用规格化的数组即可描述，使得无论在加载、解析或是存储方面都十分便捷。

3.5 三角剖分

本节对三角剖分进行讲解，这是一种相对复杂的表示形式。点云和体素都是离散的，那如何通过点云构建一个连续的表面呢？直观简洁地讲，就是找到一个规则，将相邻点连接为一个个小三角形，从而构建出物体的表面。三角剖分是构建三角网格最常用也是最重要的一种方法，三角剖分示意如图 3.5-1 所示。

（a）点云数据

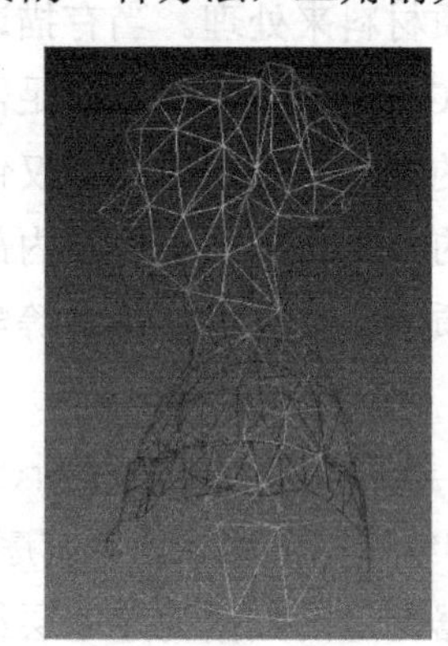

（b）利用点云数据生成的三角剖分图

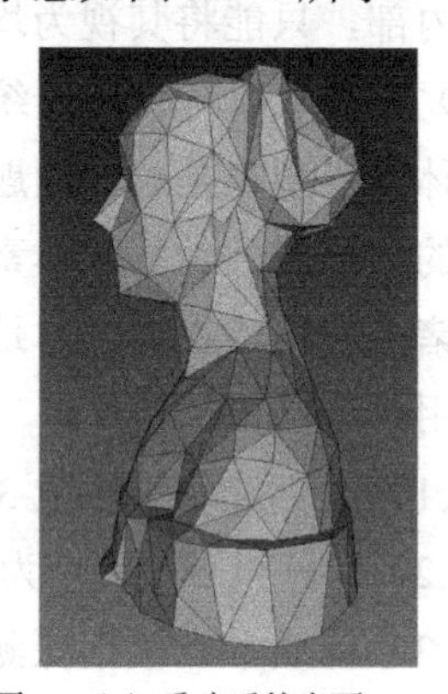

（c）重建后的表面

图 3.5-1 三角剖分示意

三角剖分除了能够构建表面，还能通过合并冗余的点云来减少数据存储空间，三角剖分也是 3D 数据可视化常用的一种方式。在进行可视化时，需要考虑法向量、光线、表面等信息，仅仅用点云和体素是不够的，而且从图 3.5-1 中也可以看出，散乱的点云不能清晰直接地表现物体的结构，但是在生成三角网格之后，数据的 3D 结构就可以非常直观地展示在我们面前。接下来，我们就从概念入手，开始对三角剖分的理解与学习。

3.5.1 三角剖分的概念

三角剖分是代数拓扑学里最基本的研究方法，对三角剖分的研究可以追溯到 20 世纪 30 年代。随着计算机视觉的发展，该方法在 20 世纪 70 年代得到了较大的发展和应用。三角剖分方法按照不同的标准可分为如下几类。

（1）按照剖分对象类别：指定区域的剖分和指定点集的剖分；

（2）按照剖分对象维数：平面三角剖分、3D 三角剖分和高维三角剖分。

（3）按照剖分方法：拓扑分解法、节点连接法、基于栅格法和 Delaunay 三角剖分。

曲面的三角剖分就是把曲面剖分成一块块碎片，这些碎片要满足以下要求才能成为三角剖分面：①必须都是三角形；②曲面上的任意两个三角形最多有一条公共边，不能交叉；③要求任一三角形的顶点不能是相邻三角形的内点。拓扑学知识告诉我们，任何曲面都存在三角剖分。2D 图形的三角剖分如图 3.5-2 所示，图 3.5-2（b）中的一个三角形的顶点在另外一个三角形的边上，不符合要求。在实际的科研与应用中，除满足上述要求外，由逼近论分析结果可知，三角曲面的逼近误差与三角区域最小内角相关，所以避免尖锐三角形的出现就显得非常重要了。三角剖分有多种优化标准，如圆标准、最大/最小距离标准、最大/最小角标准、Thiessen 标准等，这些标准的一个基本立足点都是尽量避免分割的三角形具有太尖锐的角。

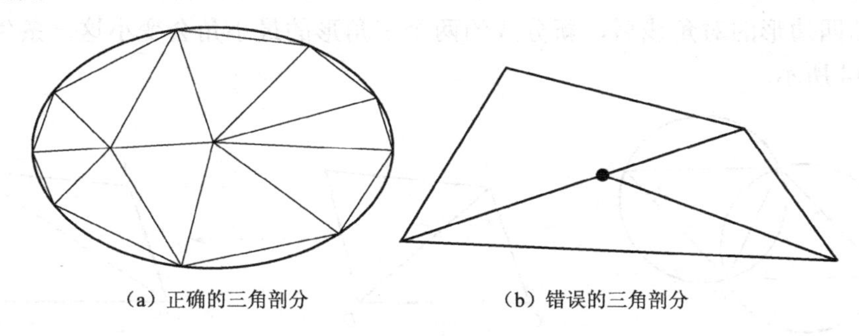

（a）正确的三角剖分　　（b）错误的三角剖分

图 3.5-2　2D 图形的三角剖分

利用 3D 相机可以采集物体表面的点云数据，那我们如何将点云转换为一个真正的连续表面呢？一种最直接的方式就是利用三角剖分将这些散乱的点云连接为一个个满足三角剖分条件的小三角形，构成三角网格，当点云足够稠密且精确时，三角形就足够小，生成的表面就足够平滑，得到的结果就会足够接近真实表面。不同的剖分方法在 2D 图形的应用上各有千秋，但 Delaunay 三角剖分算法不仅在 2D 领域取得了一定的成果，还有在 3D 点云中有了成功的应用。接下来，我们介绍其基本原理及典型算法。

3.5.2　Delaunay 三角剖分的原理

实际运用的最多的三角剖分方法是 Delaunay 三角剖分，它是一种特殊的三角剖分。

Delaunay 三角剖分的定义：设 E 是所有三角形的边集，V 是一个点集，e 是边集 E 中的一条边，A、B 是 e 的两个端点，也是点集 V 中的顶点。

（1）Delaunay 边：e 若满足下列条件，则可称为 Delaunay 边：存在一个圆经过 A、B 两点，圆内（注意是圆内，圆上最多三点共圆）不含点集 V 中任何其他的点，这一特性又称为空圆特性。

（2）Delaunay 三角剖分：如果点集 V 的一个三角剖分结果只包含 Delaunay 边，那么该三角剖分称为 Delaunay 三角剖分。

Deluanay 三角剖分必须具备以下两个重要特性：

（1）空圆特性：Delaunay 三角网是唯一的（任意四点不能共圆），在 Delaunay 三角网中，任意一个三角形的外接圆内不会有其他点存在，如图 3.5-3 所示。

（2）最大化最小角特性：在散点集可能形成的三角剖分中，Delaunay 三角剖分形成的三角形的最小角最大。从这个意义上来说，Delaunay 三角网是“最接近规则化（正三角形）的”三角网。具体来说，就是其满足交换两个相邻三角形构成的凸四边形的对角线后，新分成的两个三角形的最小角会变小这一条件，如图 3.5-4 所示。

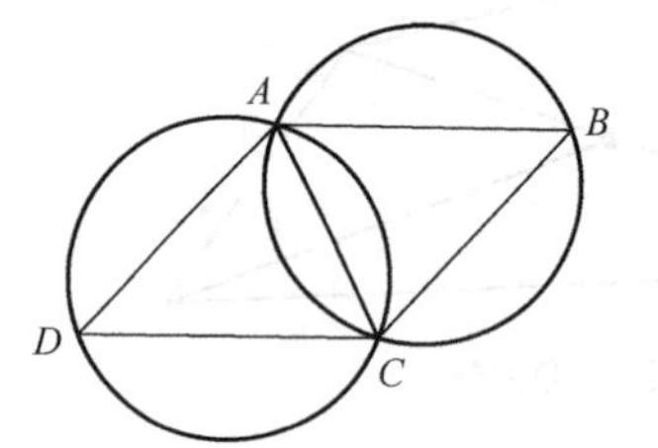

图 3.5-3　空圆特性示意图

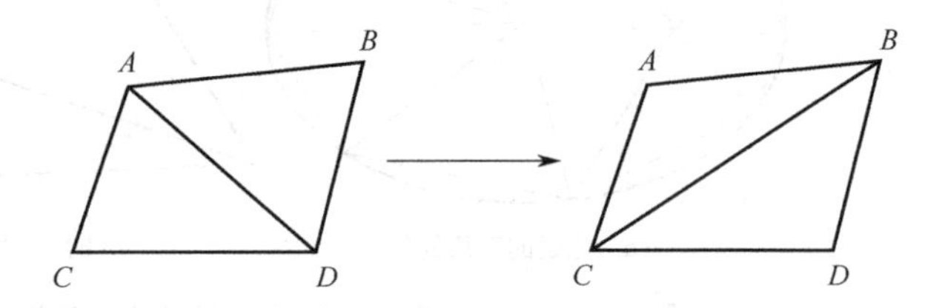

图 3.5-4　最大化最小角特性示意图

提到 Delaunay 三角剖分，就要提到 Voronoi 图，下面我们一起了解一下 Voronoi 图的定义与性质，读者可以在阅读的过程中思考两者的关系。

Voronoi 图又称为泰森多边形或 Dirichlet 图，我们可以利用一个经典问题引出它：给定一个平面中的散乱点集，其中共有 p 个点，每个点用 P_i 表示，我们假设当前要处理的点为 P_1，那如何找到一个区域，使得这个区域内的所有点距离 P_1 点比距离其他（$p-1$）个点更近？

最简单的情况是当 $p=2$ 时，在 P_1 点和 P_2 点连线的垂直平分线一侧，包含 P_1 点的那半个平面满足条件，如图 3.5-5（a）所示，A 区域满足区域内的所有点距离 P_1 点比距离其他点（P_2 点）更近这个条件。当点集包含三个点（$p=3$）时，如图 3.5-5（b）所示，由另两个点与 P_1 连线的垂直平分线分成的两个半平面的交集

（A 区域）满足区域内的所有点距离 P_1 点比距离其他点（P_2点、P_3点）更近这个条件。当包含 p 个点时，满足要求的是由其余（p−1）个点与 P_i 连线的垂直平分线划分的平面中，包含 P_i 的（p−1）个半平面的交集。

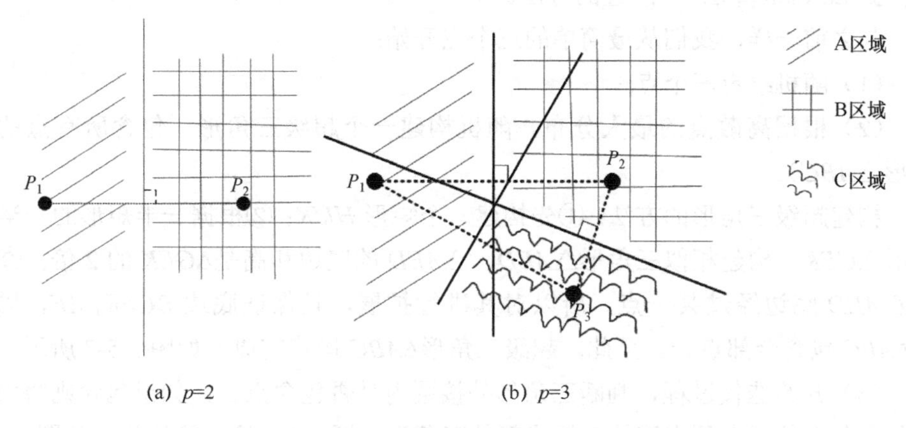

图 3.5-5　Voronoi 图示意

实际上，$V(i)$就是一些由垂直平分线段构成的多边形，即图 3.5-6 中 V（1）～V（8），这些多边形组合起来的就是 Voronoi 图。综合分析可知，Delaunay 三角剖分和 Voronoi 图的关系是非常紧密的：Delaunay 三角形是由与相邻 Voronoi 多边形共享一条边的相关点连接而成的三角形；Delaunay 三角形的外接圆圆心是与三角形相关的 Voronoi 多边形的一个顶点；Delaunay 三角形是 Voronoi 图的偶图。

Voronoi 图和对应的 Delaunay 三角剖分关系示意如图 3.5-6 所示，其中，实线表示 Voronoi 图，虚线表示 Delaunay 三角剖分。

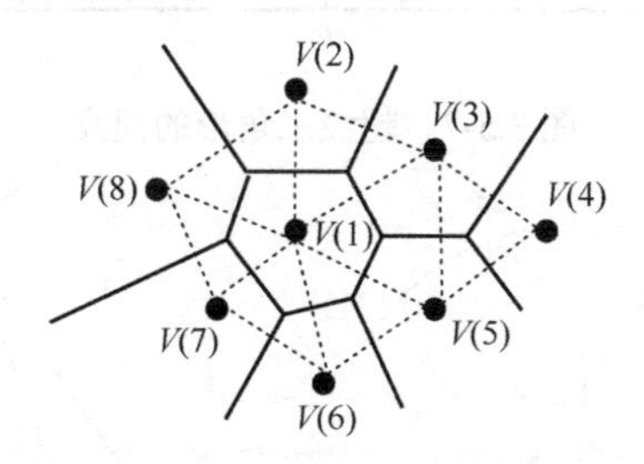

图 3.5-6　Voronoi 图和对应的 Delaunay 三角剖分关系示意

3.5.3　Delaunay 三角剖分生成算法

Delaunay 三角剖分其实是满足 Delaunay 标准的多种三角剖分算法的一个总称，典型的算法有翻边算法、逐点插入算法、分割合并算法、Bowyer-Watson 算法等。逐点插入算法是目前应用最为广泛的 Delaunay 算法，因为该算法简单、易懂。接下来，我们重点介绍改进的逐点插入法，也就是 Bowyer 和 Waston 于 1981 年根据 Lawson 算法[6][7]改进的方法。

与之前一样，我们从最简单的三个点开始：

（1）随机给定三个点；

（2）根据离散点的最大分布，随机构建一个超级三角形（包含所有点的三角形△*ABC*）。

构建超级三角形的方法：①先构建一个矩形 *HIJK*；②根据一半矩形的一半三角形△*GEK*，构建相似三角形△*AED*，△*AED* 的底边和高是Δ*GEK* 的 2 倍；③由于△*AED* 底边经过某一点，所以对其进行扩展，且保证底边 *BC*>高 *AF*，以保证Δ*ABC* 包含全部点云。至此，超级三角形Δ*ABC* 构建完成，如图 3.5-7 所示。

（3）开始迭代过程，判断三角形外接圆内是否包含点云，如果包含则将内部点与三角形的三个顶点连接，构成新的三角形。图 3.5-8 给出了迭代示意图。

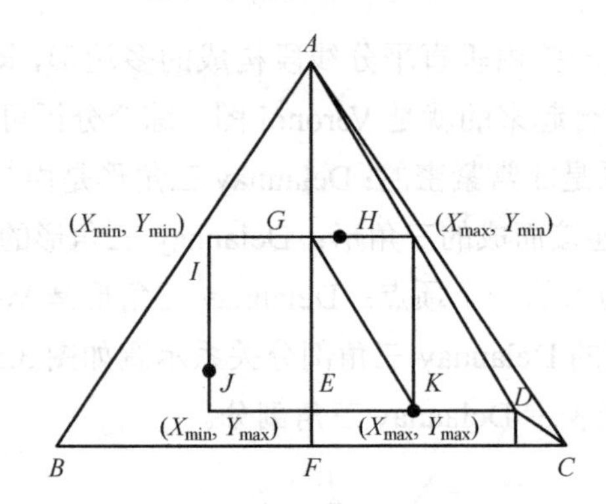

图 3.5-7　超级三角形的建立

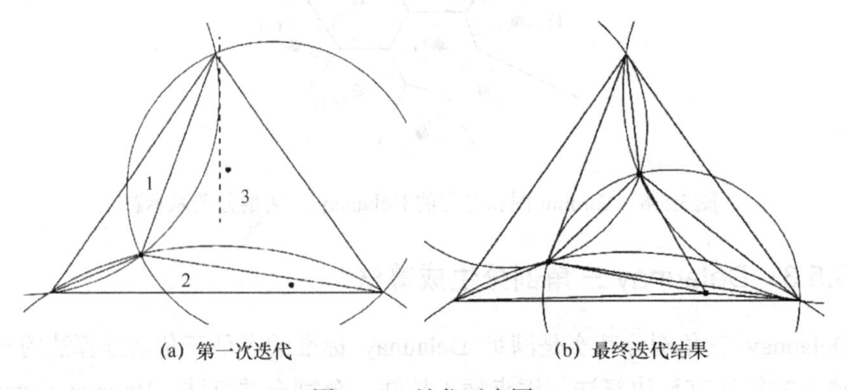

(a) 第一次迭代　　(b) 最终迭代结果

图 3.5-8　迭代示意图

上述过程可用伪代码表述如下[5]。

```
#    伪代码功能:
#    Delaunay 三角剖分
#    输入参数:
#    顶点列表(vertices)
#    输出参数:
#    已确定的三角形列表（triangles）
1 初始化顶点列表

2 确定超级三角形
3 将超级三角形保存到未确定三角形列表（temp triangles）中
4 将超级三角形 push 到 triangles 列表中
5  for 基于 indices 顺序的 vertices 中每一个点
     初始化边缓存数组（edge buffer）
     for temp triangles 中的每一个三角形
        计算该三角形的圆心和半径
        # 判断点与外接圆的关系

        if 该点在外接圆内
            则该三角形不为 Delaunay 三角形
            将三边保存到 edge buffer 中
            在 temp 中去除掉该三角形
        endif
     endfor
    去重 edge buffer
    将 edge buffer 中的边与当前的点组合成若干三角形并保存到 temp triangles 中
  endfor
6 将 triangles 与 temp triangles 进行合并
7 除去与超级三角形有关的三角形
  End
```

Delaunay 三角剖分具有很多优异特性：

（a）最接近：利用最近的三点形成三角形，且各线段（三角形的边）皆不相交。

（b）唯一性：不论从区域何处开始构建，最终都将得到一致的结果。

（c）最优性：由任意两个相邻三角形形成的凸四边形，如果其对角线可以互换的话，那么两个三角形六个内角中的最小角不会变大。

（d）最规则：如果将三角网中的所有三角形的最小角进行升序排列，则在所有三角网中，Delaunay 三角网的数值最大，这表示这些三角形是最接近正三角形的，是最规则的。

（e）区域性：新增、删除、移动某一个顶点只会影响临近的三角形。

（f）具有凸多边形的外壳：三角网最外层的边界形成一个凸多边形的外壳。

Delaunay 三角剖分是非常常用的算法，所以在 Python 中其已经被封装进了 scipy 库中，接下来我们调用 scipy 库中 Delaunay 函数实现 2D 点云三角剖分并画出 Voronoi 图的代码。

```
##  功能描述：
#   调用 scipy 库中的 Delaunay 函数实现点云三角剖分并画出 Voronoi 图
#   输入参数：
#   points：点云数组，每行为一个点坐标（x，y）
#   输出参数：
#   vc：3D 数组中存储 3 个构成 Voroni 图的相邻点的（x，y）坐标
import numpy as np
from scipy.spatial import Delaunay
points = np.random.rand(50, 2)
tri = Delaunay(points)
p = tri.points[tri.vertices]
# 三角剖分图形的中垂线
A = p[:,0,:].T
B = p[:,1,:].T
C = p[:,2,:].T
a = A - C
b = B - C
""" 为计算垂线定义的几个函数"""
# 计算对应位相乘的函数
def dot2(u, v):
    return u[0]*v[0] + u[1]*v[1]
# 计算 u 叉乘（v 叉乘 w）的函数，即 ux（vxw）
def cross2(u, v, w):
    return dot2(u, w)*v - dot2(u, v)*w
# 计算 u 叉乘 v（垂直向量）的模，即||uxv||
def ncross2(u, v):
    return sq2(u)*sq2(v) - dot2(u, v)**2
# 计算平方值
def sq2(u):
```

```
    return dot2(u, u)
  # 中垂线
  cc = cross2(sq2(a) * b - sq2(b) * a, a, b) / (2*ncross2(a, b)) + C
  # 计算 Voronoi 图的边
  vc = cc[:,tri.neighbors]  # 3D 数组中存储 3 个相邻点的（x, y）坐标
  vc[:,tri.neighbors == -1] = np.nan   # 去除掉无穷的边界，以便后面利用
                                        # plot 函数显示
  lines = []  # 生成 Voronoi 边的线段
  lines.extend(zip(cc.T, vc[:,:,0].T))
  lines.extend(zip(cc.T, vc[:,:,1].T))
  lines.extend(zip(cc.T, vc[:,:,2].T))
```

介绍完基础的 Delaunay 三角剖分后，我们接下来介绍 3D 空间下的 Delaunay 三角剖分。

3.5.4　3D 空间下的 Delaunay 三角剖分算法

3D 空间下的 Delaunay 算法有分割归并法、逐点插入法和三角网增长法。其中，分割归并法和逐点插入法被广泛采用，两类算法各有优缺点。分割归并法的时间复杂度较低，但是递归操作使其需要较大的内存空间；逐点插入法实现比较简单，内存占用较少，但运行速度比较慢，所以，为了合理利用资源，将逐点插入法和分割归并法合成为一种算法，从而提高算法综合性能，将其简称为“合成算法”[8]。

分割归并法的基本步骤是将点云数据进行排序，然后分割为一些足够小且互不相交的子集，在每个子集内构建 Delaunay 三角网，然后再合并相邻的子集。逐点插入法可以类比前面讲过的 2D 逐点插入法，其基本步骤是先在包含所有点的多面体中建立一个初始三角网，然后将其余的点逐一插入。

合成算法的步骤如下。

（1）将点集 S 以横坐标为主、纵坐标为辅，按升序排序，递归执行以下步骤；

（2）如果 S 中的数据量大于给定的分割阈值，将 S 分为近似相等的两个子集 SL 和 SR，执行步骤（3）（4）（5），否则执行步骤（6）；

（3）在 SL 和 SR 中用合成算法生成三角网；

（4）找出连接 SL 和 SR 中两个凸包的底线和顶线；

（5）由底线至顶线，合并 SL 和 SR 中的两个三角网；

（6）生成基本三角网。

生成基本三角网需要两步：第一步，生成初始四面体网格（3D 空间）；第二步，在初始四面体网格中插入剩余点，将凸包作为初始多边形，构建初始四面体网格。具体插入步骤可参照前面给出的 2D 平面上的算法，此处不再赘述。

子三角网的归并是一个迭代的过程，从连接 HL、HR（HL、HR 为 SL、SR 中两个凸包）的底线开始，在两个子三角网中寻找能够与底线组成满足 Delaunay 标准的三角形的第三个点 L_1、R_1，在所有满足标准的点中，选择形成的最小立体角最大的那一个点插入最终的三角网，同时将新连接左右两个子三角网的线段作为新的底线，迭代上述过程至结束。在该过程中，分割阈值的选取是影响合并算法时间的关键因素，基于 10000 个数据点的集中测试结果表明，分割阈值为 1000 时，效果最佳。

3.6 3D 数据存储格式

3.6.1 3D 数据存储格式概述

我们已经知道 3D 数据有深度图、点云、三角剖分、体素等多种数据格式，那我们应该用什么格式来存储这些数据呢？接下来，我们就一起来学习 3D 数据的存储。

常见的图片格式有 JPG、PNG 等，JPG 是有损压缩的存储格式，PNG 是无损压缩的存储格式。PNG 格式的文件可以存储 16bit 的灰度图，而深度图数据是以毫米为单位保存的 16bit 的数据，所以我们建议采用 PNG 格式。在 Python 中，可以调用 OpenCV 库，用一行代码实现。

```
## 功能描述：
#   调用 OpenCV 库实现深度图的无损保存
#   输入参数：
#   img_dep: 深度图 h*w 的 2D 矩阵
#   引入 OpenCV 库
import cv2
img_dep=cv2.imread("The name of your file", -1)
# -1 表示按照存储的格式读取
# cv2.imwrite("The name of your file", img_dep)
cv2.imwrite("./test.png", img_dep)  # 存储为 PNG 格式的文件
```

当我们需要存储一段连续的深度视频时，我们将每一帧都输出为图片，按照30fps的速率，每秒要保存30张图片，硬盘可能无法满足需求，而且图片过多会给后续处理带来不便，我们可以将其存储为二进制BIN文件或ONI文件。

将数据写入二进制BIN文件后，要按照写入时的格式进行读取，所以需要指定数据格式和一张图片的大小。Python具有强大的数据处理能力，下面给出Python读写BIN文件的代码。

```
## 功能描述
# 读写BIN文件
# 输入参数:
# readfile: 读入BIN文件的路径和文件名
# savefile: 写入BIN文件的路径和文件名
# MAX_CNT: 读入图片的总帧数
# IMG_SIZE: 图片的大小

readfile = open("./data/readtest.bin", 'rb') # 'rb'读入模式
savefile = open("./data/savetest.bin", 'wb') # 'wb'写入模式
IMG_HGT = 240
IMG_WID = 320
IMG_SIZE = IMG_HGT*IMG_WID
import numpy as np
for i in range(MAX_CNT):
# 此时读入的frame_test是一个一维数组，深度图每行的首尾连接
    frame_test = np.fromfile(readfile, dtype=np.uint16, count=IMG_
SIZE)
img_dep= np.reshape(frame_test, (IMG_HGT, IMG_WID))

savefile.write(img_dep)
savefile.close()
```

ONI是OpenNI提供的文件存储类型，ONI文件可以存储同步的RGB数据和深度图数据。这种文件的读取更适合用C++语言调用OpenNI的库来实现。由于本书都是利用Python完成的代码，所以我们将其封装进了SmartToF SDK提供的dmcam库函数中，在SDK中可以直接回放和存储ONI文件。

```
## 功能描述:
# 利用dmcam库读取ONI文件
```

```
# 输入参数:
# FNAME: ONI文件的路径和文件名
# CAM_WID,CAM_HGT: 相机参数

import numpy as np
import dmcam

FNAME=b'./sony_data/sony_model.oni'
CAM_WID=640
CAM_HGT=480

dmcam.init(None)
dmcam.log_cfg(dmcam.LOG_LEVEL_INFO,dmcam.LOG_LEVEL_DEBUG,dmcam.L
OG_LEVEL_NONE)

cam = dmcam.dev_open_by_uri(FNAME)

filter_arg=dmcam.filter_args_u()
filter_arg.offset_mm=DMCAM_OFFSET
dmcam.filter_enable(cam,dmcam.DMCAM_FILTER_ID_OFFSET,filter_arg,
sys.getsizeof(filter_arg))
dmcam.cap_start(cam)
dmcam.cap_set_frame_buffer(cam, None, DMCAM_BUF_SZ*CAM_WID*CAM_
HGT*4*2)

frame_data = bytearray(CAM_WID*CAM_HGT*4*4)
frame_dist = [np.zeros((CAM_HGT,CAM_WID))]
frame_gray = [np.zeros((CAM_HGT,CAM_WID))]
frame_cnt=0

while True:
    finfo = dmcam.frame_t()
    ret=dmcam.cap_get_frame(cam, frame_data, finfo)
    if ret>0:
        _,frame_dist = dmcam.frame_get_distance(cam, CAM_WID*CAM_
HGT, frame_data, finfo.frame_info)
        _,frame_gray = dmcam.frame_get_gray  (cam, CAM_WID*CAM_HGT,
frame_data, finfo.frame_info)
```

```
        frame_cnt+=1

    else:
        time.sleep(1.0/float(DMCAM_FRAMERATE))
        continue
```

将深度图转换为3D点云后，我们应该如何存储呢？3D点云可以存储为很多格式，可以根据后缀名判断是哪种格式，常见的文件后缀名有PLY、PCD、STL、OBJ、3MF等。

PLY和PCD两种文件主要用于3D结构的存储；PLY是多边形文件格式，因为其是由斯坦福大学Turk等人设计开发的，所以也称为斯坦福三角格式。典型的PLY文件仅定义顶点的（x，y，z）三元组列表和由顶点列表中的索引描述的面的列表，顶点和面也是大多数PLY文件的核心元素。可以指定每个元素的属性，例如，RGB属性通常与顶点元素一起定义，之后也可以添加新属性，如反射系数等。PLY是非常简洁且经典的存储格式。PLY文件典型的结构包括Header、Vertex List、Face List。

PLY文件目前不支持在由PCL库引入n维点类型机制处理过程中的扩展，但PCD文件恰好能够弥补该缺点。PCD文件同样也包含一个文件头，规定了文件中存储的点云数据的特性，这个文件头必须用ASCII码编码，指定点云的数据量、数据类型（int、float、short等）和获取视点等，其中最有特点的是COUNT参数，其指定了每一个维度包含的元素数量。然后是数据存储类型，以ASCII形式存储，每个点会占据一个新行，与PLY文件一致。PCD文件可存储的数据类型很多，其中，特征描述子的n维直方图对3D识别等应用来说非常重要。

OBJ是从几何学角度定义的文件格式，由Wavefront Technologies公司开发。OBJ文件适用于3D软件模型之间的互导，也是主要支持多边形模型，但同时也支持曲线、表面等，以及法线和贴图坐标。OBJ文件不需要任何文件头，其每一行都是以关键字开头的，关键字可以说明这一行是什么格式的数据。

下面说明几个关键字的含义。

- p ——点（Point）；
- l ——线（Line）；
- f ——面（Face）；
- v ——几何体顶点（Geometric Vertices）；
- vt ——贴图坐标点（Texture Vertices）；

- vn ——顶点法线（Vertex Normals）。

对于 PLY 文件和 PCD 文件，我们在点云数组之前写上文件头即可保存对应文件，PCL 开源点云处理库也提供了对应的读取接口，我们可以直接利用 PCL 库提供的 load 函数和 save 函数。下面给出读取 PCD 文件的 Python-pcl 示例，建议大家在 Ubuntu 环境下安装 Python-pcl 库。

```
## 功能描述：
#   利用 pcl 库读取 PCD 文件
#   输入参数：
#   FNAME: PCD 文件的路径和名称
#   输出参数：
#   pc: 点云数组

import pcl
FNAME = './data/test.pcd' # PCD 文件在计算机中存储的路径与名称
pc = pcl.load(FNAME + '.pcd') # 读取 PCD 文件
```

3D 打印发展至今，有很多文件格式可供选择。较为简单的文件格式只能实现基本的功能，即描述立体结构；而完善的文件格式除了描述立体结构，还有更多的特色功能。目前使用较广且能被大多数 3D 打印机识别的 3D 打印文件格式是 STL、OBJ 等，其中，STL 也是衔接设计软件和打印机的标准文件格式。STL 利用三角网格来表现 3D 模型，三角面片信息单元（facet）都带有矢量方向，一系列的三角面片就构成了 STL 模型。STL 文件格式简单，但是只能表示封闭的面（体）且不支持对颜色、材质等属性的表示。PCL 库目前没有提供 STL 的接口，我们希望可以利用 numpy-stl 提供的接口实现对 STL 文件的读写。

3MF 文件不仅可以描述物体几何信息，还支持添加颜色和材料属性。由于 3MF 是较新且更完备的一种 3D 数据存储格式，所以我们将其作为重点讲解内容，接下来，我们主要讲解 3MF 文件的格式与特点、3MF 文件的数据要求，以及具体的生成过程。

3.6.2 3MF 文件的格式与特点

近几年，由微软牵头，多家行业领先公司联合推出了一种新的为 3D 打印“量身定做”的文件格式——3MF（3D Manufacturing Format），相较于 STL 文件，3MF 文件能够更完整地描述 3D 模型，除了几何信息，还可以描述颜色、材料、纹理等其他特征，3MF 可能成为 3D 打印行业新的标准格式。

3MF 文件使用开放式封装约定（Open Packaging Conventions，OPC）规范，所以一个 3MF 文件在本质上是一个压缩包，压缩包中包含与 OPC 规范相关的部分和 3D 模型定义部分。

3MF 文件中的 3D 模型分级结构如图 3.6-1 所示，图中的方框代表 3MF 文件包含的元素或元素属性，其中，实线方框表示 3MF 文件必须包括的元素，虚线方框表示不一定会在每个 3MF 文件中都出现的元素，箭头的指向代表各元素和属性之间的包含关系。3MF 文件中各元素的作用及元素之间的关系会在之后介绍，为了加以区分，元素名用尖括号“<>”标注。

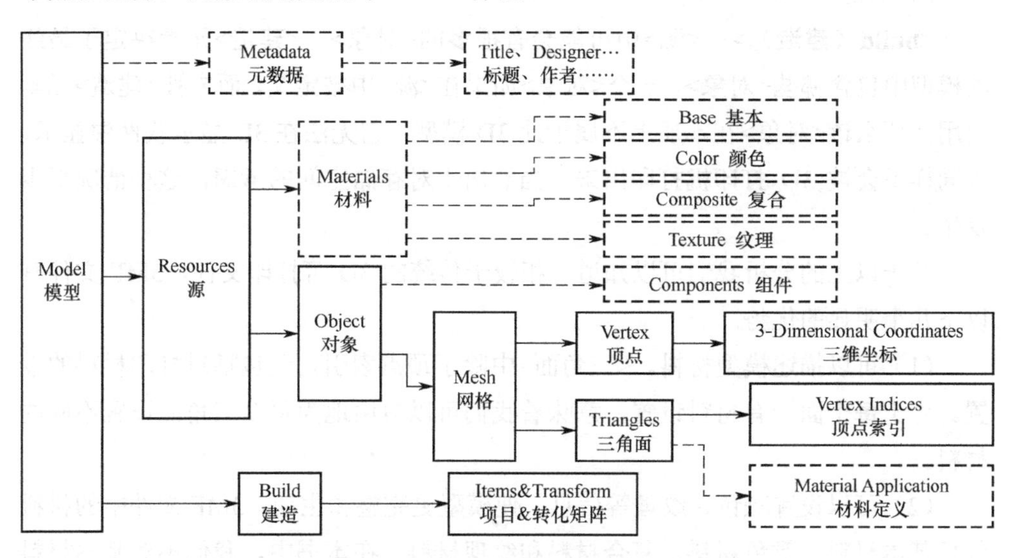

图 3.6-1　3MF 文件中的 3D 模型分级结构

<model（模型）>：<模型>元素是 3D 模型的根元素，在某种程度上，<模型>等同于整个 3D 模型；

<metadata（元数据）>：元数据以字符串的键—值对的形式储存在<元数据>元素中，一般包括标题、作者、版权等信息；

<resources（源）>：<源>元素充当整个 3D 模型的“库”，在模型中被调用的对象、属性和材料等均被保存在<源>元素中；

<materials（材料）>：<材料>元素保存模型使用到的材料；

<object（对象）>：<对象>元素是 3MF 文件描述的主体，是模型中最重要的

部分，包含对整个 3D 立体结构的描述；

<mesh（网格）>：<对象>的 3D 特性由<网格>元素定义，<网格>就是三角网格；

<vertex （顶点）>：<网格>中的顶点的列表，顶点由其 3D 位置坐标定义；

<triangles（三角面）>：<网格>中三角面的列表，三角面由三个顶点在<顶点>列表中的索引定义；

<components（组件）>：<组件>元素在本质上是另一个<对象>，一个<对象>可以以<组件>的形式完整地包含另一个<对象>，而不需要再一次进行<顶点>和<三角面>的定义；

<build（建造）>：<源>中可能会有很多的<对象>，<建造>元素决定了最终的模型中包含哪些<对象>，一个<对象>如果在<源>中被定义，而未被<建造>元素引用，那么该<对象>在本质上不属于此 3D 模型，它无法在 3D 显示软件中显示，也同样不会被 3D 打印机打印出来。当然出于对存储空间的考虑，这种情况很少发生。

基于以上的分析我们可以知道，相较于传统的 3D 可打印文件，3MF 文件有以下几个明显的优势。

（1）可以描述模型材料。<三角面>中除了顶点索引，还包括对打印材料的设置。由于每个面均有材料设置，意味着我们可以自由地为每个三角面设置不同的材料。

（2）可以设置颜色、纹理等信息，使模型更完整和生动。3MF 文件中的材料包括基本材料、颜色材料、复合材料和纹理材料。在本书中，我们不对基本材料和复合材料（基本材料的组合）做过多解释。

颜色材料的使用规则：为三角面的三个顶点设置 RGB 颜色信息，当三个顶点颜色不同时，会自动在三角面内部实现渐变，因此整个模型的颜色都将是自然渐变的，在如图 3.6-2 所示的立方体中，每个顶点的颜色被设为黑色或白色，三角面内部会自动填充为灰色，实现了颜色的渐变，当然在实际的模型中相邻点的颜色不会有如此大的差别。

图 3.6-2　立方体表面的颜色渐变

纹理材料的使用则相当于直接将一张同样大小的三角形 2D 图像贴到三角面上，实现效果如图 3.6-3 所示，这是以往任何一种 3D 打印模型都很难做到的。

（3）重复出现的部分只需一次定义：3MF 文件中引入了<组件>元素，允许一个<对象>包含另一个<对象>，所以在模型中有重复出现的部分时，就可以将其定义为组件，然后只需经过位置变换即可多次引用，节省了存储空间，例如，可以在一个汽车模型中定义一个轮胎<对象>，然后将它移动到四个位置上。

（a）整体模型

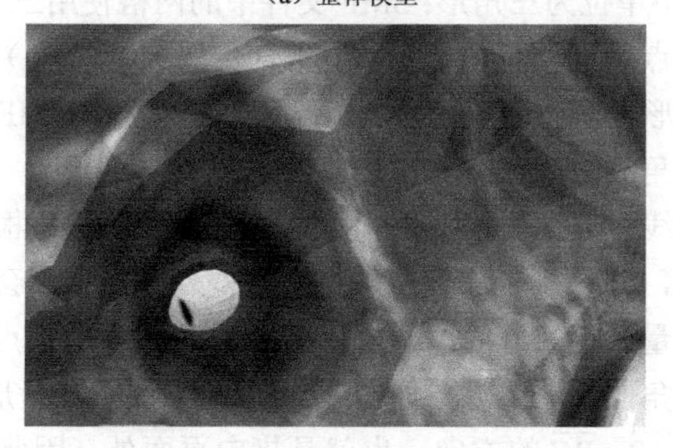

（b）局部放大（可看出经 2D 图像渲染的三角面）

图 3.6-3　使用纹理材料生成立体模型的实现效果

3.6.3 3MF 文件的数据要求

3D 重建的方法有很多，包括 3.5 节的三角剖分，大部分 3D 重建的结果都是三角形（多边形）网格，值得庆幸的是，这与 3MF 的立体模型描述方式基本相同，所以可以较方便地将 3D 重建结果存储为 3MF 文件。但 3MF 文件中的网格有更多的限制与规范，所以不是所有的多边形网格都符合要求，有的重建结果可能需要先经过一定的处理才能进行 3MF 文件生成。

3MF 文件中的网格如图 3.6-4 所示，其由一组接近实际表面的闭合三角形面组成。

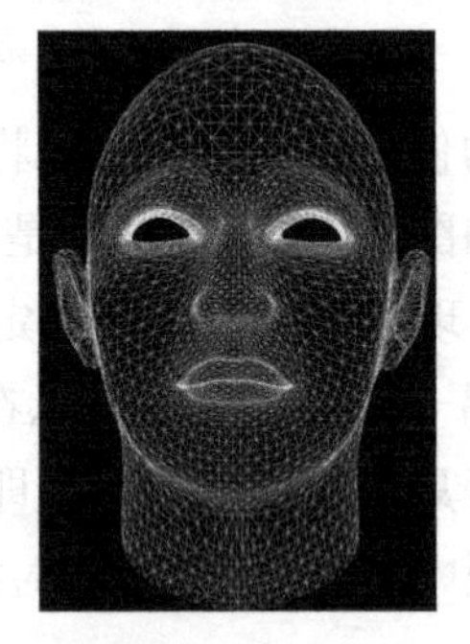

图 3.6-4 3MF 文件中的网格

3MF 文件的数据要求如下。

（1）网格必须是闭合的：网格闭合意味着没有空洞，这样整个模型才能成为一个实体，而不仅仅是一层表面，所以闭合性也是所有可用于 3D 打印的立体模型的共同要求。

（2）表面的最小单位为三角形：3MF 文件中的网格使用三角面逼近实际表面，每个表面由三个顶点确定，而在一些模型文件（如 PLY 文件）中，网格的表面可能是四边形、五边形等多边形。在这种情况下，想要生成 3MF 文件，首先需要将多边形的表面沿对角线切割，将其拆分成若干个三角面。

（3）表面的法线必须指向模型外侧：3MF 文件中的网格根据三角面的法线方向确定模型的内外，并且规定法线必须指向模型外侧，否则会发生混乱。三角面的法线方向为边向量外积的方向，边向量由<顶点>列表中顶点出现的顺序确定，假设网格中一个三角面的法线方向如图 3.6-5 所示，图中三角形顶点顺序为 A、B、C，法线方向即为 $\overrightarrow{AB}\times\overrightarrow{BC}$ 的方向，也就是指向页面外。因此，为了保证法线方向向外，三角面<顶点>列表中顶点出现的顺序必须按照在模型外侧观察时的逆时针方向。

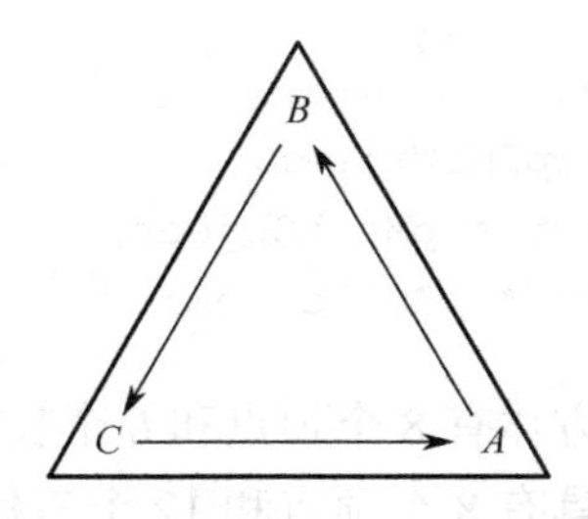

图 3.6-5　网格中一个三角面的法线方向

另外，不是所有的 3D 打印模型均采用顶点列表与三角面列表的网格描述方式，例如，STL 文件中并没有单独的顶点定义，而是直接在三角面内给出顶点坐标。

3.6.4　3MF 文件的生成

在得到了符合 3.6.3 节要求的三角网格后，我们就可以根据网格描述生成 3MF 文件了，使用程序生成 3MF 文件的流程如图 3.6-6 所示。在 GitHub 上有完整的 3MF 文件操作所需的 C++语言库——lib3mf，在此给出使用 lib3mf 与 Visual Studio 2017 生成 3MF 文件的示例。

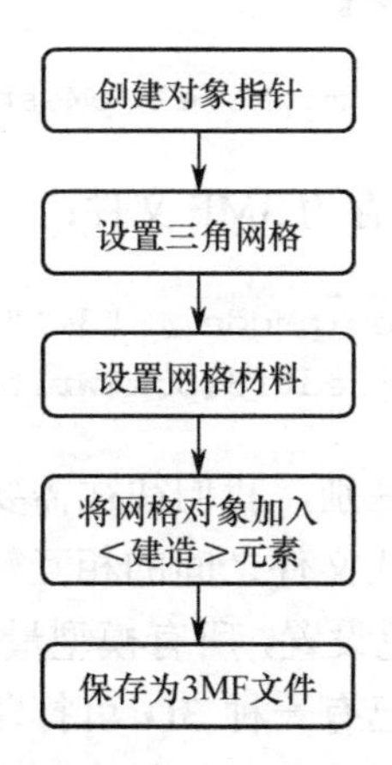

图 3.6-6　使用程序生成 3MF 文件的流程

按照图 3.6-6 的生成步骤，我们可以生成一个最简单的长方体形状的 3MF 文件（本示例未设置网格材料）。

创建对象指针：在整个生成步骤开始之前，需要为所需元素创建指针并将其实例化为空对象，如模型、网格、组件、颜色控制器等。在本次文件生成中用到的指针如下。

```
PLib3MFModel * pModel;                          // <模型>元素
PLib3MFModelWriter * p3MFWriter;                // 3MF 生成器
PLib3MFModelMeshObject * pMeshObject;           // <网格>对象元素
PLib3MFModelBuildItem * pBuildItem;             // <建造>元素
```

设置三角网格：一个长方体有 8 个顶点和 6 个长方形面，但是 3MF 网格必须为三角面，所以此模型网格具有 8 个顶点和 12 个三角面，考虑到篇幅限制，在此只给出顶点和三角面信息。

```
Vertices:  (0,0,0);(X,0,0);(X,Y,0);(0,Y,0);
(0,0,Z);(X,0,Z);(X,Y,Z); (0,Y,Z)
Triangles: (2,1,0); (0,3,2); (4,5,6); (6,7,4); (0,1,5); (5,4,0);
(2,3,7); (7,6,2); (1,2,6); (6,5,1); (3,0,4); (4,7,3)
```

在创建顶点和三角面后，需要将二者组合到<网格>中。

```
lib3mf_meshobject_setgeometry(pMeshObject, Vertices, 8,
Triangles, 12);
```

将网格对象加入<建造>元素：

```
lib3mf_model_addbuilditem(pModel, pMeshObject, NULL, &pBuildItem);
```

最后，将 3MF 模型对象保存为 3MF 文件：

```
lib3mf_model_querywriter(pModel, "3mf", &p3MFWriter);
lib3mf_writer_writeToFileutf8(p3MFWriter, "cube.3mf");
```

由于处理软件和打印机的区别，我们往往需要在不同场合使用不同的 3D 打印模型，这就需要进行不同格式文件之间的相互转化。通过前面的描述我们可以了解到，除了复杂的材料与颜色设置，所有模型最基础的信息是其中的立体结构，也就是多边形网格。如果我们已有一种 3D 可打印文件 A，想要将其转换为另一种可打印模型 B 的话，转换的过程可以概括为“读取 A 的立体结构信息，依照 A 的立体结构设置 B 的立体结构”。

3.7 总结与思考

本章我们主要学习了 3D 数据的表示方法，深度图、点云、体素网格、三角剖分几种表示方式各有特点且能够相互转换；同时我们还学习了 3D 数据的存储格式，例如，深度图可以使用 PNG 文件进行无损保存，深度视频用 ONI 文件进行存储，点云、三角剖分面等可以使用 PLY、OBJ、3MF 等文件存储。通过思考并实践下面几个问题，大家可以检验自己对本章内容的理解。

（1）学完本章，你能否画出各数据结构之间的转化关系及所需参数？

（2）使用 ToF 相机采集一帧深度图，并一步步转换为点云、体素、三角网格，然后生成可打印文件。

（3）你认为哪种数据格式使用起来最方便？为什么？

参考文献

[1] Qi Charles R, Su Hao, Mo Kaichun, et al. PointNet: Deep Learning on Point Sets for 3D Classification and Segmentation[J]. Conference on Computer Vision and Pattern Recognition (CVPR), 2017.

[2] Longhua Wu, Hui Huang. Survey on Points-Driven Computer Graphics[J]. Journal of Computer-Aided Design & Computer Graphics, 2015, 27(08):1341-1355.

[3] Bo Yang, Hongkai Wen, Sen Wang, et al. 3D Object Reconstruction from a Single Depth View with Adversarial Learning[J]. International Conference on Computer Vision(ICCV), 2017.

[4] 赖广陵.点云数据体素建模及表达方法[D]. 郑州：解放军信息工程大学，2017.

[5] Paul Bourke. An Algorithm for Interpolating Irregularly-Spaced Data with Applications in Terrain Modelling[C]// Pan Pacific Computer Conference, 1989.

[6] Lawson C L . Properties of n -dimensional triangulations[M]. Elsevier Science Publishers B. V. 1987.

[7] David E Watson. Computating the Delaunay Tesselation with Application to Vornonoi Polytopes[J]. The computer Journal, 1981, 24(02):167-172.

[8] L.Devroye, E.Mucke, B.Zhu. A Note on point Location of Delaunay Triagulation of Random Points[J]. Algorithmica, 1998, 22(04):477-482.

[9] Zhang Z. A Flexible New Technique for Camera Calibration[J]. IEEE Transactions on Pattern Analysis and Machine Intelligence, 2000, 22(11):1330-1334.

[10] Song L M, Wang M P, Lu L, et al. High precision camera calibration in vision measurement[J]. Optics and Laser Technology, 2007, 39(07):1413-1420.

第4章 3D数据处理

主要目标

- 对 ToF 相机的数据误差有一定的了解，包括各类误差的产生原因及现象。
- 学习对深度图噪声的处理方法，掌握几种简单的深度图滤波方法的原理及编程实现。
- 学习对点云数据的处理方法，掌握几种常用的点云滤波方法的原理及编程实现。
- 了解 3D 数据压缩的概念及作用，熟悉深度图压缩算法，对 3D 数据压缩实例有一定了解。

4.1 概述

我们在第 2 章和第 3 章中介绍过数据采集和数据表示的内容，在数据采集的过程中，无论是有用的数据、冗余的数据，还是干扰的数据，都会被相机采集到，并且相互交叠地存储在一起。而数据表示的过程也会因为各种问题，在应用中出现我们不希望看到的数据。例如，ToF 相机采集的图像会由于相机光源特性，在物体边缘处出现如“缎带”般的阴影；通过深度图生成的点云会因为深度图的误差，有个别点单独出现在点集的外部，称为飞散点。这些问题都会影响我们对数据的使用，为了获得更准确的数据，或者为了按照自己的想法表示数据，我们需要对数据进行处理。

以第 2 章介绍的 ToF 相机为例，数据的误差从来源上可以分为两类：系统误差和非系统误差。

系统误差来源于相机的成像原理和内部结构，包括深度图畸变、积分时间误差、像素误差、温度相关误差和幅值相关误差等。

（1）深度图畸变。

深度图畸变一般是指 2D 平面误差，2D 平面误差大多是由光学镜头的畸变导致的图像点坐标偏移，其中，最普遍的是径向畸变，其成像误差可以用简单的数学模型描述：

$$\hat{u} = u + (u - u_0) \times \left[k_1 \times \left(x^2 + y^2 \right) + k_2 \times \left(x^2 + y^2 \right)^2 \right] \tag{4.1.1}$$

$$\hat{v} = v + (v - v_0) \times \left[k_1 \times \left(x^2 + y^2 \right) + k_2 \times \left(x^2 + y^2 \right)^2 \right] \tag{4.1.2}$$

其中，(u, v)表示标准像素坐标，$(\hat{u}, \hat{v})$表示径向畸变的像素坐标，(x, y)表示标准连续图像坐标，k_1、k_2 为二阶畸变参数[5]。

如图 4.1-1 所示为人顶部视角的深度图，其中，图 4.1-1（a）为存在畸变的深度图，图 4.1-1（b）为去畸变的深度图。在视觉效果上，去畸变的图像有了明显的变化，这是由校准像素位置及其对应的深度值引起的。经过去畸变处理的深度图，无论是物体的像素位置，还是深度值信息，都变得更加准确。

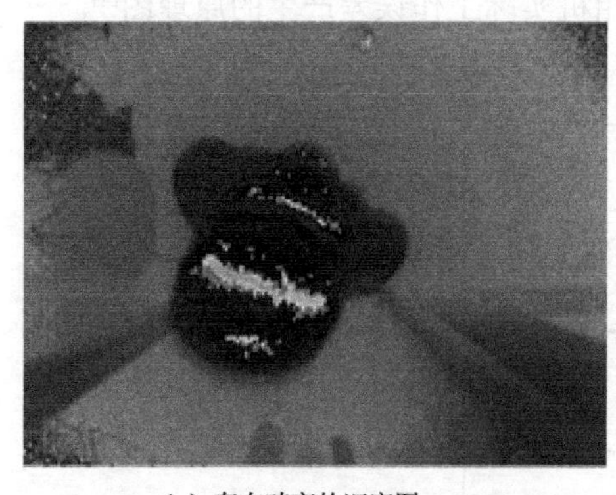

（a）存在畸变的深度图

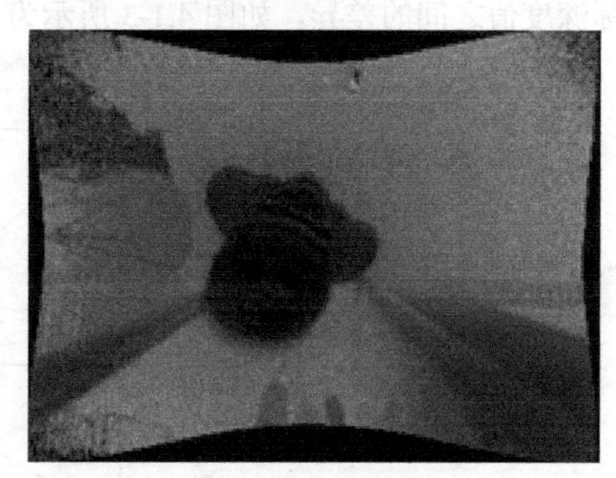

（b）去畸变的深度图

图 4.1-1　人顶部视角的深度图

（2）积分时间误差。

ToF 相机使用的是 PMD 相机像元，PMD 的积分时间是编程可控的。在一定条件下，相机的积分时间越长，积累的电荷就越多，信噪比也越高[6]。在一般情况下，由积分时间带来的误差对结果的影响不会很大，但有时人为设置的积分时间过大，这就会导致较大的采样误差，致使数据错误从而完全不可使用。如图 4.1-2 所示是不同积分时间的深度图，图 4.1-2（a）是正常的深度图，而图 4.1-2（b）则是因为采样时对最近物体的距离估计不当，设置了过大的积分时间，引起了过曝光的结果。

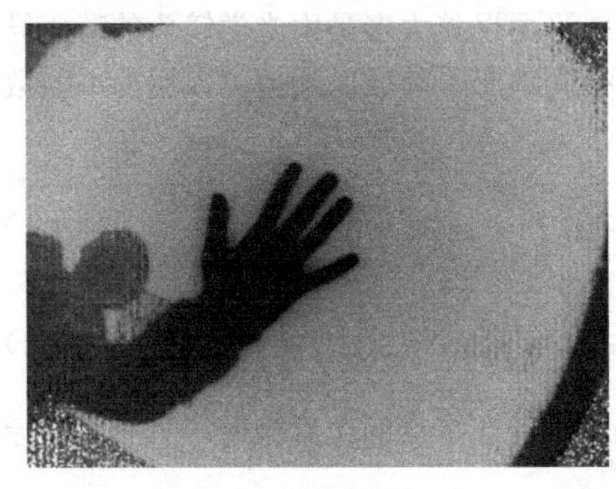

（a）正常的深度图

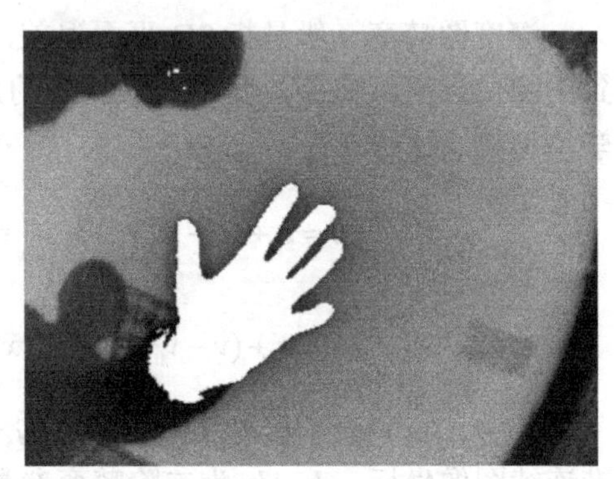

（b）积分时间过大的深度图

图 4.1-2　不同积分时间的深度图

（3）像素误差。

像素误差是指像素深度误差，是由 ToF 测距原理引起的测量深度值与物体实际深度值之间的差异，如图 4.1-3 所示为相机实际工作误差产生的原理图[5]。

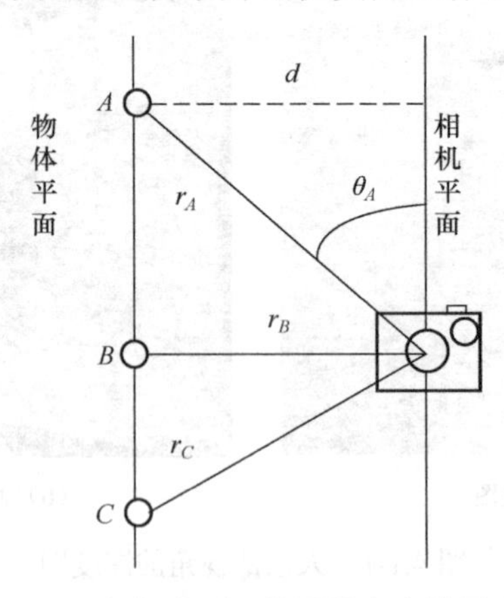

图 4.1-3　相机实际工作误差产生的原理图

物体平面上有三个被测点 A、B、C，ToF 相机采集到的深度值分别是 A、B、C 三点到相机的直线距离 r_A、r_B、r_C，而非物体平面到相机平面的垂直距离 d，可以清楚地看出，仅正对相机的 B 点的测量值 r_B 与实际深度 d 相等。ToF 相机系统的测量原理导致测量值总是比实际值大，在与相机平面平行的同一平面上，越靠近相机光圈的点，其测量值越接近垂直距离 d，误差越小；反之，越远的点，误差越大，相机视角边缘的点最为显著。

我们基于针孔相机模型（见图 4.1-4）推导 ToF 相机深度误差的模型。

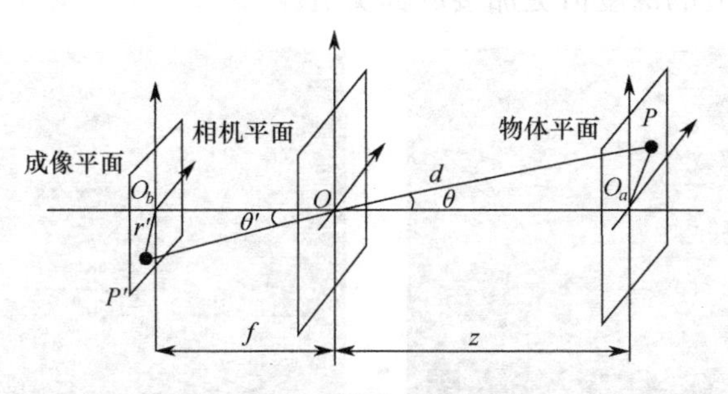

图 4.1-4　针孔相机模型

其中，z 为物体平面与相机平面的垂直距离，即标准深度值；d 为物体到相机光圈的直线距离，即测量深度值；θ 为相机光圈发射的光线与中轴线的夹角。标准深度值 z 和测量深度值 d 之间的几何关系为

$$z = d \times \cos\theta \tag{4.1.3}$$

θ 并非确定值，也非已知量，为得到 θ 的表达式，我们需要利用成像平面和相机平面的映射关系进行推导。O_b 是成像平面中心点；P' 是物体的 P 点映射在图像上的位置；f 是相机焦距。θ 可以由 O_b 与 P' 之间的距离 r' 和 f 表示：

$$\theta = \theta' = \arctan\frac{r'}{f} \tag{4.1.4}$$

模拟相机生成的深度图是以像素的形式表示的，因此，r' 在这里表示图像坐标系下的距离。$(u_{P'},\ v_{P'})$ 为 P' 在图像坐标系下的坐标，$(u_0,\ v_0)$ 为图像中心点，则 r' 的表达式为

$$r' = \sqrt{\left(u_{P'} - u_0\right)^2 + \left(v_{P'} - v_0\right)^2} \tag{4.1.5}$$

结合上述三个公式，可以得到测量深度值 d 和标准深度值 z 之间的关系式[5]为

$$d = \frac{z\sqrt{(u_{P'} - u_0)^2 + (v_{P'} - v_0)^2 + f^2}}{f} \tag{4.1.6}$$

如图 4.1-5 所示，图 4.1-5（a）是 ToF 相机直接采集的深度图，存在一定的像素误差；图 4.1-5（b）是经过 SmartToFViewer 像素校准处理后的深度图。我们可以直观地看到，两幅图像中的椅子、墙壁等部分的灰度存在差别，其中，图 4.1-5（b）显示的灰度所对应的深度值更加接近真实值。

（a）ToF 相机直接采集的深度图

（b）经过 SmartToFViewer 像素校准处理后的深度图

图 4.1-5　存在像素误差和经过像素校准的深度图

（4）温度相关误差。

ToF 相机的传感器对温度的变化比较敏感，传感器温度的波动会对测量结果的精度造成不小的影响，出现温度相关误差。这种传感器温度的波动通常有两种，一种是由环境温度引起的波动，另一种是由 ToF 相机持续工作引起的升温[7]。因此，我们在使用 ToF 相机时，要尽可能地选择合适的温度，并且不要让 ToF 相机工作过长的时间。

（5）幅值相关误差。

在 ToF 相机采集图像的过程中，有一些点的光照条件不佳，反馈给相机传感器的信号幅值过小，可能会造成深度图的显示噪点。如图 4.1-6 所示，图 4.1-6（a）中有较多噪点，这些噪点中就有因为光照不佳而产生的幅值误差，图 4.1-6（b）是经过 SmartToFViewer 幅值滤波处理后的深度图，通过设定 ADC（信号幅值）最小值门槛，实现过滤光照不佳的点的效果。为了使展示结果比较明显，我们将幅值滤波的阈值设定得比较大，在实际应用中应适当减小阈值，以免过滤掉图像的主要信息。

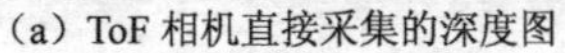

（a）ToF 相机直接采集的深度图　　（b）经过 Smart ToF Viewer 幅值滤波处理后的深度图

图 4.1-6　存在幅值相关误差和经过幅值滤波的深度图

非系统误差包括多径误差、散射误差、运动模糊和随机误差，这类误差通常与相机内部结构无关，是由各种外部原因引起的。

（1）多径误差。

多径误差产生的原因为传感器对于像素深度的计算是基于多个叠加的红外信号的，而非单一的红外信号，原因可能是镜面反射，或是多台 ToF 相机同时相对工作而产生干扰。如图 4.1-7 所示，图 4.1-7（a）是使用两台相对放置的 ToF 相机采集的深度图，由于另一红外信号的介入，图像的深度值出现了非常严重的误差，在直观上，某些远距离物体比近距离物体的灰度更深；图 4.1-7（b）是背景为玻璃墙的深度图，由于玻璃反射形成了多路红外信号，背景部分的深度值出现了比较严重的误差。

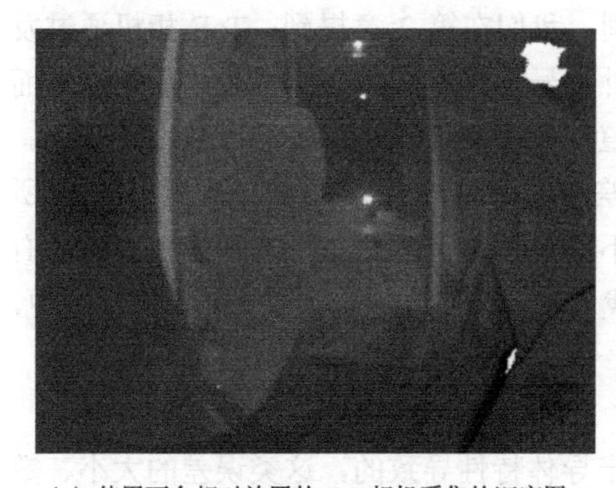

（a）使用两台相对放置的 ToF 相机采集的深度图　　（b）背景为玻璃墙的深度图

图 4.1-7　存在多径误差的深度图

（2）散射误差。

散射误差通常是由被采集物体的材质和颜色引起的。ToF 相机发射的红外光会被黑色物体或一些特殊材质的物体吸收，导致传感器无法接收到返回的信号，从而产生深度值误差或出现深度值缺失的情况。如图 4.1-8 所示，图中的人穿着不同颜色的衣服，在图 4.1-8（a）中，人穿着普通的黄色衣服，ToF 相机可以正常接收返回的红外信号；在图 4.1-8（b）中，人的衣服正面有一片质地光滑的黑色区域，ToF 相机无法接收这一区域的反射信号，因而深度值丢失。

（a）人穿着普通的黄色衣服

（b）人的衣服正面有一片质地光滑的黑色区域

图 4.1-8　散射误差对比图

（3）运动模糊。

运动模糊是由相机或物体运动引起的误差，ToF 相机与普通的 RGB 相机相比，运动模糊产生的外界原因完全一样，但是由于 ToF 相机独特的传感结构，运动模糊对两者图像产生的影响却有着天壤之别。我们在第 2 章提到，ToF 相机通过发射特定频率的红外信号，测量发射的红外信号与反射的红外信号的相位差，从而得到物体的深度值，但在基于红外测量值计算深度值时，需要进行非线性变换。这种非线性变换使得运动模糊的平滑误差出现不均匀的误差项[8]。如图 4.1-9 所示，在图 4.1-9（a）中，人的右臂静止不动地举着，而图 4.1-9（b）是在人的右臂快速运动的过程中截取的一帧图像。我们可以清楚地看到，在图 4.1-9（b）中，人的右臂位置出现了很严重的模糊现象。

（4）随机误差。

随机误差是由 ToF 相机内部硬件的半导体特性导致的，这类误差的大小、数量及出现的位置都在一定程度上随机，但可以根据特性进行分类，相同或相近类型的随机误差有一定共性，可以针对这些共性设计通用的处理方法。

我们将针对 ToF 相机存在的误差，尤其着重于读者日常面对最多、处理成本最低的随机误差，介绍各类泛用的处理方法。

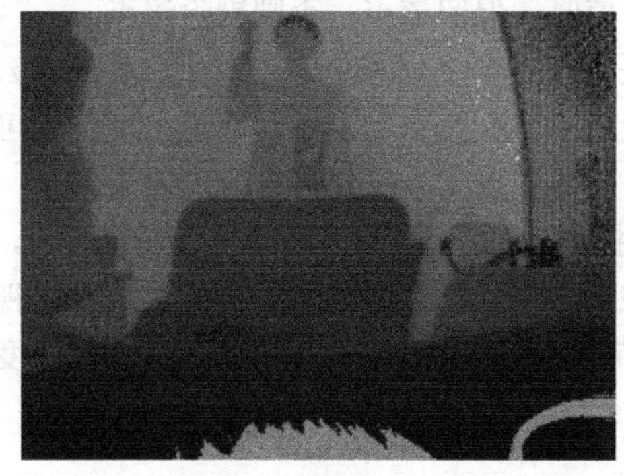

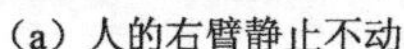

（a）人的右臂静止不动　　（b）人的右臂快速运动

图 4.1-9　运动模糊对比图

说到数据处理，应用最广、功能最多的方法就是滤波了。针对信号尤其是 2D 图像信号的滤波，经过几十年的研究与摸索已经日臻完善，3D 数据作为 3D 信号同样可以借鉴传统信号处理已有的成熟方法，很多经典的滤波器或是滤波思想都可以结合 3D 数据的特性引入 3D 滤波。例如，用于 2D 图像去噪的中值滤波，可以应用到深度数据中，用以剔除深度值错误的点；双边滤波在 3D 图像中同样可以起到在保持边缘点的同时实现平滑降噪的作用。这些简单有效的滤波方法在 3D 数据的处理上有着重要的地位。

3D 数据具有更多的信息、更多的表示形式，除了传统的滤波器，在 3D 数据处理方面，还有特有的点云滤波方法。点云滤波与图像滤波在抽象意义上类似，但因为数据特性的不同，两者存在不同的地方，其具体表现在 4.3 节中详细介绍。目前，人们已经提出并实现了一些简单有效的针对 3D 点云数据的特定滤波器，如直通滤波器、体素栅格滤波器、统计滤波器及半径滤波器等。

在日常研究和应用中，无论是用 3D 激光扫描设备获取的点云数据，还是由深度图转换得到的点云数据，往往规模都比较大、点比较散乱，其中最常出现也最需要消除的误差就是离群点。顾名思义，离群点是远离大多数观察点或与其他样本点行为不统一的点。离群点的出现通常不可避免，传感器的特性或 3D 特征曲面边界的不连续性等都会导致获得的 3D 点云数据中有离群点的存在。解决离群点的方法通常有以下几种：直通滤波器，可以确定点云在 x 或 y 方向上的范围，较快去除离群点，一般作为第一步的粗处理；统计滤波器，考虑到离群点在空间中分布稀疏的特征，规定当某处点云小于一定密度时，点云无效，统计滤波器通过计算每个点到其最近 k 个点的平均距离来计算该处的点云密度，用于去除明显离群点；半径滤波器，同样用于去除明显离群点，以某点为中心画一个圆，计算落在该圆内的点的数量，当数量大于给定值时，保留该点，否则剔除该点。

此外，我们也提到，高分辨率相机采集的点云十分密集，为避免过多的点云给后续分割工作带来的困难，我们可以使用体素栅格滤波器。体素栅格滤波器可以实现在向下采样降低点云规模的同时，不破坏点云本身几何结构的效果。

随着 3D 传感器精度的提升和帧率的提高，3D 数据的信息量呈爆炸式增长，深度图的存储和即时传输面临严峻的挑战，所以在现有条件下，压缩成为立体视讯、VR 等应用发展的瓶颈问题。在 4.4 节中，我们会分别针对单张深度图和深度视频序列介绍现有的压缩方法。

4.2 深度图滤波

相对于普通的 RGB 图像，深度图中额外的空间信息有助于有效刻画现实世界中物体的几何位置关系。然而，通过 ToF 相机或者结构光深度采集仪等设备获取的初始深度数据都不能直接应用，这些数据包含大量的噪声。除了常规的平稳高斯白噪声，更多的是一些我们在概述中提过的由采集设备特性及环境因素导致的非高斯噪声，如遮挡块、飞散点、无深度值点等。传统的 2D 滤波器在 3D 数据上最常规的应用就是对深度图进行去噪处理。我们根据滤波过程依赖信息的不同，分别对空域滤波和时域滤波进行介绍，空域滤波往往应用于对单独的图片进行处理的场景，而时域滤波往往用来对视频或图像序列进行处理。

4.2.1 空域滤波

空域滤波是对图像空间域信息进行处理的方法，通常用于对单个图像的各像素进行处理，简单的空域滤波方法包括高斯滤波、中值滤波及双边滤波等。

4.2.1.1 高斯滤波

高斯滤波器是一种根据高斯函数的形状来选择权值的线性平滑滤波器，其抑制正态分布的噪声效果较佳。在图像处理领域，常用的高斯滤波方法是 2D 零均值的离散化滑窗卷积，高斯滤波器将输入的每一个像素与高斯内核进行卷积运算，将卷积和当作输出像素值，其本质就是加权平均的过程。高斯滤波器的权值与滑窗中像素的空间位置有关，距离中心点越近的像素权值越大，反之权值越小。通

常来说，高斯滤波器的滤波核可以表示为

$$w(i,j) = \exp\left(-\frac{(i-x)^2 + (j-y)^2}{2\sigma^2}\right) \tag{4.2.1}$$

其中，$w(i,j)$ 表示位于 (i,j) 的像素的权值；σ 表示高斯函数的标准差，高斯滤波的平滑程度就是由方差 σ^2 决定的，调整 σ 实际就是调整周围像素对当前像素的影响程度，σ 越大，远处像素对中心像素的影响越大，平滑程度越高。通过调节 σ，可以使图像在特征过分模糊与细节信息和噪声保留较多之间逐渐变化。

我们在设计高斯滤波核时，通常都会将其转换为整数形式后再进行归一化，一个大小为 3×3、σ=0.8 的高斯滤波核，简化后的形式如下：

1/16	2/16	1/16
2/16	4/16	2/16
1/16	2/16	1/16

无论在空间域还是频率域，高斯滤波算法在低通范围内的滤波效果都十分明显，对高斯分布的噪声有很好的抑制效果。但是高斯滤波在进行权值计算时，只考虑像素的空间位置，没有考虑像素值大小的变化，因此滤波后的图像会出现边缘模糊的现象。高斯滤波在应用于传统的 RGB 图像时，边缘模糊的弊端可能不会有直观的体现。但对深度图来说，因为像素值对应像素的深度值，高斯滤波引起的边缘信息丢失会使边缘线的深度值出现跳变，导致物体的边缘效果变差。因此在将其引入深度图处理时，需要把握好高斯滤波器的滤波核大小和频域大小，避免过度模糊，以至于改变了深度图的轮廓和内容。如图 4.2-1 所示为高斯滤波效果对比图。

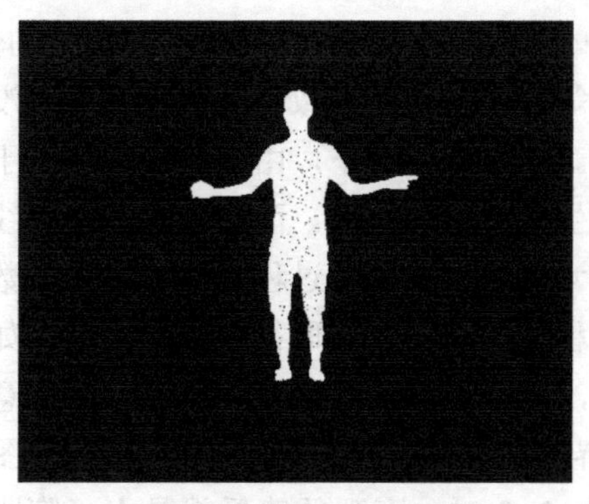

（a）添加了高斯噪声的深度图

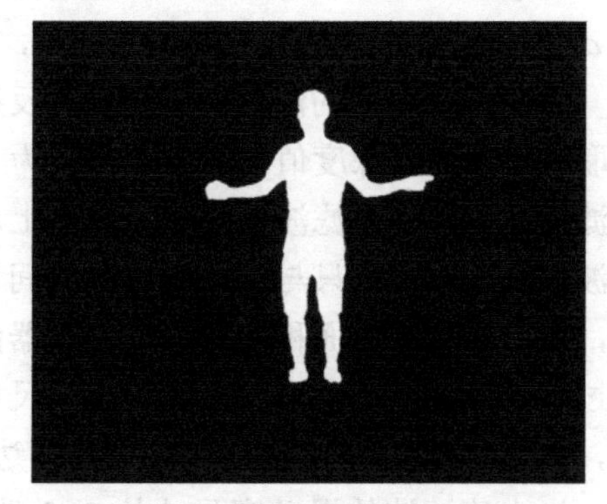

（b）经过高斯滤波后的深度图

图 4.2-1　高斯滤波效果对比图

OpenCV 对高斯滤波做了较好的封装，在实现模糊去噪的同时，兼具了更快的处理速度。在 OpenCV 中，标准差σ和窗口大小 win 之间存在一定的换算关系。若未指定窗口大小，通过σ推算的窗口为σ的 3 倍或 4 倍；若未指定σ大小，通过 win 推算σ的公式为 $\sigma = 0.3\times[(\text{win}-1)\times 0.5-1]+0.8$，具体的调用方式如下。

```
## 功能描述:
## 调用 OpenCV 函数对深度图进行高斯滤波
# 输入参数:
# img_dep: 待处理的深度图
# win: 窗口尺寸
# sigma: 标准差
# 输出参数:
# img_blur: 滤波结果

img_blur=cv2.GaussianBlur (img_dep,-1,(win,win), sigma)
```

4.2.1.2 中值滤波

中值滤波应用于深度图的原理与应用于传统 2D 图像的原理基本相同，用模板核算子覆盖区域内所有像素，并对其像素值进行排序，用中间的像素值更新当前像素的值。2D 中值滤波器的定义式为

$$g(x,y) = \text{med}\left\{f(x-k,y-l)\ ,(k,l\in W)\right\} \tag{4.2.2}$$

其中，$g(x, y)$表示滤波后的图像；$f(x, y)$表示原深度图；W表示 2D 中值滤波模板；med{·}表示·的中值。

对于常见的 3×3 滑动窗口，当前点及其邻域点共有 9 个值，若排序后的顺序为 a_1、a_2、a_3、a_4、a_5、a_6、a_7、a_8、a_9，中值滤波会用中位数 a_5 更新当前点的值。

ToF 相机采集的深度图，光照、反射等原因可能会导致部分点的深度值没有获取到，该点的深度值会被默认设置为 0。在这种情况下，由于均值滤波属于线性滤波，使用均值滤波会在很大程度上产生深度值的误差。而中值滤波并非线性滤波，其滤波效果只与滑动窗口的空间尺寸和在中值计算过程中涉及的像素数有关，噪点像素的总面积需要小于滤波器面积的一半，才能取得显著的效果。如果超过一半，则可以适当扩大滑动窗的尺寸，如从 3×3 扩大到 5×5。但需要注意的是，随着模板的逐渐变大，深度图的边界会出现明显的平移。以人体深度图为例，当中值滤波的滑动窗尺寸从 3×3 改为 5×5 时，直观的感受就是人“膨胀”了一圈。

中值滤波器作为目前针对深度图的一种有效降噪方法，具有原理简单、算法复杂度低、能够保护图像尖锐点等优点。但该方法不具备平均作用，对高斯噪声的抑制效果较差。

如图 4.2-2 所示，我们给出了对有空洞的深度图进行中值滤波的效果对比图。图 4.2-2（a）是密度偏低的点云经过 4.3 节介绍的“点云转深度图”操作后，得到的具有严重空洞的深度图。我们首先采用尺寸为 5×5 的滑动窗口。进行第一次中值滤波，从图 4.2-2（b）可以看出，效果显著，空洞部分基本已经被填充为邻域的人体表面深度值，但仍存在一些噪点。接下来，采用尺寸为 3×3 的滑动窗口进行第二次中值滤波，得到较为完整的人体深度图，如图 4.2-2（c）图所示。在该场景中应用中值滤波的原因前面有所提及，空洞点的深度值为 0，其效果类似于传统数字图像处理中的椒盐噪声，若使用均值滤波会产生一定的误差，而中值滤波的统计特性使其能较好地处理这样的噪声。

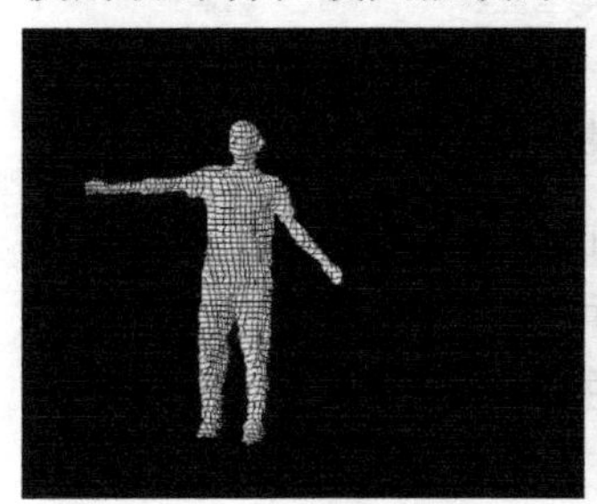
（a）具有严重空洞的深度图

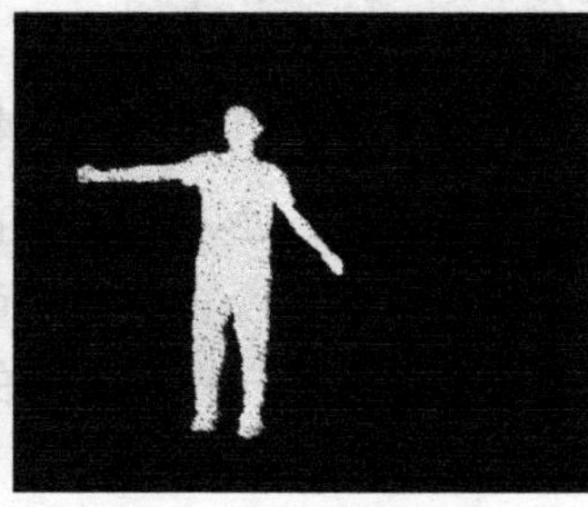
（b）第一次中值滤波结果

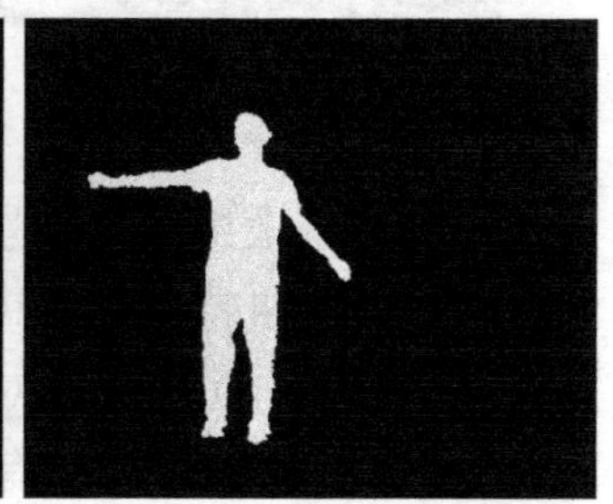
（c）第二次中值滤波结果

图 4.2-2　对有空洞的深度图进行中值滤波的效果对比图

中值滤波的方法在 OpenCV 中同样做了较好的封装，使用中值滤波对图像进行处理可以直接调用 OpenCV 函数。

```
## 功能描述：
## 调用 OpenCV 函数对深度图进行中值滤波
# 输入参数：
# img_dep：待处理深度图
# win：滑动窗尺寸
# 输出参数：
# img_blur：滤波结果

img_blur=cv2.medianBlur(img_dep, win)
```

SmartToFViewer 也对多种基本的深度图滤波方法进行了封装，使用起来非常简便，只需勾选操作界面右下角的“深度图滤波”，就可以在图像采集过程中进行实时处理，如图 4.2-3 所示。

图 4.2-3　SmartToFViewer 中的“深度图滤波”功能

实时处理效果可以参考图 4.2-4，图 4.2-4（a）是直接采集的深度图，由于背景的反光及相机特性等，其中包含了较多噪声。我们可以看到，经过深度图滤波后，图 4.2-4（b）变得相对平滑，噪声及一些不重要的细节信息被去除，场景中的主要物体更加凸显，更有利于后续的图像处理。

（a）直接采集的深度图

图 4.2-4　SmartToFViewer 中“深度图滤波”的实时处理效果

（b）经过“深度图滤波”的结果

图 4.2-4　SmartToFViewer 中“深度图滤波”的实时处理效果（续）

4.2.1.3　双边滤波

高斯滤波能够显著滤除噪声，但会在一定程度上破坏图像的边缘信息；中值滤波虽然能减少对图像边缘的影响，但其主要对椒盐噪声等几类固定的噪声有较好的效果。研究人员为弥补以上两种滤波器的不足，在高斯滤波的基础上提出了双边滤波。双边滤波结合了图像的空间邻近度和像素相似度，同时考虑了空域信息和灰度相似性，在通用的场合中，可以起到在去噪的同时保留图像细节的作用。在应用于深度图处理时，双边滤波采用加权平均的方法，用周围像素深度值的加权平均代表中心像素的深度，所用的加权平均基于高斯分布。双边滤波的权重同时考虑了像素的欧氏距离和像素范围域中的辐射差异（如卷积核中像素与中心像素之间相似程度、深度距离等），具有空间域核和值域核两个核。要了解双边滤波的原理，首先就要理解空间域核和值域核的概念。

（1）空间域核：由像素位置的欧式距离决定的模板权值 w_d 。

$$w_d(i,j,k,l)=\exp\left(-\frac{(i-k)^2+(j-l)^2}{2\sigma_d^2}\right) \tag{4.2.3}$$

其中，(k,l) 为模板窗口中心点的坐标；(i,j) 为模板窗口的其他像素；σ_d 为高斯函数的标准差。

该权值的含义与高斯滤波器是相同的，衡量的是周围点到中心点的距离，距离越大，权重越小。空间域权重的图例如图 4.2-5 所示。

（2）值域核：由像素值（深度图中的像素值即为深度值）的差值决定的模板权值 w_r。

$$w_r(i,j,k,l)=\exp\left(-\frac{\|f(i,j)-f(k,l)\|^2}{2\sigma_r^2}\right) \tag{4.2.4}$$

其中，$f(i,j)$ 表示图像在点 $q(i,j)$ 处的像素值；$f(k,l)$ 表示图像在模板窗口的中心坐标点 (k,l) 处的像素值；σ_r 为高斯函数的标准差。

该权值衡量的是周围点和中心点像素值的相似程度，相似度越高，权重越大。值域权重的图例如图 4.2-6 所示。

图 4.2-5　空间域权重的图例

图 4.2-6　值域权重的图例

则可得到双边滤波器的模板权值：

$$w(i,j,k,l)=w_d(i,j,k,l)\times w_r(i,j,k,l)=\exp\left(-\frac{(i-k)^2+(j-l)^2}{2\sigma_d^2}-\frac{\|f(i,j)-f(k,l)\|^2}{2\sigma_r^2}\right) \tag{4.2.5}$$

从直观角度来理解，相乘之后的权重表示空间域权重被削去了一部分，如图 4.2-7 所示。

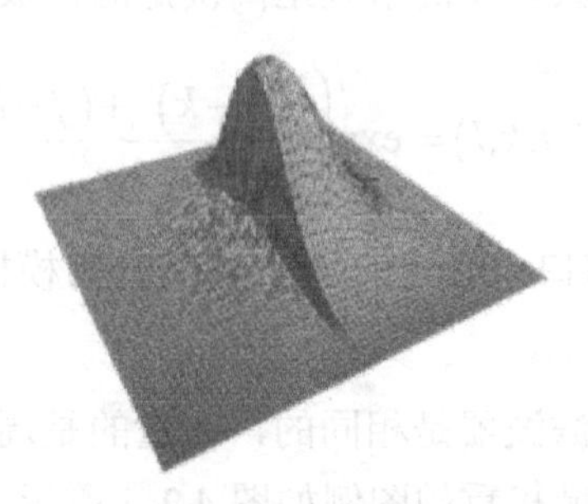

图 4.2-7　双边滤波的总权重

双边滤波器的定义式可以写为

$$g(i,j)=\frac{\sum_{kl}\left[f(k,l)w(i,j,k,l)\right]}{\sum_{kl}w(i,j,k,l)} \tag{4.2.6}$$

双边滤波器的去噪效果可以从平坦区域和边缘区域两方面分析。在平坦区域，临近像素的像素值差值较小，对应的值域权重接近 1，此时空域权重起主要作用，功能类似于高斯滤波；在边缘区域，临近像素的像素值差值较大，对应的值域权重接近 0，导致此处核函数 w 下降，当前像素受到的影响较小，从而使得原始图像的边缘细节信息得以保留。但复杂的模板权值计算方式同样也会带来一些负面影响，“保边”能力的提升是牺牲了部分“去噪”能力换取的，相比于高斯滤波器，双边滤波器的去噪效果有所衰退；此外，对于每一个像素都要重新计算滤波器算子，导致计算速度偏低。双边滤波效果对比图如图 4.2-8 所示。我们仔细观察可以发现，经过高斯滤波处理的人体边缘有明显的模糊，而经过双边滤波处理的人体边缘则比较清晰，希望读者能以此对双边滤波的“保边”效果有更直观的理解。

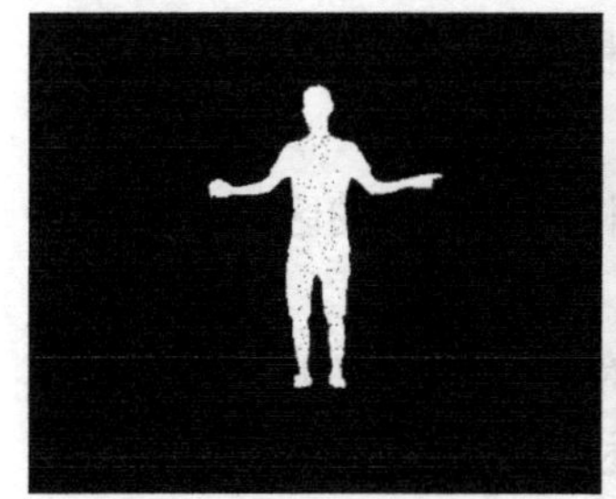

（a）具有高斯噪声的原图

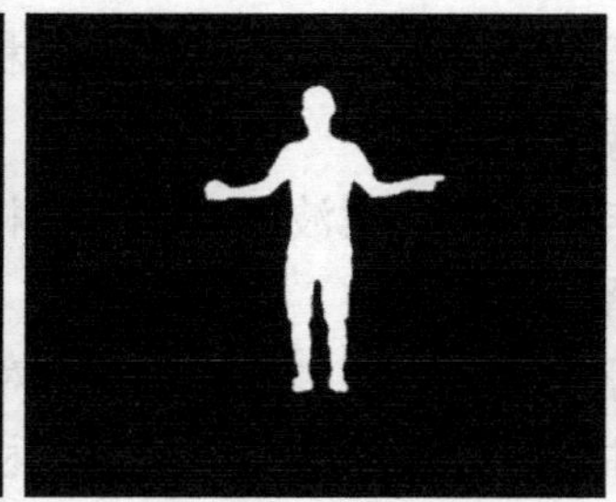

（b）经过高斯滤波处理的图像

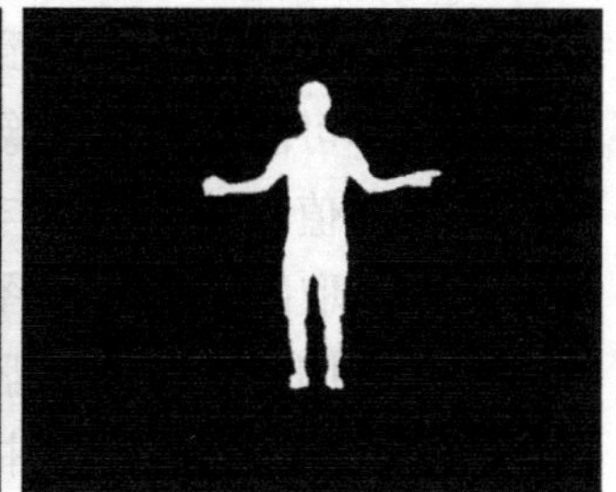

（c）经过双边滤波处理的图像

图 4.2-8　双边滤波效果对比图

相关代码如下。

```
## 功能描述：
## 调用 OpenCV 函数对深度图进行双边滤波
#  输入参数：
#  src：原图像
#  d：像素的邻域直径，默认为-1
#  sigmaColor：颜色空间的标准方差，一般较大
#  sigmaSpace：坐标空间的标准方差（像素单位），相对较小
#  输出参数：
```

```
#   img_blur 滤波结果

img_blur=cv2.bilateralFilter(src=img_dep,d=-1,sigmaColor=100,
sigmaSpace 15)
```

4.2.2 时域滤波

时域滤波是一种常用于视频或者图像序列的滤波方法，相比于单帧图像，视频多了时域信息，这种前后帧图像所具有的关联关系是使用时域滤波的基础。常用的时域滤波包括滑动平均滤波、滑动中值滤波及在基础方法上改进的自适应帧间滤波等。

4.2.2.1 滑动平均滤波和滑动中值滤波

滑动平均滤波作为经典的帧间滤波，其主要思想是选取连续若干帧深度图，进行累加并求平均值。为了提高图像处理的速率，滑动平均滤波并非每次处理都读取前后若干帧的图像。这种滤波方法具有一个时域滑动窗口，结构类似于队列，每次处理仅读取下一帧图像并加入队尾，同时队首的一帧图像出队，通过对队列中的 N 帧图像求平均值达到滤除噪声的效果，帧间的相关度保证了处理后的图像质量能够尽可能接近原图像的质量。

滑动中值滤波的思想与滑动平均滤波的思想大致相同，唯一的区别在于，滑动中值滤波取队列中 N 帧图像的中值。

基于相同思想的滤波器变种还有很多，基本都是对队列中的 N 帧图像进行不同的运算。例如，对队列中的不同帧赋予权值进行加权平均，该方法考虑到各帧同当前帧的关联程度是与时间间隔相关的；此外，还有去除队列中最大、最小值后再进行平均的方法，可以避免在时域滑动窗口中由于某帧出现较大变化而导致滤波结果产生较大偏差的情况。

如图 4.2-9 所示，我们给出了滑动平均滤波前后的效果对比图。其中，图 4.2-9（a）、图 4.2-9（b）、图 4.2-9（c）为三帧连续的人体深度图，均具有比较严重的高斯噪声，可以看到，经过滑动平均滤波后，图 4.2-9（d）中的噪声明显减少，深度图质量显著提高。但同时，因为其中的人处于运动状态，经过处理后的深度图也有着时域滤波的通性问题，即人体边缘部分出现了运动模糊的现象。

下面给出了时域中值滤波的具体实现代码，借助了 openCV 的部分功能。读者也可根据实际需求，自定义时域滑动窗中 N 帧图像的运算方式，以实现不同的应用效果。

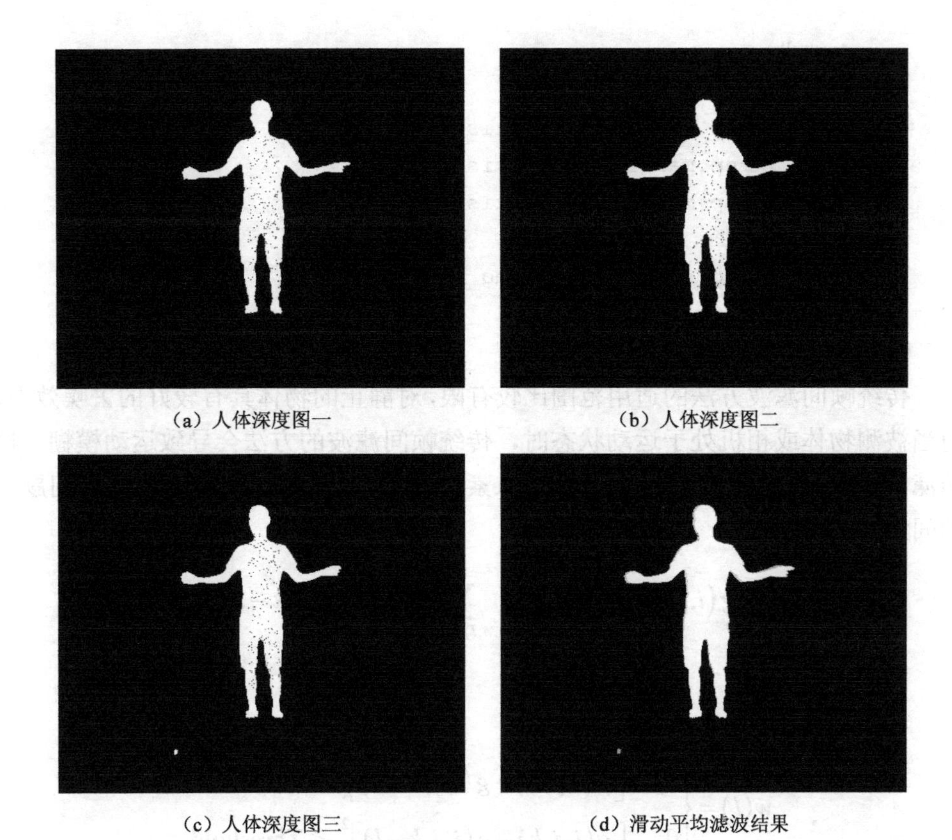

（a）人体深度图一　（b）人体深度图二

（c）人体深度图三　（d）滑动平均滤波结果

图 4.2-9　滑动平均滤波前后的效果对比图

```
## 功能描述：
## 时域中值滤波器
# 输入参数：
# 待处理的深度图
# 输出参数：
# 滤波结果

def calc(img):
    # 读取图像尺寸
    img_dep = cv2.imread(img)
    size = img.shape
    # 初始化参数
    buf_dep=np.zeros(size)
    idx=0
```

```
    # 滤波
    buf_dep[:,:,idx]=img_dep
    img_sum=np.sum(buf_dep,axis=2)
    img_max=np.max(buf_dep,axis=2)
    img_min=np.min(buf_dep,axis=2)

    return img_sum-img_max-img_min
```

4.2.2.2 自适应帧间滤波

传统帧间滤波方法的适用范围比较有限，对静止的物体具有较好的去噪效果，但当被测物体或相机处于运动状态时，传统帧间滤波的方法会导致运动模糊。帧间滤波有一定的自适应性，加入了对像素移动的判断，能够有效解决这个问题。帧间滤波的计算式为

$$g(i,j,k)=\frac{1}{\sum_{l=0}^{L} w(l)} \sum_{(m,n,l)\in S_{I,J,K}} w(l) f(i,j,k-l)$$

其中，

$$w(l)=\begin{cases} 1, & \left[g(i,j,k)-g(i,j,k-l)\right]^2 < \text{Threshold} \\ 0, & \left[g(i,j,k)-g(i,j,k-l)\right]^2 \geqslant \text{Threshold} \end{cases}$$

Threshold 是与噪声方差成比例的阈值，用于判断在时域上两个像素之间的差别是由运动造成的还是由噪声造成的，如果两帧的均方差大于等于阈值，则认为像素存在较大运动，如果两帧的均方差小于阈值，则认为差别是由噪声引起的。“阈值/噪声方差”的选取会影响滤波效果，若比例选取较大，自适应帧间滤波会忽略像素运动的问题，滤波效果向传统帧间滤波靠拢；若比例选取较小，自适应帧间滤波会更加重视像素运动的问题，但同时可能会放过一些噪声，导致去噪效果达不到预期。

通过在传统帧间滤波中引入 $w(l)$，在一定程度上避免了在不适合的场合中强行使用帧间滤波的情况，既利用了时域的有效信息，又避免了时域引起的问题。相对于前面介绍的空域滤波，帧间滤波除了去除噪声，还具有保持原图像细节的优点，图像高频部分得以较好保留。但当深度图中某些区域的噪声比较集中时，帧间滤波就显得有些无能为力了，此外，不同场景下用于计算求和的帧数需要人为选取，降低了算法实时性。

该部分代码与传统帧间滤波代码的基础部分几乎相同，改进的部分灵活性较大，读者可以在不同的情况下，根据个人理解加入不同的代码。

4.3　点云滤波器与过滤器

这一节将为大家介绍点云滤波，读者可能会有疑问，为什么要分为深度图滤波和点云滤波？深度图滤波是对深度图进行处理，通常处理的是深度图中相邻的像素，而点云滤波针对的是将深度图投射到 3D 空间后得到的点云，通常处理的是在 3D 空间中根据欧式距离得到的邻近区域，而且能更有效地利用其 3D 几何特征。举个简单的例子，一个深度图中像素被噪声干扰变成离群点，其在深度图中难以区分，而投射到 3D 空间以后，离群点距离其他点都很远，则很容易将其滤除。

在获取点云数据时，由于设备精度、操作者经验、环境因素的影响，以及电磁波的衍射特性、被测物体表面性质变化和数据拼接配准操作的影响，点云数据将不可避免地受到噪声干扰。在点云处理流程中，滤波处理作为预处理的第一步，对后续的影响比较大，只有在滤波预处理中将噪声、离群点、孔洞等按照后续需求进行处理，才能够更好地进行配准、特征提取、曲面重建、可视化等。PCL 库中的点云滤波模块提供了很多灵活实用的滤波处理算法，我们根据对数据处理形式的不同将其分为滤波器和过滤器两类，许多参考资料不会区分二者的概念，为避免读者混淆，将其明确分类。过滤器指通过设置某种条件，删除不符合条件的数据，保留符合条件的数据，如统计过滤器、半径过滤器、直通过滤器；而滤波器则是对数据进行处理修正，如体素滤波器。上述方法可以直接调用，也可以通过 Python 编程实现。

4.3.1　体素滤波器

使用体素网格实现下采样，减少点的数量，同时保留点云的形状特征，在提高配准、曲面重建、形状识别等方面非常实用。点云几何结构不仅包括宏观的几何外形，也包括微观的排列方式，如横向相似的尺寸、纵向相同的距离。随机下采样虽然效率比体素滤波器高，但会破坏点云微观结构。如图 4.3-1 所示，体素滤波操作首先针对输入的点云数据创建一个 3D 体素栅格来容纳像素，在每个体素内，用体素中所有点的重心来近似表示体素中其他点，这样该体素内所有点都用一个重心点最终表示，对所有体素都进行这样的处理后，得到的就是过滤后的点云。

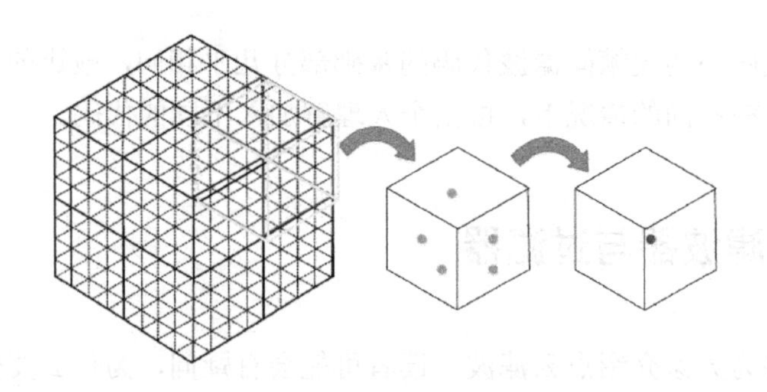

图 4.3-1 体素滤波示意图

这种方法比用体素中心逼近的方法慢，但是对采样点对应曲面的表示更为准确，如图 4.3-2 所示为使用体素滤波器处理点云的结果。

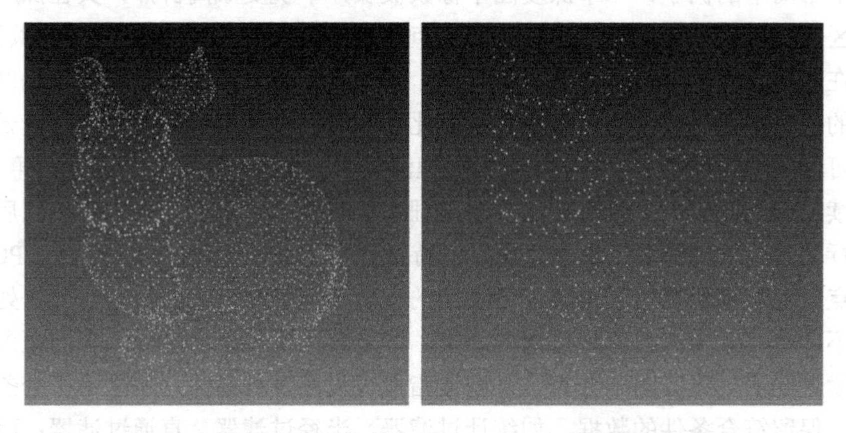

（a）滤波前结果　　（b）滤波后结果

图 4.3-2 使用体素滤波器处理点云的结果

下面的示例是用 PCL 实现的体素滤波的 Python 编程实现，可以参考 SDK 例程 filtering 文件夹中的 VoxelGrid.py 文件。

```
## 功能描述：
   体素滤波
#  输入参数：
   点云、滤波器尺寸
#  输出参数：
   点云滤波结果

def voxels_grid(pct, voxel_size):
```

```
        # 生成体素网格中心点云
        pc_max = np.max(pc,axis=0)
        pc_min = np.min(pc,axis=0)
        voxel_length = pc_max-pc_min
        voxel_num = np.ceil(voxel_length/voxel_size)
        voxel_num = voxel_num.astype(np.int64)
        voxel_array   =   np.zeros(((voxel_num[0]*voxel_num[1]*voxel_
num[2]), 4))
        for i in range(pc.shape[0]):
            position = np.ceil((pc[i,:]-pc_min)/voxel_size)
            position = position.astype(np.int64)
            position_num  =  voxel_num[0]*voxel_num[1]*(position[2]-1)+
voxel_num[0]*( \position[1]-1)+position[0]-1
            voxel_array[position_num,:3] = (voxel_array[position_num,:
3]*voxel_array \[position_num,3]+pc[i,:])/(voxel_array[position_num,
3]+1)
            voxel_array[position_num, 3] = voxel_array[position_num,3]+1
            idx = np.argwhere(voxel_array[:, 3] == 0)
            voxel_array_final = np.delete(voxel_array,idx,axis=0)
    return voxel_array_final[:,:3]
```

4.3.2　统计过滤器

统计过滤器使用统计分析技术，从一个点云数据中集中移除测量噪声（离群点）。例如，激光扫描通常会产生密度不均匀的点云数据集，另外测量中的误差也会造成稀疏的离群点，使效果不好，反过来就会导致点云配准等后期处理的失败。可以理解为，每个点都表达一定的信息，某个区域的点越密集，信息量就可能越大。噪声信息属于无用信息，所以离群点表达的信息可以忽略不计。考虑到离群点的特征，可以定义：若某处点云密度小于某个值，则点云无效。

我们可以对每个点的邻域进行统计分析，并移除一些不符合标准的点，稀疏离群点的移除基于在输入数据中对点到其临近点的距离的计算，对于每一个点，计算它到它的所有临近点的平均距离，假设得到的结果是一个高斯分布，其形状是由均值和标准差决定的，平均距离在标准范围之外的点可以定义为离群点并从数据中去除。统计过滤器滤波效果如图 4.3-3 所示。

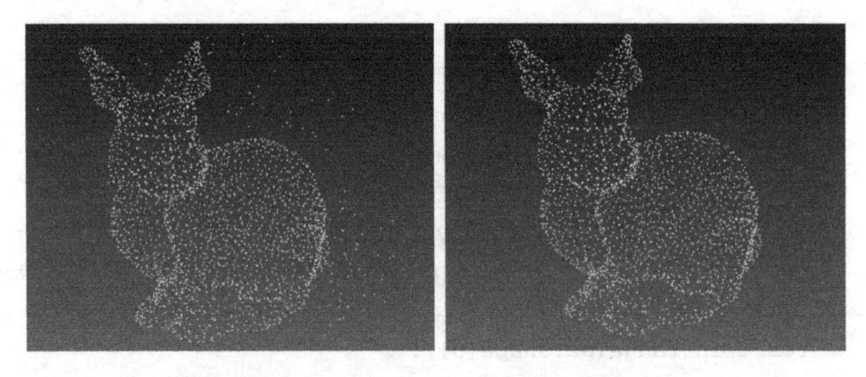

（a）滤波前结果　　（b）滤波后结果

图 4.3-3　统计过滤器滤波效果

Python 代码实现如下，可以参考 SDK 例程 filtering 文件夹中的 statistical_removal.py 文件。

```
## 功能描述:
   统计滤波
#  输入参数:
   点云数据
#  输出参数:
   点云滤波结果

def statistic_filter(pc,mean_k=6,std_dev=1.2):
      kDTree = KDTree(pc,leaf_size = 5)
      dx,idx_knn=kDTree.query(pc[:, :],k =mean_k)  # 创建 kDTree
      dx,idx_knn=dx[:,1:],idx_knn[:,1:]
      distances=np.sum(dx, axis=1)/(mean_k - 1.0)
      valid_distances = np.shape(distances)[0]
      # 计算均值和方差
      sum = np.sum(distances)
      sq_sum = np.sum(distances**2)
      mean = sum / float(valid_distances)
      variance = (sq_sum - sum * sum / float(valid_distances)) /
(float(valid_distances) - 1)
      stddev = np.sqrt (variance)    # 标准差
      # 计算得到阈值，大于阈值的认为是离群点
      distance_threshold = mean+std_dev*std_dev
      idx = np.nonzero(distances < distance_threshold)
      filtered_pc = np.copy(pc [idx])
      return filtered_pc
```

4.3.3 半径过滤器

半径滤波器与统计滤波器相比更加简单粗暴。如图 4.3-4 所示，以某点为中心画一个半径为 d 的球，计算落在该球中点的数量，当数量大于给定阈值时，保留该点，否则剔除该点。此算法运行速度快，依序迭代留下的点一定是最密集的，但是球的半径和球内点的数量阈值都需要人工指定。半径过滤器滤波效果如图 4.3-5 所示。

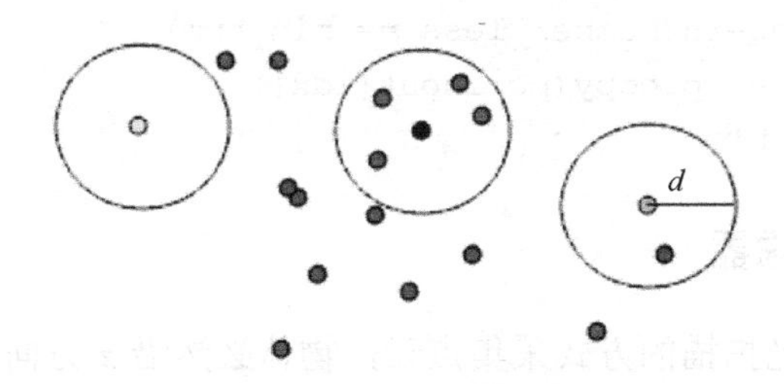

图 4.3-4 半径过滤器示意图

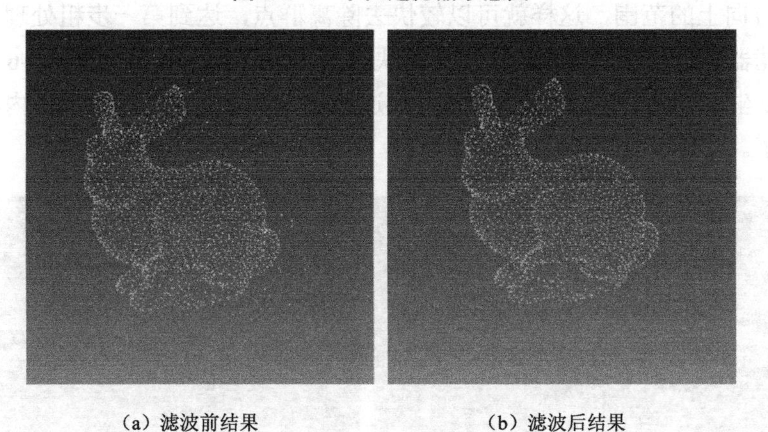

（a）滤波前结果　　（b）滤波后结果

图 4.3-5 半径过滤器滤波效果

Python 实现代码如下，可以参考 SDK 例程 filtering 文件夹中的 radius_outlier_removal.py 文件。

```
##  功能描述：
    半径过滤器
#   输入参数：
    点云数据
```

```
#    输出参数:
     点云滤波结果

def radius_outlier_removal(pc_input,min_num, radius):
    pc = pc_input[:, 0:3]
    kDTree = KDTree(pc, leaf_size=min_num)  # 创建 kDTree
    dx, idx_knn = kDTree.query(pc[:, :], k=(min_num+1))  # 搜索邻近点
    dx, idx_knn = dx[:, 1:], idx_knn[:, 1:]
    number_less = np.sum(dx <= radius, axis=1)
    idx = np.nonzero(number_less == min_num)
    new_pc_fidx = np.copy(pc_input[idx])
return new_pc_fidx
```

4.3.4 直通过滤器

如果使用线结构光扫描的方式采集点云，物体必然沿 z 方向分布较广，但在 x、y 方向上的分布则处于有限范围内。此时可使用直通过滤器，确定点云在 x 方向或 y 方向上的范围，这样就可以较快去除离群点，达到第一步粗处理的目的。直通过滤器可以简单理解为 3D 空间切块过滤器，其处理效果如图 4.3-6 所示。我们保留 y 坐标在[0.1,0.3]范围内的点，经过直通过滤器后，不在该范围内的点都被过滤掉了。

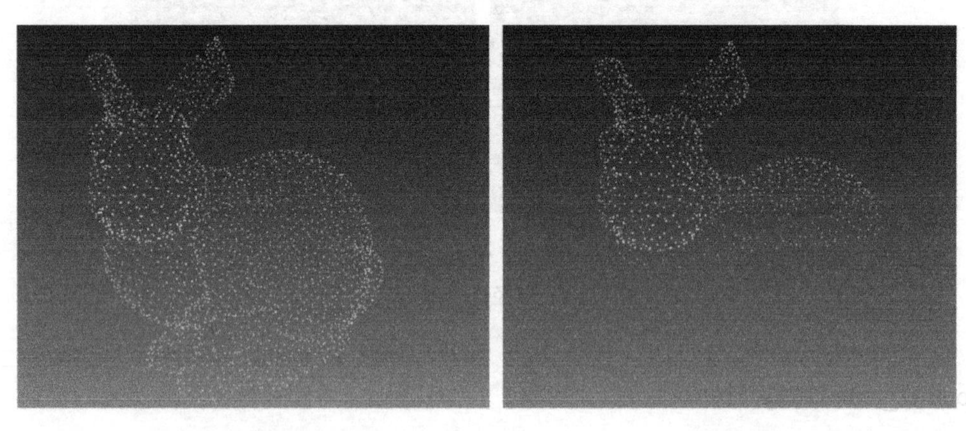

（a）滤波前结果　　　　（b）滤波后结果

图 4.3-6　直通过滤器处理效果

Python 代码的实现如下，可以参考 SDK 例程 filtering 文件夹中的 passThrough Filter.py 文件。

```
    ## 功能描述:
       直通过滤器
    #  输入参数:
       点云数据
    #  输出参数:
       点云滤波结果

    def cube_filter(img_dep, img_dep_bg, w_min, w_max, h_min, h_max,
dmin=0.2, dmax=1) :
       # 截取矩形范围内的深度图
       img_dep = filter.get_rect(img_dep, w_min,w_max,h_min,h_max)
       mask=(img_dep >dmin) * (img_dep < dmax)
       # 将最终结果转换为点云
       pc = dep_trans.depth_to_pcloud(img_dep, mask)
       return pc

    def get_rect(dep_image, start_x, start_y, width, height):
       # 获取需要截取区域的深度图
       rect_dep_image = np.zeros(NEWToF_DEP_SZ)
       for i in np.arange(height):
          rect_dep_image[ (start_y + i) * NEWToF_DEP_WID + start_x:
(start_y + i) * NEWToF_DEP_WID+start_x+width]=dep_image[(start_y+i)*
NEWToF_DEP_WID+\start_x:(start_y+i)*NEWToF_DEP_WID+start_x+width]
       return rect_dep_image
```

4.4　3D 数据压缩

4.4.1　3D 数据压缩的概念与意义

我们首先来了解一下什么是数据压缩，以及为什么需要数据压缩。人们总是希望保留更多的信息，更快地获取信息，因此如何减少存储空间、提高传输效率就成为一个关键问题。尤其是如今随着信息时代的到来，出现了“信息爆炸”，除了对芯片、电路等进行提升改进，我们希望从原始数据入手，实现数据的压缩处理。从 2D 图像说起，图片信息中其实包含很多冗余信息，无损压缩就是把这些冗余信息剔除，用关键的信息就可以完整恢复出原始数据；同时，人的眼睛对很多信息（如边缘信息）并不敏感，所以可以通过低损压缩的方式去除人眼不敏感的信息，从而减少数据量。利用 JPEG 算法压缩图像的前后对比如图 4.4-1 所示。

（a）压缩前

（b）压缩后

图 4.4-1　利用 JPEG 算法压缩图像的前后对比

3D 相机不断发展，未来的深度信息将会被应用到各领域中，会像如今的 RGB 图像信息一样被广泛应用，因此高效率、高质量的传输和低空间占用率的存储成为基本的需求。本节只讲解对深度图和深度视频序列的压缩处理，对点云和体素网格的处理在 4.3 节和 4.4 节中已经给大家介绍过。深度图的压缩和 2D 图像有相似之处，但也有明显区别，例如，原始 RGB 图像大多是供人直接查看或者利用人类视觉原理进行计算分析，然而深度图一般不用来直接观察，通常用于距离、几何结构的测量和计算，也常将其转换成空间点云以便于用户观察。RGB 图像的压缩可以减少人眼不敏感的边缘信息，如上述 JEPG 压缩就减少了边缘信息，但是深度图反而需要保留边缘信息，所以对压缩提出了不同的具体要求。

4.4.2　单帧深度图压缩算法

对单帧图像进行压缩时，只需考虑当前帧的数据，而不必考虑相邻帧之间的冗余信息。接下来，我们会介绍几种单帧深度图特有的无损压缩算法和有损压缩算法，主要有分区域压缩算法、残差编码压缩算法和近无损（有损）压缩算法。

4.4.2.1　分区域压缩算法

通过前几章的学习，大家应该已经了解到，现在的深度图一般是以毫米为单位的，例如，当测距范围是 8m 时，深度是 0～8000mm，在最初深度图的精度还不够高、测距范围不够大时，存储位数不是 16bit 而是 8bit（将测距范围，如 0～4000mm 按照一定规律分布到 0～255 的像素范围中），相关研究人员提出一系列针对深度图的分块编码压缩方法[1]，此方法主要依据深度图物体边缘陡峭、区域内部平坦的特性。接下来，我们介绍一种针对 8bit 深度图的基于区域扩张分割的压缩方法。

将一张深度图分割为小块之后，有两类编码，一类是分割块的边界编码，一类是块内部的区域编码。我们首先介绍应该如何分区及在区域内如何编码。有两种区域类型，一种是区域内只有两个相邻（连续）的深度值，也就是深度值之差为 1；另一种是区域内的像素深度值之差小于局部阈值 τ。为了减少轮廓长度和交叉点以便于后续编码，将差值小于 5 像素的区域与最大相邻区域合并。

在编码时，第一种区域分割方式是直接选择两个深度值中频数高的一个作为该区域码值，第二种区域分割方式是先采取与第一种方式相同的编码方式，在计算编码后，如果峰值信噪比（Peak Signal Noise Rate，PSNR）满足要求则采用该编码方式即可，如果 PSNR 较低，则利用周围像素的深度值进行预测编码。此处采取利用$\{a，c，c-a+d\}$的中值对图 4.4-2 中的 x 进行预测的方法，其实还有很多种其他组合方法，具体可以参考文献[1]。

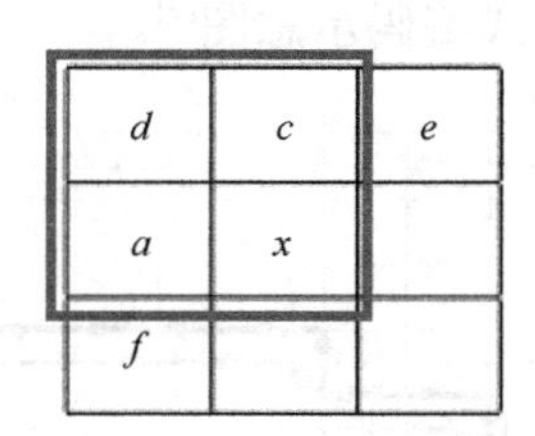

图 4.4-2　预测 x 值的编码字母表

接下来介绍边界编码方式。对边界编码时常用链式编码，也称为弗里曼编码，其是一种无损编码方式。链式编码可以分为两种形式：对像素块的编码、对像素边的编码。

像素块编码方式如下：规定与一个像素相邻的 8 个像素编码如图 4.4-3（b）所示，8 个方向按顺序编码，我们对图 4.4-3（a）中的 R 进行链式编码，按照图 4.4-3（b）的编码方式，水平向右为 0，顺时针 8 个方向分别为 0～7，设图 4.4-3（a）中左上角第一个 A 的坐标为（1,1），则第一行的 R 作为起点坐标是（1,4），则编码结果为（1,4），3,3,2,1,1,0,1。

对像素边的编码会涉及四个方向，如图 4.4-3（c）所示，与 4.4-3（b）类似，向右为 0，顺时针分别为 0～3，设网格线左上角为原点（0，0），则编码结果为（0,3）,1,2,1,2,1,1,0,1,0,1,0,0,1。

A	A	A	R	B	B	B
A	A	R	B	B	B	B
A	R	B	B	B	B	B
A	R	B	B	B	B	B
A	A	R	B	B	B	B
A	A	A	R	R	B	B
A	A	A	A	A	R	B

(a)

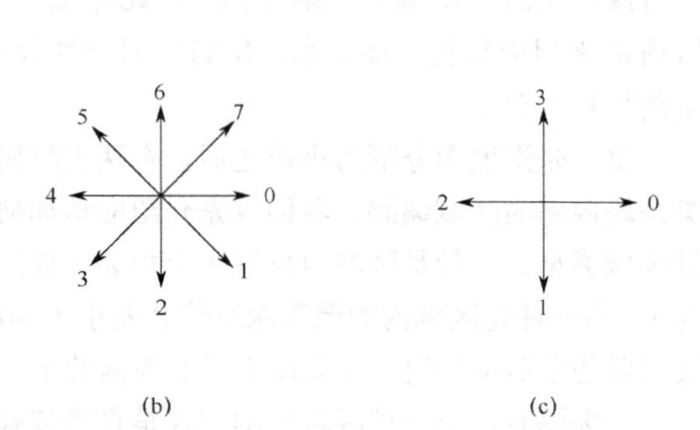

(b) (c)

图 4.4-3　待编码像素块和两种编码方式

链式编码有很多优点：压缩能力强，可以计算面积和周长，能够检测边界急弯和凹凸部分。但是其也有一些缺点，例如，很难对相交边进行编码，局部修改会影响整体结构，相邻区域的边界会产生冗余。

除基础的链式编码方式外，还有很多改进方法，下面对 3OT 链式编码进行说明，如图 4.4-4 所示为 3OT 链式编码示意图[9]。

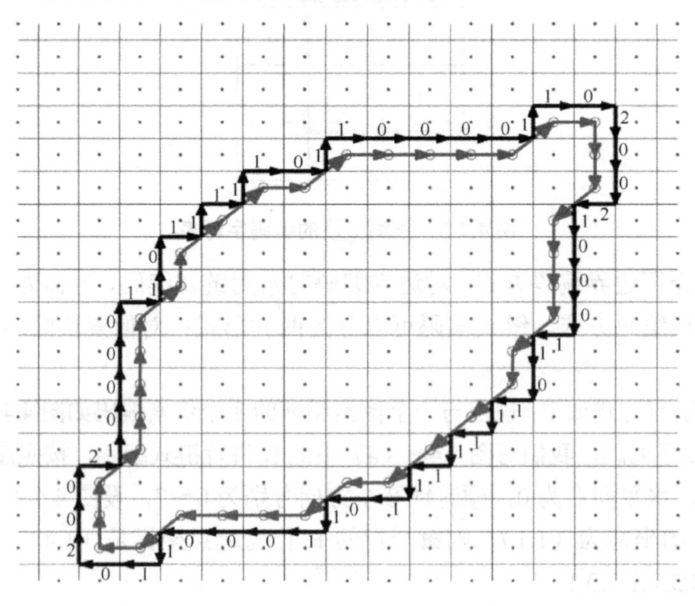

图 4.4-4　3OT 链式编码示意图

编码规则如下：

（1）当与上一个编码相比没有发生方向改变时，当前边编码为 0；

（2）当方向发生改变时，判断与上一次改变前的方向是否一致，一致则当前边编码为 1，不一致则当前边编码为 2。

在平滑区域只需 0 和 1，编码链中几乎不会出现 2。

分割深度图为小区域并编码的整体思路是，通过一定的规则将整张深度图分割为不相交且包含全部像素的小区域，根据每个小区域的特性进行编码，编码方式除了上面介绍的内容，还有函数表示、相邻区域预测等。这类压缩方式适合细节较少、容易分割的深度图，可以达到较高的 PSNR 和压缩率。但是，随着深度传感器测距范围的不断扩大和测量精度的不断提升，这类压缩方法在很多时候不能满足高压缩速率和高精度的要求。

4.4.2.2　残差编码压缩算法

针对 16bit 深度图的无损压缩算法，实际上就是对数据进行重新编码，比较典型的算法有微软研究院提出的 RVL（Run Length Encoding and Variable Length Encoding）算法[2]，还有以 JPEG 为基础的 JPEG-LS 和 JPEG-XR 等算法。目前，RVL 算法是综合压缩时间与压缩效果两个指标的最优算法。

我们先简单介绍一下行程编码（Run Length Encoding，RLE）。行程编码也称为游程编码、行程长度编码和变动长度编码，是一种统计编码，其主要思想是利用串长和代表值来表示一串连续重复的值，一个原始文本经过 RLE 编码后的对照如下：

原始文本：aaaaabbbcdeeeeeeef…

RLE 编码：5a3b1c1d7e1f…

当连续值非常多的时候，这种方法压缩效率很高，但是，如果有很多不连续的值时，反而会增加存储空间，因为原来的一个字母需要用一个数字加一个字母来表示。

深度图的特性使得连续位置的像素值除了在物体的边缘部分会发生突变，在其他部分是连续平滑的，所以我们对其相邻像素值取差值，然后对残差数据进行编码。虽然残差数据一般都很小，但还是占用了 16bit，节省这些不必要的高位数据，就是这个方法最核心的部分。

由于 RVL 编码只能对正数进行操作，但是残差结果中存在负数，所以我们先利用 zigzag 编码将其转换为正数，公式如下：

$$u=\begin{cases}2d, & d\geqslant 0\\ -2d-1, & d<0\end{cases} \tag{4.4.1}$$

在 C 语言中，我们可以非常容易地用一行代码实现：

```
int u= (d<<1) ^ (d>>31)
```

解码的语句为

```
int d= (u>>1) ^- (u & 1)
```

在实际的编码过程中，我们需要先记录残差中零值的长度和非零值的长度，然后对非零的像素进行以下编码：取 3bit 为一组，当高位还有有效位时，第 4 bit 记录为 1；当高位没有有效位（高位全为 0）时，第 4 bit 记录为 0，然后结束编码，例如：

$$42=0000000000101010\rightarrow \underline{1}010,\underline{0}101$$

下面给出实现 VLE 编码的函数代码。

```
##  功能描述:
#   VLE 编码函数
#   输入参数:
#   value: 待编码的数值
#   输出参数:
#   由于编解码在同一文件中，我们将结果直接存储到全局数组缓存变量（pBuffer）中，
#   不做输出

def EncodeVLE(value):
    # 在 Python 中调用全局变量需要在函数中声明
    global word
    global nibblesWritten
    global pBuffer
    global cnt_enc
    global nibble
    while True:
        nibble = value & 0x7  # 取最低 3bit 作为 nibble
        value = value >> 3  # 输入值右移三位
        if value != 0: # 当右移三位后不为空时，第 4bit 保存为 1
            nibble = nibble | 0x8
        word = word << 4
        word = word | nibble  # 与之前值的合并
        nibblesWritten = nibblesWritten+1  # 计数变量加一
```

```
        if nibblesWritten == 8 :
            pBuffer.append(word)  # 存满4*8=32bit后，存入缓存区pBuffer
            nibblesWritten = 0
            word = 0
            cnt_enc = cnt_enc +2
        if value == 0:  # 若左移三位后为空，保存为 0，该像素的值编码结束
            break
```

由于示例中的编解码在同一个文件中，所以我们直接从全局变量 pBuffer 中读取编码数据，解码函数不需要输入。

```
## 功能描述
#  VLE 解码函数
#  输入参数:
#  由于编解码在同一文件中，我们选择直接读入全局数组缓存变量（pBuffer）的值，
#  不需要输入
#  输出参数:
#  value,dec_cnt: 解压数值和解压个数

def DecodeVLE():
    value = 0
    bits = 28
    global nibblesWritten
    global cnt_dec
    global word
    global nibble
    while True:
        if (nibblesWritten == 0):
            # 记录处理了多少 4 bit，4*8=32bit 都被处理后，读入新变量 word
            word = pBuffer[cnt_dec]
            print(word)
            cnt_dec = cnt_dec + 1
            nibblesWritten = 8

        nibble = word & 0xf0000000  # 取最高 4bit 解码
        nibbleouthigh = nibble & 0x70000000
        value =value |(nibbleouthigh>> (bits))
        word <<= 4
        nibblesWritten = nibblesWritten -1
        bits = bits - 3
        if ((nibble & 0x80000000) == 0):
```

```
            # 当最高一位是零时，证明当前这个值解码结束
            break
    return value,cnt_dec
```

RVL 编码方式压缩率的提升还有一个重要因素，由于深度图的残差中会出现较多的连续零值，所以在编码过程中，对于连续零值，只需记录零的个数即可，可节省很多存储空间。完整的代码我们将在 4.4.4 节中给出。

几种压缩方法性能对比如表 4-1 所示，在压缩率方面，JPEG-LS 与 RVL 基本相同，JPEG-XR、RLGR 与 RNG 稍低一些；在压缩耗时方面，RVL 明显低于其他几种方法。

表 4-1　几种压缩方法性能对比

压缩方法	RVL	JPEG-LS	JPEG-XR	RLGR	RNG
压缩率	3.2	3.3	2.2	2.5	3.0
压缩耗时（ms）	1.0	5.0	5.5	3.8	7.1

4.4.2.3　近无损（有损）压缩算法

本节我们介绍一种特殊的近无损（有损）单帧压缩算法[3]，该算法的原理与具体参数设置需要结合深度相机的噪声模型来说明。通过前面的章节我们已经了解到，拍摄物体距采集设备越远，测量结果的误差越大，举个简单的例子来说，当真实值为 4m 时，由于传感器带来的误差（假设误差为±1mm），可能会得到 3.999m、4.000m、4.001m 的测量结果，所以实际测量得到的 4.000m 和 4.001m 可能对应的真实值都是 4m；而在真实值为 8m 的地方，误差假设为±2mm，7.998～8.002m 都可能是 8m，所以无须保留到 1mm，精度可以为 2mm。微软研究院据此提出针对 Kinect 类相机的通过降低不必要的精度来实现近无损压缩的算法。

算法的重点在第一步——Inverse Coding，简单来说，就是对距离值进行翻转编码，原来的大数值用小数值表示，原来的小数值用大数值表示，在这个过程中，把相邻的比较大的数压缩为一个值，具体实现方法如下。

（1）确定一个误差为 1 单位（mm）的标准深度值 Z_0，在这里我们取 $Z_0 = 750\text{mm}$；

（2）对深度值进行反转编码：$D = \dfrac{a}{Z} + b$；

（3）确定 a 和 b 的取值，a 的大小决定压缩损失的大小，b 是一个偏置，当 $\dfrac{a}{Z_0} - \dfrac{a}{Z_0+1} \geqslant 1$，也就是当 $a \geqslant Z_0(Z_0+1)$ 时，压缩损失的精度小于传感器本身的噪

声，所以可以认为是无损压缩；反之，a 越小，损失的精度越大，$b=1-\frac{a}{Z_{\max}}$，$Z_{\max}=8000\text{mm}$。

（4）反转编码的解码非常简单，即 $Z=\frac{a}{D-b}$。

在反转编码完成后，可以直接利用前述的 RVL 压缩算法，也可以将 VLE 编码替换为自适应的 Run-Length/Golomb-Rice（RLGR）编码，下面对 GR（Golomb-Rice）编码进行简单介绍。

给定一个数 $m=2^k$，为了不通过模运算就可以得到余数，同时简化余数编码，加入限制条件：m 必须是 2 的幂次方，原始数据除以 m 取商和余数，从而将数据分为两个部分，前缀编码类似一元编码，后缀编码是余数的二进制形式，公式如下：

$$\text{GR}\left(F_n,k_R\right)=\underbrace{11\ldots0}_{\text{前缀一元编码}}\ \underbrace{b_{k_{R-1}}b_{k_{R-2}}\ldots b_{k_0}}_{\text{后缀二进制编码}} \tag{4.4.2}$$

一元编码（Unary coding）是一种简单的只针对非负数的编码方式，对任意非负数 num，其一元编码就是 num 个 1 加一个 0。例如，m 取 16，原始数据为 42，则 $42=0000000000101010\rightarrow110,1010$；$k$ 指数可以自适应改变。

4.4.3　深度视频序列压缩算法

目前最经典、应用最广泛的 RGB（YUV）视频压缩方式是 H.264，H.264 编解码流程主要包括帧内帧间预测、变换和反变换、量化和反量化、环路滤波、熵编码 5 个步骤，H.264 具有非常高的压缩率和压缩质量，虽然深度视频序列与传统的 RGB 视频序列不完全相同，但我们希望能够借鉴已经成熟的压缩方法，将 H.264 等方式应用到深度视频压缩中。我们推想有两种方式可以采用，一种是将深度图编码为具有如同 RGB 特性的三通道；另一种是扩充 H.264 可处理的数据类型，使其能够处理深度视频序列数据。伦敦大学的 Fabrizio Pece 等人提出了一种编码深度图的方式[4]，下面给出具体步骤，说明如何将深度图编码为 YUV 格式并应用 H.264 等压缩方式进行压缩。

编码过程是将深度图中的像素深度值 d 编码为 YUV 图像中的三个通道值 $L(d)$、$H_a(d)$、$H_b(d)$，编码得到的三个通道的值具有与 YUV 图像相似的特性，同时能够一一对应解码，得到原始的深度信息 d。

$$L(d)=\frac{d+\frac{1}{2}}{w} \tag{4.4.3}$$

$$H_a(d)=\begin{cases}\dfrac{L(d)}{\frac{p}{2}}\bmod 2, & \text{if } \dfrac{L(d)}{\frac{p}{2}}\bmod 2\leqslant 1\\ 2-\dfrac{L(d)}{\frac{p}{2}}\bmod 2, & \text{otherwise}\end{cases} \tag{4.4.4}$$

$$H_b(d)=\begin{cases}\dfrac{L(d)-\frac{p}{4}}{\frac{p}{2}}\bmod 2, & \text{if } \dfrac{L(d)-\frac{p}{4}}{\frac{p}{2}}\bmod 2\leqslant 1\\ 2-\dfrac{L(d)-\frac{p}{4}}{\frac{p}{2}}\bmod 2, & \text{otherwise}\end{cases} \tag{4.4.5}$$

其中，$w=2^{16}$，指数 16 与 16bit 一致，目的是将深度值归一化到[0,1]；$H_a(d)$、$H_b(d)$ 是快速变化、分段的三角波，其中，$p=n_p/w$，n_p 须小于两倍的 w，p 是周期的、正则化的深度范围，$L(d)$ 对应大范围的深度值编码，$H_a(d)$、$H_b(d)$ 对应细粒度的深度值编码。下面给出深度值 d 到 YUV 的变换函数。

```
## 功能描述
#  16bit 深度图到 3*8bit YUV 数据的转换函数
#  输入参数：
#  depth：深度图对应的 16bit 2D 数组
#  输出参数：
#  L、Ha、Hb：对应 Y、U、V 的三个 8bit 2D 数组

def depthtoyuv(depth):
    w = 65535   # 16bit 深度图取 2 的 16 次方减 1
    # 对应公式（4.4.3）
    L = (depth+0.5)/w
    n_p = 2048
    p = n_p/w
```

```
    # 对应公式（4.4.4）
    Ha = ((2*L)/p)%2.0
    Ha_mask = Ha.copy()
    Ha_mask[Ha_mask>1] = 1  # 计算 Ha 的 mask，保留大于 1 的像素位置
    Ha_mask[Ha_mask <= 1] = 0  # 其他像素位置（2-原始值，对应公式（4.4.4）
                               # 中的 otherwise）
    Ha[Ha>1] = 0
    Ha_1 = 2-(((2*L)/p)%2.0)
    Ha = Ha + Ha_1*Ha_mask

    # 对应公式（4.4.5）
    Hb = (((2 * L) - (p / 2))/ p)% 2.0
    Hb_mask = Hb.copy()
    Hb[Hb > 1] = 0  # 与 Ha 逻辑相同
    Hb_mask[Hb_mask <= 1] = 0
    Hb_mask[Hb_mask > 1] = 1
    Hb_1 = 2 - ((((2 * L) - (p / 2)) / p)% 2.0)
    Hb = Hb + Hb_1* Hb_mask

    return L,Ha,Hb
```

在通常情况下，解码过程是编码过程的逆过程，但解码的公式比编码的公式稍复杂，下面给出对应的解码过程。其中，$\overline{L}$、$\overline{H_a}$、$\overline{H_b}$ 对应公式（4.4.3）～公式（4.4.5）的编码结果，p 与编码的取值方法一致。

$$\overline{d}\left(\overline{L},\overline{H_a},\overline{H_b}\right)=w\left[L_0\left(\overline{L}\right)+\delta\left(\overline{L},\overline{H_a},\overline{H_b}\right)\right] \tag{4.4.6}$$

$$\delta\left(\overline{L},\overline{H_a},\overline{H_b}\right)=\begin{cases}\frac{p}{2}\overline{H_a}, & \text{if } m\left(\overline{L}\right)=0\\ \frac{p}{2}\overline{H_b}, & \text{if } m\left(\overline{L}\right)=1\\ \frac{p}{2}\left(1-\overline{H_a}\right), & \text{if } m\left(\overline{L}\right)=2\\ \frac{p}{2}\left(1-\overline{H_b}\right), & \text{if } m\left(\overline{L}\right)=3\end{cases} \tag{4.4.7}$$

$$L_0\left(\overline{L}\right)=\overline{L}-\left(\left(\overline{L}-\frac{p}{8}\right)\bmod p\right)+\frac{p}{4}m\left(\overline{L}\right)-\frac{p}{8} \tag{4.4.8}$$

$$m\left(\bar{L}\right)=\left[4\frac{L\left(\bar{d}\right)}{p}-0.5\right]\bmod 4 \tag{4.4.9}$$

解码公式对应的代码实现可以参考 4.4.4 节给出的完整代码。

编码结果如图 4.4-5 和图 4.4-6 所示，两张图的区别只是 n_p 的取值不同。横坐标为 0～（$2^{16}-1$）的深度距离变化，一条斜线为 $L(d)$，是正则化的深度值，d=0 时纵坐标为 0 和1/2的分别为 $H_a(d)$ 和 $H_b(d)$，其是三角锯齿波。对比两张图可以看出，n_p 越大，H_a 和 H_b 的三角锯齿波越稀疏，所以对应之前所讲的 n_p 必须小于 w 的一半，否则将不能满足完全还原的解码需求。

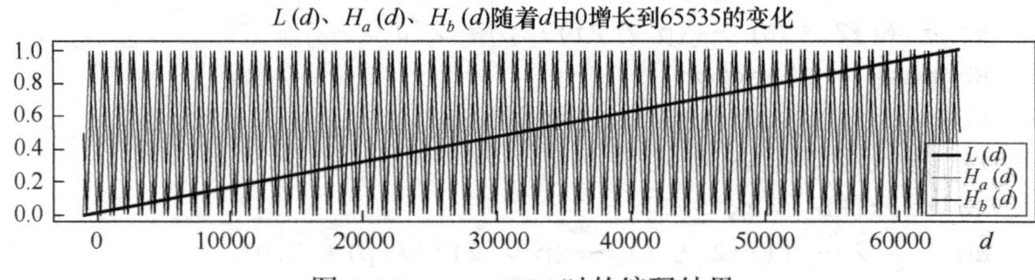

图 4.4-5　$n_p=1024$ 时的编码结果

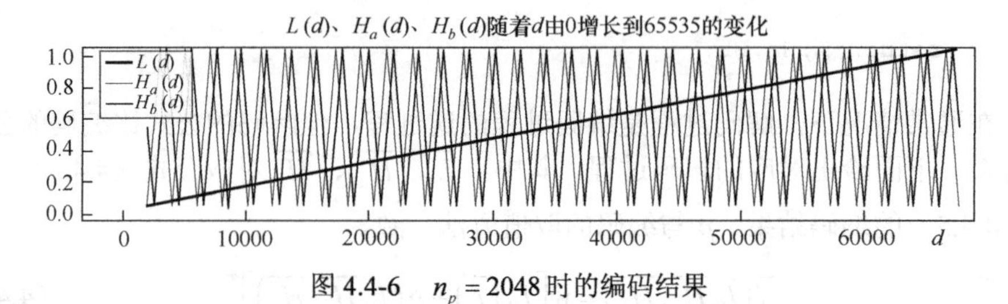

图 4.4-6　$n_p=2048$ 时的编码结果

4.4.4　3D 压缩实例

4.4.4.1　RVL 压缩代码

数据处理大多基于 C 语言进行，但是为了本书代码风格的统一，我们选择利用 Python 代码实现，文献[4]中有 C 语言代码，读者可根据需求查阅。由于 Python 的 32bit 无符号数不方便指定，C 语言中的简单移位处理在 Python 中无法执行，所以我们选择直接进行与操作。

```
##  功能描述
#   完整的 RVL 压缩代码，其中包含 VLE 编解码和数据的处理代码
```

```
import numpy as np
# 声明全局变量
nibblesWritten = 0
pBuffer = []
cnt_enc = 0
cnt_dec = 0
word = 0
nibble = 0
# VLE 编码函数
def EncodeVLE(value):
    # 在 Python 中调用全局变量需要在函数中声明
    global word
    global nibblesWritten
    global pBuffer
    global cnt_enc
    global nibble
    while True:
        nibble = value & 0x7  # 取最低 3bit 作为 nibble
        value = value >> 3  # 输入值右移三位
        if value != 0:  # 当右移三位后不为空时，第 4bit 保存为 1
            nibble = nibble | 0x8
        word = word << 4
        word = word | nibble  # 与之前值的合并
        nibblesWritten = nibblesWritten+1  # 计数变量加一
        if nibblesWritten == 8 :
            pBuffer.append(word)  # 存满 4*8=32bit 后，存入缓存区 pBuffer
            nibblesWritten = 0
            word = 0
            cnt_enc = cnt_enc +2
        if value == 0:  # 若右移三位后为空，保存为 0，该像素的值编码结束
            break

def compressRVL(input):
    cnt = 0
    previous = 0
    size = input.shape[0]
    global nibblesWritten
    global cnt_enc
```

```
    global word
    while(cnt< size):
        zeros = 0
        nonzeros = 0
        # 统计连续零值的个数
        for i in range(size-cnt):
            if input[cnt] == 0:
                zeros = zeros+1
                cnt = cnt+1
            else:
                break
        EncodeVLE(zeros) # 编码当前连续零值的数值
        # 统计连续非零值的个数
        for j in range(size-cnt):
            if input[cnt] !=0:
                nonzeros = nonzeros+1
                cnt = cnt+1
            else:
                break
        EncodeVLE(nonzeros) # 编码当前连续非零值的数值
        # 编码当前非零序列中的每个数
        for k in range(nonzeros):
            current = input[cnt-nonzeros+k]
            delta = current - previous
            positive = (delta<<1) ^ (delta>>31)
            EncodeVLE(positive)
            previous = current
    # 编码结束后，不满 32bit 也要补零存储
    if nibblesWritten !=0:
        pBuffer.append(word << (4*(8-nibblesWritten)))
        print(word << (4*(8-nibblesWritten)))

def DecodeVLE():
    value = 0
    bits = 28
    global nibblesWritten
    global cnt_dec
    global word
```

```
    global nibble
    while True:
        if (nibblesWritten == 0):
            # 记录处理了多少 4bit，4*8=32bit 都被处理后，读入新的变量
            word = pBuffer[cnt_dec]
            print(word)
            cnt_dec = cnt_dec + 1
            nibblesWritten = 8

        nibble = word & 0xf0000000  # 取最高 4 位解码
        nibbleouthigh = nibble & 0x70000000
        value =value |(nibbleouthigh>> (bits))
        word <<= 4
        nibblesWritten = nibblesWritten -1
        bits = bits - 3
        if ((nibble & 0x80000000) == 0):
            # 当最高一位是零时，当前的值解码结束
            break
    return value,cnt_dec

def DecompressRVL(input,numpixels):
    cnt = 0
    output = np.zeros(numpixels)
    previous = 0
    global nibblesWritten
    nibblesWritten = 0
    while (cnt<numpixels):
     # 解码得到的第一个数为连续零值的个数
        zeros,temp = DecodeVLE()
        # 输出 zeros 个零
        for i in range(zeros):
            output[cnt+i] = 0

        cnt = cnt + zeros
        # 在得到连续零值的个数后，下一个数表示连续非零值的个数
        nonzeros, temp = DecodeVLE()
        # 解码非零值的个数
        for j in range(nonzeros):
```

```
            positive, temp = DecodeVLE() # 解码当前值
            delta = (positive >> 1) ^ -(positive & 1);
            current = previous + delta
            output[cnt+j] = current
            previous = current

        cnt = cnt + nonzeros
    print(output)

if __name__ == '__main__':
    testarray = np.array([1010, 1050, 3045, 2052, 2456, 0, 0, 0, 20,
23, 24, 34, 0, 0, 25, 38, 29])
    compressRVL(testarray)
    print(pBuffer)
    DecompressRVL(pBuffer,testarray.size)
```

4.4.4.2 深度图转换为YUV特性数据的编解码

16bit深度图数据与3通道8bit YUV数据的编解码转换的核心问题是正确使用转换公式[1]，下面给出了Python代码实现。

```
## 功能描述
# 完整16bit深度图与3*8bit的YUV数据的相互转换

import numpy as np
import math
import cv2
import matplotlib.pyplot as plt

def depthtoyuv(depth):
    w = 65535   # 16bit深度图取2的16次方减1
    # 对应公式（4.4.3）
    L = (depth+0.5)/w
    n_p = 2048
    p = n_p/w

    # 对应公式（4.4.4）
```

1 原论文中的解码公式少加了一个括号，本书在原理讲解和代码实现中已经进行了纠正。

```
    Ha = ((2*L)/p)%2.0
    Ha_mask = Ha.copy()
    Ha_mask[Ha_mask>1] = 1  # 计算 Ha 的 mask，保留大于 1 的像素位置
    Ha_mask[Ha_mask <= 1] = 0  # 其他像素位置（2-原始值）
    Ha[Ha>1] = 0
    Ha_1 = 2- (((2*L)/p)%2.0)
    Ha = Ha + Ha_1*Ha_mask

    # 对应公式（4.4.5）
    Hb = (((2 * L) - (p / 2))/ p)% 2.0
    Hb_mask = Hb.copy()
    Hb[Hb > 1] = 0  # 与 Ha 逻辑相同
    Hb_mask[Hb_mask <= 1] = 0
    Hb_mask[Hb_mask > 1] = 1
    Hb_1 = 2 - ((((2 * L) - (p / 2)) / p)% 2.0)
    Hb = Hb + Hb_1* Hb_mask

    return L,Ha,Hb

def yuvtodepth(L,Ha,Hb):
    w = 65535
    n_p = 2048
    p = n_p / w
    tmp = 4*(L/p)-0.5
    mL = (np.floor(tmp))%4

    # 对应公式（4.4.8）
    L_0 = L-((L-(p/8))%p)+((p/4)*mL)-(p/8)

    # 对应公式（4.4.9），并给出公式（4.4.7）的判断结果，对应输入矩阵的mask
    delta = np.zeros_like(mL)
    mL_0 = mL.copy()
    mL_1 = mL.copy()
    mL_2 = mL.copy()
    mL_3 = mL.copy()

    mL_0[mL_0 != 0] = -1
    mL_0[mL_0==0]=1
```

```
        mL_0[mL_0==-1] = 0

        mL_1[mL_1 != 1] = -1
        mL_1[mL_1 == 1] = 1
        mL_1[mL_1 == -1] = 0

        mL_2[mL_2 != 2] = -1
        mL_2[mL_2 == 2] = 1
        mL_2[mL_2 == -1] = 0

        mL_3[mL_3 != 3] = -1
        mL_3[mL_3 == 3] = 1
        mL_3[mL_3 == -1] = 0

        # 对应公式（4.4.6）
        delta =  (p/2)*Ha*mL_0+(p / 2) * Hb*mL_1+\
(p / 2) * (1 - Ha)*mL_2+(p / 2) * (1 - Hb)*mL_3
        depth = w*(L_0+delta)

    return depth


    if __name__ == '__main__':
        # 测试数据为 0～65535
        test=np.zeros(65535)
        for i in range(65535):
            test[i] = i

        # 编码
        L,Ha,Hb = depthtoyuv(test)

        # 画出结果图
        leg1, = plt.plot(test,L,linewidth = 0.5,color = 'blue')
        leg2, = plt.plot(test,Ha,linewidth = 0.5,color = 'green')
        leg3, = plt.plot(test,Hb,linewidth = 0.5,color = 'red')
        legend = plt.legend([leg1,leg2,leg3],['L','Ha','Hb'])
        plt.show()
```

```
# 解码
depth = yuvtodepth(L,Ha,Hb)
leg1, = plt.plot(test,L,linewidth = 0.5,color = 'blue')
leg2, = plt.plot(test,Ha,linewidth = 0.5,color = 'green')
leg3, = plt.plot(test,Hb,linewidth = 0.5,color = 'red')
legend = plt.legend([leg1,leg2,leg3],['L','Ha','Hb'])
plt.show()
```

RVL 编码方式适用于对压缩率要求不高但对精度要求比较高的情况，当允许一定程度的失真时，我们可以加入 Inverse Coding，通过损失一些远距离的精度来提升压缩率。在压缩连续的深度视频序列时，我们可以把数据编码为 YUV 格式，然后利用已有的视频压缩方法进行压缩，压缩前后的效果对比如图 4.4-7 所示。

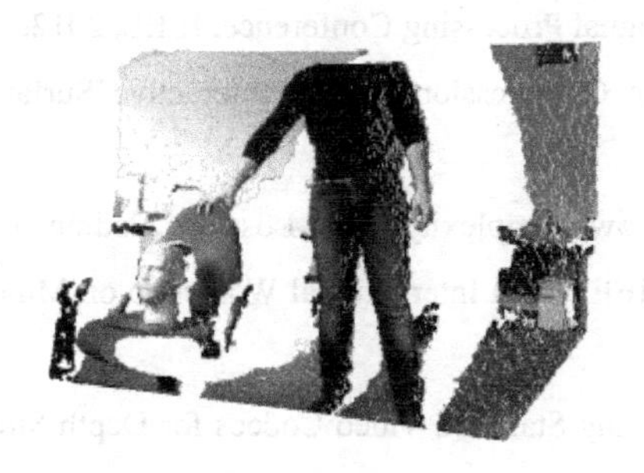

（a）压缩前

（b）压缩后

图 4.4-7　压缩前后的效果对比

深度图和深度视频序列的压缩目前还处于发展阶段，相关算法远不及 RGB 图像压缩算法成熟，未来还有很长的路要探索，本书主要提供目前已有的几种算法供大家参考学习。

4.5　总结与思考

本章我们主要学习了 3D 数据的处理方法，包括与 2D 形式更贴近的深度图处理、更接近 3D 形式的点云数据处理，以及对 3D 数据的压缩处理。其中，深度图处理及点云处理更侧重于滤波的使用方法，去除不关注或错误的数据；压缩处理则是利用数据间的关联性，剔除不需要的数据，以达到节省数据存储空间的目的。

通过思考并实践完成下面几个问题，大家可以检验自己对本章内容的理解。

（1）在 4.1 节提到的各类误差中，有哪些是可以通过正确的操作规程避免的？又有哪些是无法避免的？

（2）我们在第 3 章学习过深度图和点云相互转换的方法，那么针对深度图的滤波，是否可以将其转换成点云，通过点云滤波进行处理？请读者思考并自行尝试。

（3）读完 4.4 节，你对深度图和 RGB 图像压缩的不同之处是否有了一定的认识？深度图在压缩过程需要保留的重要信息有哪些？

参 考 文 献

[1] Ionut Schiopu, Ioan Tabus. Lossy and Near-lossless Compression of Depth Images Using Segmentation into Constrained Regions[C]//Signal Processing Conference. IEEE, 2012.

[2] Wilson, Andrew. Fast Lossless Depth Image Compression[J]. The Interactive Surfaces and Spaces, 2017:100-105.

[3] Sanjeev Mehrotra, Zhengyou Zhang, et al. Low-Complexity, Near-Lossless Coding of Depth Maps from Kinect-Like Depth Cameras[C]// IEEE 13th International Workshop on Multimedia Signal Processing (MMSP 2011), 2011.

[4] Fabrizio Pece, Jan Kautz, Tim Weyrich. Adapting Standard Video Codecs for Depth Streaming [C]// Joint Virtual Reality Conference of EuroVR-EGVE, 2011.

[5] 王乐，罗宇，王海宽，等. ToF 深度相机测量误差校正模型[J]. 系统仿真学报，2017，29(10):2323-2329.

[6] 杨晶晶，冯文刚. 连续调制 ToF 图像误差来源及降噪处理[J]. 合肥工业大学学报（自然科学版），2012，35(04):485-488.

[7] 李兴东，陈超，李满天，等. 飞行时间法 3D 相机标定与误差补偿[J]. 机械与电子，2013(11):37-40.

[8] Hansard M, Lee S, Choi O, et al. Time of Flight Cameras: Principles, Methods, and Applications[M]. Springer Publishing Company, Incorporated, 2012.

[9] Tabus I, Sarbu S. Optimal structure of memory models for lossless compression of binary image contours[C]// IEEE International Conference on Acoustics. IEEE, 2011.

第 5 章

3D 几何测量与重建

主要目标

- 学习 3D 测量涉及的主要算法，包括数据预处理、目标检测与几何测量等。
- 学习 3D 重建的主要算法，包括数据预处理、点云滤波、点云配准和表面生成。
- 通过实例，能够运用学到的算法实现 3D 测量和 3D 重建。

5.1 概述

本章主要讲解基于 ToF 相机的两个基本应用：3D 测量和 3D 重建（建模）。

3D 测量是指利用计算机视觉技术得到待测物体的 3D 结构，从而对待测物体进行几何度量。3D 测量在日常生活中的应用十分广泛。

（1）在工业生产中，需要对器件进行测量，包括长度测量和体积测量等，然而很多工业器件形状不规则，或者由于本身属性和安装问题等很难手动测量，这时就需要利用光学传感器进行测量。

（2）在物流行业中，需要测量包裹的几何尺寸，对于不规则的包裹，传统手工测量的方法耗时费力，而利用 3D 测量技术可以直接测量出传送带上包裹的尺寸和体积，能够极大地提高测量效率。

（3）在医疗行业及服装行业中，需要对人体等活动物体进行测量，利用 3D 相机可以得到各角度的人体 3D 信息，很方便地获取所需的人体测量信息并进行重建。

（4）在娱乐行业中，3D 测量也扮演着很重要的角色。例如，在 VR/AR 领域，为了使虚拟的物体更接近实际，需要使虚拟物体的 3D 尺寸与实际物体基本一致。而为了实现用户与虚拟现实的交互，也需要利用 3D 测量来获取交互值，如利用手势调节音量等。

3D 重建（3D Reconstruction）也称为 3D 建模，是指通过相机获取场景中物体的图像或深度图，并对其进行分析处理，再结合计算机视觉知识，通过 2D 图像或者 3D 空间坐标重建场景的 3D 模型。3D 重建一直是计算机图形学和计算机视觉领域的热点课题，基于视觉的 3D 重建有速度快、实时性高的特点，在机器人、无人驾驶、SLAM、VR/AR 和 3D 打印领域有广泛应用。

5.2 3D 测量

5.2.1 3D 测量简述

近年来，3D 测量技术不断发展，相比于距离、角度等 1D 和 2D 数据，3D 数据可以更加真实地描述物体，基于 3D 测量技术可以更加精确地测量物体的几何尺寸。传统的测量是接触式测量，需要直接靠近或接触待测物体才能得到物体的 3D 结构参数。但接触式测量存在很多缺点，如受测量工具和待测目标形状的约束、测量物体尺寸限制大、测量范围小、测量效率低等。随着计算机视觉技术的发展，非接触式测量方法开始涌现。非接触式 3D 测量是指在不接触待测物体的情况下，利用各种传感器实现对物体 3D 尺寸的测量。根据测量信号源的不同，可以把非接触式测量分为被动式测量和主动式测量。

被动式测量仅利用自然光来获取物体表面的 3D 信息，而主动式测量需要向待测物体发射信号，该信号可以是电磁波、光信号等，通过分析发射信号和反射信号，利用相应算法解算出待测物体表面的空间几何信息，然后根据需求完成测量。

5.2.1.1 被动式测量

我们首先对被动式测量进行介绍，被动式测量可以分为单目测量、多视图测量和双目测量。

1. 单目测量

单目测量的特点是对测量设备要求较低，只需要一个单目相机。其测量过程简单、成本低，但精度不高。常见的单目测量方法有焦距法、单视图图像法。

焦距法是一种常用的单目测量方法，可分为对焦法和离焦法。对焦法通过调节相机焦距，使得相机刚好能够拍摄到清晰的物体，记录下此时的焦距，同时利用透镜成像原理来估计待测物体到镜头的距离。该方法较简单，但精度不高，其关键是确定准确的成像焦距，这往往需要相机在不同视角下进行多次对焦，因而整个测量过程耗时较长。离焦法是一种在此基础上的改进方法，算法效率更高。离焦法的原理：首先标定好离焦模型，然后对于每帧图像数据，可以用离焦模型直接计算每点的深度值。姚成文等[3]在此理论的基础上改进了象限插值法和矢量投影法，能够在液态环境中精密测量分辨率为 1nm 的小球位置。离焦模型提高了确定聚焦位置的效率，然而代价是需要更复杂的离焦模型标定过程。

单视图图像法是另外一种利用单目相机来完成 3D 测量的方法，其核心思想是先提取目标的几何信息，如轮廓、纹理等，然后根据一些先验条件获取待测物体的 3D 几何信息。如果待测物体是由已知的简单 3D 形状组成的，可以直接提取待测物体的边缘，并结合待测物体的尺度和仿射不变性来计算待测物体的 3D 结构。而如果待测物体的表面反射系数已知，则可以构建色度模型，对图像的每个像素而言，在反射系数已知的情况下，可以利用该色度模型估计深度。另外，可以通过改变照明条件来获取多张待测物体图像，在更多约束条件下能够解算出更精确的深度值。

2. 多视图测量

所谓多视图测量是指在测量过程用一个单目相机从多个视角获取多帧待测物体图像，提取每帧图像中的特征点，可以是常用的 2D 特征子，也可以是人工设置的特征点。在完成特征点的提取后，进行特征点的匹配，然后根据匹配关系对相机的位姿进行估计，在确定相机的位姿后，就可以计算出物体表面的点在 3D 空间中的位置，从而重建出物体表面的点云模型，之后可以根据需求进行 3D 几何测量。

3. 双目测量

基于双目视觉的 3D 测量技术是在计算视觉的基础上发展而成的一种新型非接触式测量技术。基于双目视觉的 3D 测量技术基于利用双目相机（两个 RGB 相机）拍摄的图像，将目标在图像上的 2D 像素坐标转化为 3D 世界坐标。在恢复目标的必要关键点后，物体的整个外形和位置就可以被唯一确定了。为了建立图像坐标系和世界坐标系的关系，需要对相机的内、外参数进行标定。常用的标定法是张正友标定法，主要标定流程：图像采集→图像处理→单相机标定→双相机标定。首先，将棋格盘在空间中按照不同角度进行放置，对其进行图像采集；然后，对采集的图像进行预处理以突出图像的特征信息；之后，提取棋格盘图像的角点，分别对左相机和右相机进行标定，在一定的约束条件下得到两幅图像上的共轭点，如图 5.2-1 所示；最后，利用共轭点进行双相机相对位置的标定，得出左右相机的内、外参数。

图 5.2-1　双目相机标定场景

双目测量的主要原理是根据双目视差获取被测物体的 3D 信息。如图 5.2-2 所示，对于空间物体表面任意一点，如果用左右 2 个相机同时观察点 P，并能确定在左相机图像上的点 P_l 与右相机图像上的点 P_r 是空间同一点 P 的图像点（称 P_l 与 P_r 为共轭对应点），则可计算出空间点 P 的 3D 坐标。

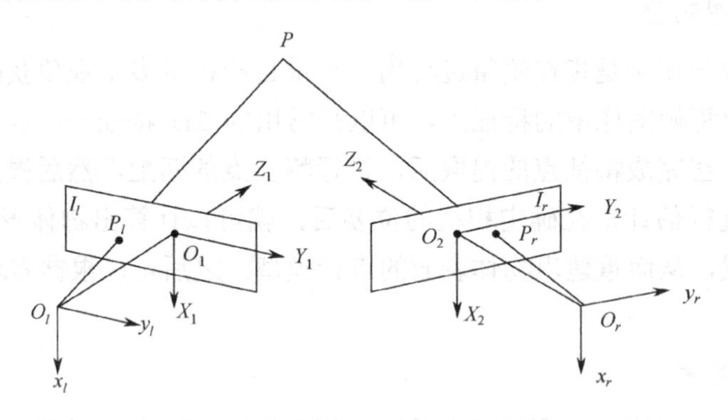

图 5.2-2　双目（三角）测量原理

5.2.1.2　主动式测量

正如之前提到的，非接触式测量除了被动式测量还有主动式测量，主动式测量是通过分析发射信号与接收信号来计算 3D 物体的几何信息的，常见的发射信号有可见光、激光、电磁波和声波等。根据原理可以将主动式测量分为结构光测量法、信号干涉测量法和激光测距法等。

1. 结构光测量法

根据原理不同，可以将结构光测量法分为直接三角测量法和光栅相位法。直接三角测量法的原理是由结构光发射器向物体表面发射结构光，形成特征点，利用三角测量原理计算特征点的深度信息。该方法的优点是计算量小、成本低，但最终的测量精度容易受特征提取精度的影响，而且受投射光强的影响很大，在距离远的地方，由于光强衰落大，精度急剧下降。直接三角测量法的缺点是测量范围小，若要获取更大范围内的场景深度信息可以采用光栅相位法，该方法使用光栅作为投影结构光，通过分析投影到物体表面的条纹图像，解算出包含深度信息的相位变化场，然后根据深度与相位的关系求解物体表面的深度值。根据不同的相位检测方法，又可以将光栅相位法分为叠栅法、移相法及变换法。

2. 信号干涉测量法

信号干涉测量法使用由物体表面调制的相干信号源来产生干涉条纹，被测对象的深度信息包含在条纹的相位信息中。结合相移和外差技术，可以高精度地测量和重建物体表面。根据信号源的不同，信号干涉可分为可见光干涉和散斑干涉。

可见光干涉测量法是基于双光束干涉的测量方法，通过特定的扫描方式改变物体或参考镜表面的位置，确定强度变化的离散数据；然后依据可见光干涉特征提取各点对应的最佳干涉位置，即光程差为零的位置，获得每个点的深度信息。

当激光照射在物体表面上时，会发生漫反射，明暗不同的斑点被散射，称为激光散斑。散斑场具有一定的相位信息和可测量的光强度，并随着物体表面的变化而变化。散斑干涉测量法通过对比变化前后的散斑图像，高精度地测量物体表面的波动量。

3. 激光测距法

激光测距法通过分析发射激光与反射激光来解算深度，常见的有飞行时间（ToF）法和相位调制法。飞行时间法原理十分简单，应用也很广泛，只需计算发射信号和接收信号的时间差，利用光速恒定的特点就能计算出物体到深度相机的距离。飞行时间法的优点是不需要复杂的图像处理、速度快、原理简单可靠，同时具有更大的测量范围。但该方法也有缺点，由于需要识别特定的反射激光，光强容易受到环境光的干扰，室外干扰光线很多的场景会给测量带来困难。相位调制法是对飞行时间法的一种改进，可以进一步提升测量精度。相位调制法在飞行时间法的基础上结合了相位检测，发射的激光是正弦调制波，通过分析发射信号与接收信号之间的相位差来计算距离。若激光束只使用一个频率，则当相位差超过2π时，测量结果存在多解性，因此为保证有效的测量范围，相位调制法在实际测距中采用多个调制频率。相比较而言，相位调制法要复杂一些，但其有效地减少了带宽从而提高了精度，适合构建小范围、高精度的3D测量系统，连续测量精度可达纳米级。其主要问题是抗环境干扰能力差，因此若要提高测量系统精度，须对信噪比与频漂进行控制，在如何选择合适的调制频率等方向上继续展开研究。更多飞行时间法的实现细节可以参考本书第2章的内容。

3D测量除了准确获取待测物体表面的3D结构，还需要从3D结构中获取我们感兴趣的测量值，这是3D测量技术在实际应用中的另一个关键步骤。通常我们感兴趣的测量有长度测量、面积测量和体积测量等。对于长度测量，我们首先需要在获取的3D结构中选取测量点，测量点可以是利用计算机视觉提取的特征点，也可以是人工设置的测量点。如果我们要测量一个盒子的边长，我们可以先利用视觉特征描述子提取出盒子的角点，然后测量两个角点间的线段长度，也可以先利用轮廓提取算法提取盒子边所在的直线，然后直线相交的点就是角点。然而对于一些没有明确3D特征的应用场景，如要测量墙上两点之间的距离，可以人为加入标志点（如2D码等）。如果是面积测量，对于规则平面比较简单，而对于非规则的平面或者曲面，需要在提取边界的情况下，利用插值和积分的方法求出面积。体积测量要稍微复杂一些，对于规则的几何体，可以先计算边长，然后利用体积公式计算面积；对于复杂非规则几何体，不同的应用场景有不同的解决方法，对于不需要高精度测量的场合，通常的做法是用规则的几何体去填充非规则几何体，将复杂问题转换为多个简单的问题。而对于需要高精度测量的场景，如人体体积测量，则可以把待测物体体素化，然后计算小网格总的体积。当然也可以用类似曲面面积测量的方法，用插值和积分的方法求解，但计算量会更大。

基于ToF相机的测量在本质上属于激光测量。相比于单目相机和双目相机，ToF相机获取的物体表面深度值的精确度是最高的，因此测量结果也是最精确的。

5.2.2 3D测量的主要算法与步骤

5.2.2.1 数据获取与预处理

首先，通过SmartToF获取深度图和灰度图，由于深度相机视距有限，获得的原始深度图可能存在畸变并且包含噪声，而3D测量对测量值的精确度要求较高，因此需要对原始深度图和灰度图进行畸变校正和滤波。畸变校正包含鱼眼校正和射线校正。鱼眼畸变是因为镜头具有鱼眼效应，边缘的测量值会有较大的畸变。为了使测量结果不随物体位置变化而变化，即在视野范围内的各区域都能得到相同的测量值，需要首先进行鱼眼校正，校正后的深度图能够比较精确地实现由深度图到 3D 空间的映射。对于射线校正，由于深度相机采集到的深度值都是物体表面到相机的距离，而在 3D 测量中需要测量物体表面到相机平面的垂直距离，因此需要通过射线校正来对采集的原始深度值进行修正。

原始深度图在边缘具有较大噪声，而清晰的边缘对 3D 测量来说是很重要的，我们需要通过边缘将需要测量的物体与背景区分开来，同时测量的精度也与边缘密切相关，尖锐清晰的边缘能够减少测量误差，因此我们需要先对深度数据进行滤波。在去除边缘噪声方面，常用的滤波方法有均值滤波、IIR 滤波、中值滤波和双边滤波等，这些滤波都是对深度图进行操作的。同时还有直接对点云进行操作的滤波方法，如统计滤波、半径滤波等，可以用这些滤波方法去除飞散点，上述方法在第 4 章有详细介绍。滤波后的深度图噪声变少，边缘更加清晰，有利于下一步的形状检测。

5.2.2.2　边缘提取

边缘的定义：边缘是不同区域的分界线，是周围（局部）像素有显著变化的像素的集合，有幅值与方向两个属性。这个不是绝对的定义，需要明确的是，边缘是局部特征及周围像素显著变化的像素的集合。

边缘的类型：边缘分为 4 种类型，即阶跃型、屋顶（线条）型、斜坡型、脉冲型。其中，阶跃型和斜坡型是类似的，只是变化的快慢不同，同样，屋顶型和脉冲型也是如此。如图 5.2-3 所示为其中的两种主要边缘类型，图 5.2-3（a）可认为是阶跃型，图 5.2-3（b）是屋顶型，阶跃型与屋顶型的不同之处在于，阶跃型上升或下降到某个值后将持续下去，而屋顶型则是先上升后下降。

边缘提取是指通过深度图获取待测物体的边缘，常见的边缘检测算子有 Roberts、Laplacian、Sobel、Prewitt 等，具体如图 5.2-4 所示。

（1）Roberts 算子对具有陡峭低噪声的图像的处理效果较好，但利用 Roberts 算子提取的边缘比较粗，因此边缘定位不是很准确。

（2）Laplacian 算子对图像中阶跃性边缘点的定位较准确，但是对噪声非常敏感，容易丢失一部分边缘的方向信息，导致检测出的边缘不连续。

（3）Sobel 算子是在 Prewitt 算子的基础上改进的算子，其中心系数的权值等于 2。相比于 Prewitt 算子，Sobel 算子能够较好地抑制（平滑）噪声，对灰度渐变和噪声较多的图像的处理效果比较好，同时对边缘的定位比较准确。

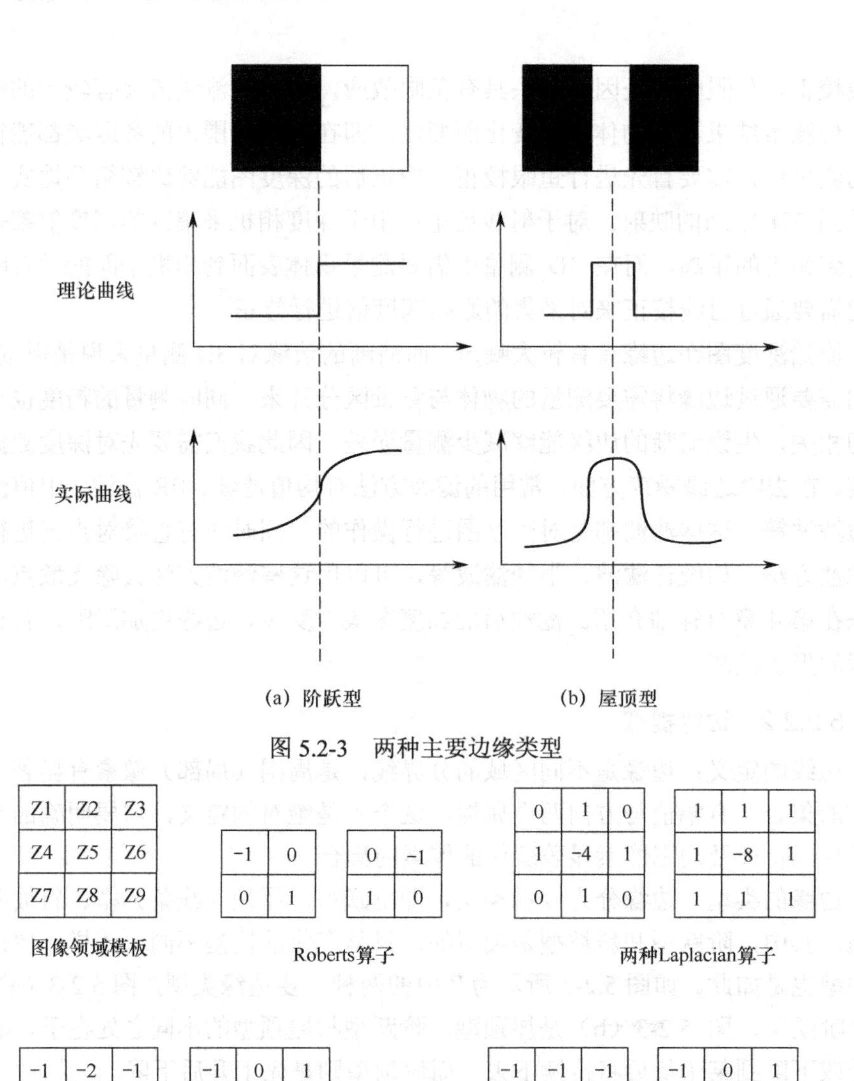

图 5.2-3　两种主要边缘类型

图 5.2-4　常见的边缘检测算子

（4）Prewitt 算子是一阶微分算子，利用像素上下、左右邻点的灰度差在边缘处达到极值的特性，可以去掉部分伪边缘，对噪声具有平滑作用。

下面我们单独介绍 Canny 边缘检测算法。

Canny 边缘检测算法不容易受噪声的干扰，能够检测到真正的弱边缘。该算法的优点在于，其使用两种不同的阈值分别检测强边缘和弱边缘，只有当弱边缘与强边缘相连时，才将弱边缘包含在输出图像中。因此，这种方法不容易被噪声干扰，更容易检测出真正的弱边缘，其主要检测步骤如下。

（1）使用高斯滤波器平滑图像，卷积核尺度视高斯滤波器的标准差σ而定。

（2）计算滤波后图像的梯度幅值和方向，可以使用 Sobel 算子计算 G_x 与 G_y 方向的梯度，则梯度和幅值的方向依次为

$$\text{Gradient}(G) = \sqrt{G_x^2 + G_y^2}$$

$$\text{Angle}(\theta) = \arctan\frac{G_x}{G_y}$$

（3）使用非最大值抑制方法确定当前像素是否比邻域像素更可能属于边缘，从而得到细化的边缘。将当前像素的梯度值与其梯度方向上相邻的像素的梯度值进行比较，如果周围存在梯度值大于当前像素梯度值的像素，则判定查找到的当前像素不是边缘点。

（4）使用双阈值（$[T_1,T_2]$）法检测边缘的起点和终点，这样能形成连接的边缘。$T_2>T_1$，T_2 用来找到每条线段，T_1 用来在这条线段两端延伸寻找边缘的断裂处，并连接这些边缘。

Canny 边缘提取示例如图 5.2-5 所示，输入图像为带有噪声的灰度图，图 5.2-5（b）和图 5.2-5（c）为使用不同高斯滤波的结果，提高σ可以去除噪声，但边缘会更加平滑，我们需要根据自己的需求来选择合适的参数。

(a) 输入图像

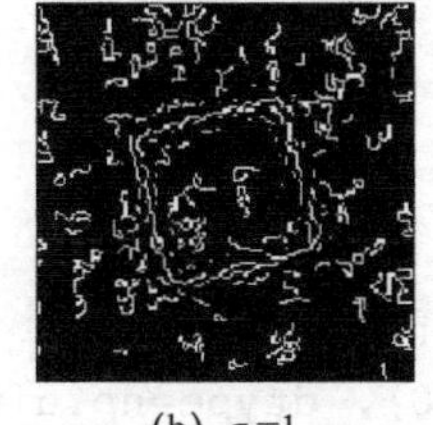
(b) $\sigma=1$

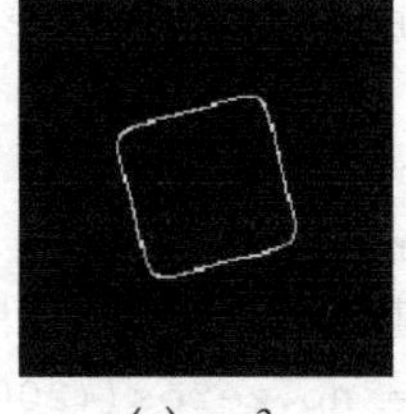
(c) $\sigma=3$

图 5.2-5　Canny 边缘提取示例

5.2.2.3　轮廓检测

我们先明确什么是轮廓，简单来说，轮廓就是由一系列点相连组成的形状，形状检测是图像识别的一项重要技术。对物体进行检测并提取，首先要做的就是提取物体的轮廓信息，然后再基于轮廓特征选择相应的算法进行处理，最后得到物体的形状信息。轮廓在目标分析、目标检测等方面有很大作用。

一般认为轮廓是对物体的完整边界的描述，边缘点依次相连构成轮廓。由于人眼视觉特性，人们在看物体时，一般先获取物体的轮廓信息，再获取物体的细节信息。例如，当看到一群人时，我们首先注意到的是每个人的高矮胖瘦，然后才会获取脸和衣着等信息。

在 OpenCV 中使用轮廓发现函数 findContours()检测轮廓，输入参数为单通道图像矩阵，可以是灰度图，但更常用的是二值图像，一般是经过 Canny、Laplacian 等边缘检测算子处理过的二值图像。

下面给出一个简单的用 Python 实现轮廓发现的程序，主要使用 findContours()函数对物体轮廓进行检测，然后使用函数 drawContours()将检测到的轮廓绘制出来，这两个函数就可以完成形状检测与绘制。在黑色背景的图片上绘制有一个白色矩形，如图 5.2-6 所示，灰色线即为我们检测到的轮廓。

图 5.2-6　轮廓检测结果

```
# 功能描述：
# 利用 OpenCV 检测矩形轮廓

import cv2
import numpy as np
# 创建一个 200*200 的黑色空白图像
img = np.zeros((200, 200), dtype=np.uint8)
# 利用 numpy 数组在切片上赋值的功能放置一个白色方块
img[50:150, 50:150] = 255
# 对图像进行二值化操作
# threshold(src, thresh, maxval, type, dst=None)
# src 是输入数组，thresh 是阈值的具体值，maxval 是 type 取 THRESH_BINARY
# 或者 THRESH_BINARY_INV 时的最大值。
ret, thresh = cv2.threshold(img, 127, 255, 0)
# findContours()有三个参数：输入图像、层次类型和轮廓逼近方法
```

```
    # 该函数有三个返回值：修改后的图像、图像的轮廓、它们的层次
    image, contours, hierarchy = cv2.findContours(thresh, cv2.RETR_TREE,
cv2.CHAIN_APPROX_ SIMPLE)
    color = cv2.cvtColor(img, cv2.COLOR_GRAY2BGR)
    img = cv2.drawContours(color, contours, -1, (0, 255, 0), 2)
    cv2.imshow("contours", color)
    cv2.waitKey()
    cv2.destroyAllWindows()
```

5.2.2.4　长度测量

基于深度图的边缘和轮廓的提取方法与基于普通 RGB 图像的提取方法是类似的，深度图之所以能够用来测量，是因为深度图的每个像素代表物体表面的点在 3D 空间中到相机的距离，深度图的每个像素包含的深度值都可以转换为 3D 空间中的点云，因此可以通过计算 3D 空间中点与点的距离来得到物体的 3D 长度。深度图转化为点云可参考 3.3.3 节的内容。可视范围内的距离容易测量，而在有些测量场景中，如需要测量物体高度的场景，就需要利用物体和背景之间的深度差值来计算物体高度。

5.2.3　实践：盒子尺寸测量

基于 ToF 相机的盒子尺寸测量流程如图 5.2-7 所示，安装示意图如图 5.2-8 所示，ToF 相机用支架固定，自上向下采集深度数据以用于测量，视线与地面垂直，待测盒子放在地面上。

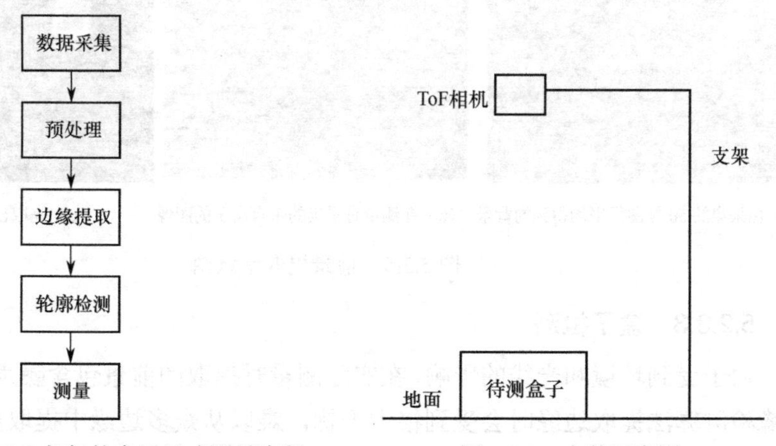

图 5.2-7　基于 ToF 相机的盒子尺寸测量流程　　图 5.2-8　安装示意图

5.2.3.1 数据获取与预处理

为了获取更加精确的深度值，需要先对采集到的原始数据进行预处理，包括畸变校正和滤波。

5.2.3.2 前景提取

深度相机获取的是2.5D点云，因此按照图5.2-8所示的安装方式，我们无法直接测量盒子的高度。在确保地面平整的情况下，可以利用差值法测量高度，即用相机到地面的距离减去相机到盒子顶面的距离来求得到盒子高度。保持相机视野范围内没有杂物干扰，采集50帧图像（也可根据需求采集更多帧），用多帧平均的方式获取相机到地面的距离，将这个高度作为基准，用于盒子高度的测量。盒子的长和宽都在深度相机的可视范围内，只需检测盒子顶面矩形，矩形的长和宽即为盒子的长和宽。

为了保证边缘检测不受地面杂物干扰，需要在测量的时候去除背景。我们在测量时保留当前帧深度像素减去背景帧深度像素大于某一设定阈值的像素，可以简单地提取前景像素（用于矩形边缘检测），Fore_mask为提取出的前景：

```
# img_dep为深度图，dep_bgd为背景深度
Fore_mask=np.abs(img_dep- dep_bgd)>THRESH_ HOLD
```

前景提取示意图如图5.2-9所示。

（a）由采集的50帧图像平均得到的背景　（b）在测量时采集的带有盒子的图像　（c）提取出来的前景

图5.2-9　前景提取示意图

5.2.3.3 盒子检测

由于受到环境和光线的影响，在实际测量时提取的前景包含噪声，在用Canny边缘检测算法提取边缘时会受到很大干扰，难以从众多边缘中提取出矩形，需要对前景进行去噪处理。算法的输入为上文提取出的前景Fore_mask，我们先使用

形态学开运算去除散点，利用形态学闭运算去除边界凹陷，然后使用 Laplacian 拉斯滤波和空域中值滤波进行平滑，代码如下：

```
    mask = cv2.morphologyEx(Fore_mask.astype(np.uint8), cv2.MORPH_OPEN,
KER_OPEN) > 0
    # 形态学开运算（去处散点）
    mask  =  cv2.morphologyEx(mask.astype(np.uint8),  cv2.MORPH_CLOSE,
KER_CLOSE) > 0
    # 形态学闭运算（去除边界凹陷）
    img_dep = img_noise_filter(img_dep, mask, it=1) # Laplacian 滤波
    img_dep = cv2.medianBlur(img_dep, SPACE_MID_FILTER)  # 空域中值滤波
```

我们使用飞散点滤波去除散点，并使用形态学滤波去掉毛刺与孔洞，经过飞散点滤波和形态学滤波后，边缘变得更加清晰。然后将前景图二值化，用于边缘提取，我们使用之前介绍的 Canny 边缘提取算法来获取边缘：

```
    img_edge = canny(img_dep, EDGE_DET_TH).astype(int)
```

在获取边缘后，需要根据边缘拟合出一个矩形。使用 OpenCV 中的 findContours() 函数获取轮廓信息：

```
    res,contours,h=cv2.findContours(img_dep,cv2.RETR_TREE,cv2.CHAIN_
APPROX_SIMP LE )
```

在获取轮廓后，可以利用函数从轮廓中提取出需要的矩形。噪声也会影响边缘检测，如果噪声形状刚好呈矩形就可能出现误检，可以设置最小矩形来过滤很小的由噪声形成的矩形：

```
        for cont in contours:
            approx = cv2.approxPolyDP(cont, 0.03 * cv2.arcLength(cont,
True), True)
        rect_points = {}
            if len(approx) == 4:
                x, y, width, height = cv2.boundingRect(cont)
                if (width > min_width and height > min_height):
                    # 检测区域最小矩形
                    rectangle = cv2.minAreaRect(cont)
                    # 利用 cv2.boxPoints()检测出矩形，返回矩形的顶点
                    box = cv2.boxPoints (rectangle)
```

```
                box = np.int0(box)
                cv2.drawContours(original_image, [box], -1, (0, 0,0), 1)

    rect_points["Points"] = box
        boxes.append(rect_points)
    output= boxes
```

5.2.3.4 3D 测量

至此我们已经检测出了矩形的顶点。顶点位于边缘上，而边缘的深度值噪声很大，由于盒子顶面与相机的视线是垂直的，可以将顶点像素的深度值设为矩形内所有有效深度值的平均值以减少误差，并利用相机模型投射到 3D 空间中，得到盒子上表面四个顶点在 3D 空间中的坐标值，计算点与点之间的欧式距离即可得到边长。盒子高度可由相机到地面的距离减去相机到盒子上表面的距离得到。

我们在完成了对盒子的尺寸测量后，可以在屏幕上实时输出测量结果，如果是运动包裹还可以根据两帧之间盒子移动距离和运动时间算出运动速度，输出结果如图 5.2-10 所示，其中，speed 表示盒子的移动速度。

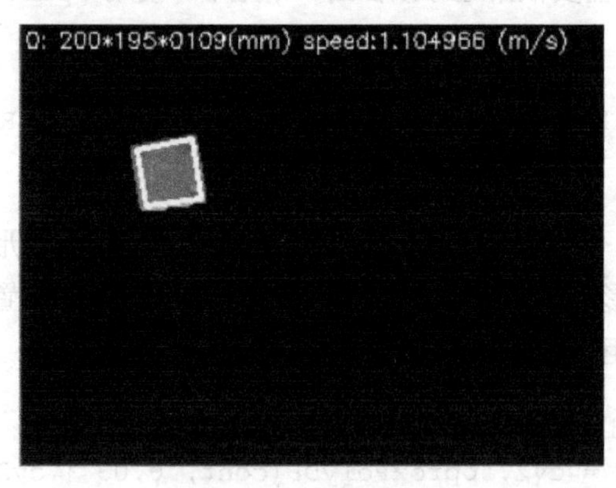

图 5.2-10　输出结果

测量代码如下：

```
##    功能描述：
#     根据四个顶点的像素坐标及深度计算矩形的长和宽
#     输入参数：
#     n0、n1、n2、n3：检测出的四个顶点的坐标
#     dep：矩形平面到 ToF 相机的距离
#     输出参数：
```

```
    #    矩形的长和宽
    def calc_box_wid_len(n0,n1,n2,n3,dep):
        if DEP_CORR==True:
            dep=dep*DEP_CORR_K[0]+DEP_CORR_K[1]
        # 投射到 3D 空间平面后再计算距离
        pixel=np.array([n0,n1,n2,n3]).astype(np.int)
        position = pixel_to_pc(pixel, MEAS_FX, MEAS_FY, MEAS_CX,
MEAS_CY,dep=dep)
        n0, n1, n2, n3=position[0],position[1],position[2],position[3]
        d0=calc_point_dist(n0,n1)
        d1=calc_point_dist(n2,n3)
        d2=calc_point_dist(n0,n2)
        d3=calc_point_dist(n1,n3)
        return (d0+d1)/2.0,(d2+d3)/2.0
```

5.3　3D 重建

5.3.1　3D 重建综述

1963 年，Roberts 首先提出可以利用计算机视觉从 2D 图像中获取 3D 信息[4]，随后，基于计算机视觉的 3D 重建得到了快速发展。1995 年，东京大学利用物体反射的 M-array Coded 光源对物体表面进行 3D 重建。2006 年，Snavely 等[5]开发出了 Photosynth 和 PhotoTourism 两个 3D 重建系统，能够自动计算图像的视点，然而稀疏重建的模型的可视化程度并不高，之后更多的方法朝着稠密的方向发展。2008 年，Pollefeys 等[6]通过拍摄多帧待重建物体周围场景的图片，利用特征提取、匹配和多视图几何计算等进行 3D 重建。2013 年，微软提出 KinectFusion[7]，能够实现很好的重建效果，它使用的传感器是 Kinect（一种深度相机），该方法能够对场景进行实时重建。随着深度学习的兴起，也出现了越来越多的利用深度学习对物体进行 3D 重建的方法。有关 3D 重建的研究近年来得到了快速发展，本章将对现有的 3D 重建技术进行总结，分析各自的特点与不足，并总结关键技术，对未来发展提出展望。

根据使用的传感器种类，可以将基于计算机视觉的 3D 重建分为基于 2D 图像的 3D 重建和基于 3D 图像的 3D 重建。

5.3.1.1 基于 2D 图像的 3D 重建技术

基于 2D 图像的 3D 重建技术也被称为基于被动视觉的 3D 重建技术。该方法通过视觉传感器获取图像序列，提取其中有用的信息进行建模，适用于各类复杂场景，另外，由于只需要相机，该方法具有成本低廉的特点。

早期的 3D 重建技术通常将 2D 图像作为输入，进而重建出场景的 3D 模型。基于图像的 3D 重建从获取多视图图像开始，通过算法恢复场景的 3D 结构。在 3D 重建的过程中，通过相机获取的图像往往不能直接使用，需要先对收集到的图像进行去噪等预处理，为后续处理做准备。通过预处理能够去除图像中无用和冗余的信息，去除不清晰和不完整的图像，将其中可供后续处理的有用图像提取出来。预处理的方法有很多，常见的有双边滤波、中值滤波等。在预处理后，可以对图像进行特征点检测并且对检测出的不同图像中的特征点进行匹配。特征点通常指的是图像中邻域变化比较大的点，提取特征点的方法有很多，主要有以下几种。

（1）基于 Harris 算子的特征提取算法[8]：Harris 算子具有许多优点，其鲁棒性很强，检测范围广，能够有效消除环境光造成的影响。

（2）基于 SIFT 算子的特征提取算法：SIFT 在各研究领域都有广泛的应用，该方法首先建立高斯金字塔模型，找到一个邻域内的像素，通过比较像素值变化的大小来判断其是否为特征点。SIFT 算子性能优越，具有尺度、位置、旋转不变性。但由于设计的复杂性，相对于其他算法，该算法耗时更长。

（3）基于 SURF 算子的特征提取算法[10]：与 SIFT 算子相比，SURF 算子运算效率更高，它对 SIFT 算子做了简化，同时利用最新的小波技术加快图像处理速度。

在提取特征点后，需要对特征点进行匹配，常用的特征匹配方法如下。

（1）归一化互相关匹配：速度快且不受亮度和对比度影响，但该方法也有缺点，一是在图像有缩放的情况下无法应用，二是视角变化太大的场景也不适用。

（2）特征向量距离匹配：以 SIFT 算子为例，SIFT 可以通过计算一个邻域内的特征点的梯度，得到一个 128 维的特征描述向量，只需计算特征描述向量之间的欧式距离就可以得到特征点之间的匹配度，欧式距离越小代表匹配度越高。

基于图像的 3D 重建需要内参矩阵 $\boldsymbol{K}$，所以我们首先需要对相机进行标定，目前应用最广泛的相机标定方法是张正友标定法[11]。其主要原理是将计算机视觉技术与传统的相机标定技术结合起来，使空间中的标定模板变为平面标定模板，从而简化烦琐的标定过程。

计算基础矩阵和本质矩阵是重建过程中非常关键的一步。本质矩阵可以通过多视图几何约束关系来计算，在得到本质矩阵后，可以对其进行分解以得到表述不同特征的旋转矩阵与平移向量。利用这一系列数据能够获得3D点在空间中所处的位置，这是3D重建中最主要的步骤，之后只需恢复空间中离散点包含的表面信息，可以采用三角剖分、TSDF、泊松重建等方法，这些方法之后会详细介绍。

基于多幅2D图像的3D重建方法已经成熟，并且还在不断完善，这种3D重建往往需要进行相机标定等额外操作，相比之下，基于单幅2D图像的3D重建因输入简单，更适用于需要便捷式3D重建的应用场景，近年来逐渐成为新的研究热点。同时，由于深度学习的发展，基于单幅2D图像重建3D模型的方法在近十年得到广泛关注，并取得了显著的成果。

深度学习是一种特征学习方法，把低层次的原始数据通过非线性模型转化为高维特征，通过大量的转换来实现高鲁棒性的特征表达。人工神经网络有很长的发展历史，早在1986年，Rumelhart等[12]提出反向传导算法；2006年，Hinton等[13]介绍了DBN神经网络和相应的训练方法，利用预训练方法在一定程度上解决了局部极值问题，从而降低了深度神经网络的优化难度。之后许多模型相继涌现，深度学习由此在语音识别、自然语言处理，以及图像识别、检测、生成等多个领域取得了突破性的进展。

相较于2D图像领域，深度学习在3D重建领域的应用起步较晚，但近三年也取得了较大进展。由于3D模型有多种表示方法（如体素和点云等），针对不同的3D模型表示方法，有不同的3D重建方法。

对于用体素表示的3D模型，Choy等[8]提出了一种基于标准LSTM（Long Short-Term Memory）的拓展网络结构3D-R2N2，可以端到端地重建一个或多个3D物体。其首先利用一个CNN网络对输入图像进行编码，并用LSTM进行连接，每个LSTM单元接收一个编码器输出的特征向量，并输出到解码器中，最后用标准反卷积网络对输出进行解码，从而实现由2D图像到3D图像的映射，重建3D体素网络模型。

对于用点云表示的3D模型，由于点云具有无序性和非规则性，无法使用传统的基于规则进行数据表示的卷积方法来构建深度网络。随着基于点云处理的深度网络的出现，利用2D图像生成点云模型逐渐成为可能。Fan等[9]提出了一个点云生成网络，该网络有多个平行的预测分支，由卷积层、反卷积层和全连接层构成，并引入hourglass卷积[14]进行编解码，增强了网络的表达能力，更好地整合了局部特征和全局特征。该方法还提出了两种新的网络损失函数以提升效果。

5.3.1.2 基于3D图像的3D重建技术

受限于输入的数据，利用2D图像重建出的3D模型通常不够完整，而且真实感较弱。前面也提到，除了基于2D图像的3D重建方法，还有基于3D图像（基于主动视觉）的3D重建方法，主要包括激光扫描法、结构光法和ToF法等。主动视觉中的“主动”，主要体现在这些方法的测距原理上，以激光测距仪为例，激光测距仪首先向物体发射激光，然后根据发射信号和接收信号的时间差来计算激光测距仪到物体表面的距离。

随着各种面向普通消费者的深度相机的出现，基于深度相机的3D扫描和重建技术得到了飞速发展。由于基于深度相机的3D重建技术所使用的数据是RGB图像和深度图，因此这类技术通常也被称为基于RGB-D数据的3D重建技术，其中比较有代表性的是KinectFusion。

KinectFusion是微软在2012年推出的一种基于TSDF的点云融合算法，其采用GPU并行计算，使得整个融合过程十分高效，能够实现实时运行，通过从多个角度拍摄深度图，获得低冗余、高质量的重建效果。KinectFusion在获取深度数据后，首先将其转为浮点数并优化，然后将这些数据转为点云数据。传感器通过计算传感器位姿，不断更新当前深度相机相对于初始帧的相对位姿变化。在配准时，KinectFusion采用的是匹配当前帧和重建目标的方法，可以与同一场景中从不同视角获取的数据进行配准。

在配准完成后，需要将当前数据帧融合到场景模型中。可采用体素融合的方法，将每一数据帧连续融合到同一视场内的体素网格中，同时加入平滑算法来进行滤波，解决场景内动态变换物体给重建带来的干扰问题。在重建完成后，KinectFusion利用raytracking算法预测传感器数据，同时与新采集帧进行配准，提高配准效率。KinectFusion的重建精度能达到毫米级别，与传统方法相比，效率更高，重建质量也更好。

不少研究人员在KinectFusion的基础上进行了更深入的研究。贾农等[15]用新的点云分割方法识别点云数据中的平面，进行提取并重建；YilmazO等[16]融合RGB信息和深度信息进行重建，进一步提升重建精度；Hisahara等[17]在同一场景中布置多个深度相机，能够实现更大场景的重建。

本书主要介绍基于SmartToF相机的3D重建，3D重建流程如图5.3-1所示。

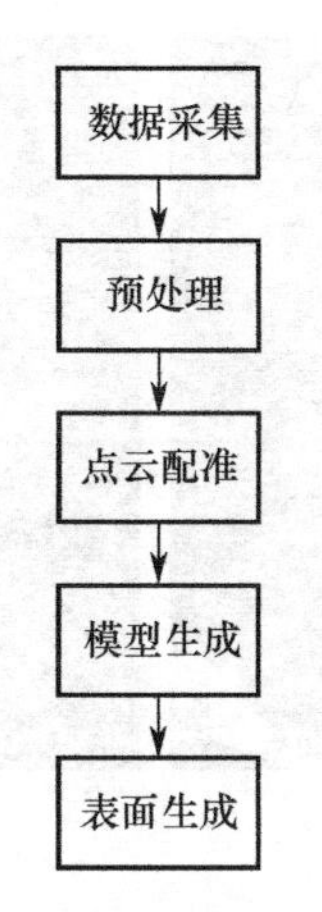

图 5.3-1 3D 重建流程

5.3.2 3D 重建的主要算法与步骤

5.3.2.1 数据采集与预处理

重建的第一步是获取深度图，为了获取足够多的图像，需要变换不同的角度来进行拍摄，以保证包含物体的全部信息。在实际操作时，既可以固定 SmartToF 传感器，拍摄置于旋转平台上的物体，也可以通过旋转 SmartToF 传感器来拍摄固定的物体。

由于受到环境干扰，深度相机获取的原始深度信息中存在噪声，为了提升后续配准的精度，需要对深度图进行去噪和修复等图像增强处理。常用的滤波算法有中值滤波、高斯滤波、双边滤波等，这些算法在第 4 章中已有详细讲解，通过滤波可以充分保留边缘，同时降低噪声影响。

还有一个普遍存在的问题，由于 ToF 相机采用主动光源，对于光滑表面会有较大的反射光干扰，造成空洞。针对这一问题，可以以灰度图为导向，同时利用空洞周围的有效深度信息和帧与帧之间的深度关联信息进行空洞修补，SmartToF 的 SDK 中包含了该补洞算法，可以直接调用，补洞效果示例如图 5.3-2 所示，其中，图 5.3-2（a）为原始深度图，白色部分为空洞；图 5.3-2（b）为修补后的深度图，空洞部分被有效修补。

经过预处理的深度图具有 2D 信息，像素值是深度信息，表示物体表面到深度相机之间的距离，利用相机模型可以将深度图转化为点云，下一步就是根据帧与帧之间点云的匹配关系求帧间位姿变换矩阵。

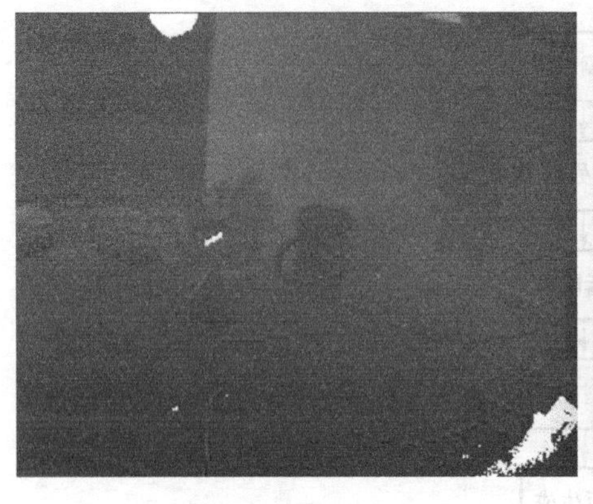
（a）原始深度图

（b）修补后的深度图

图 5.3-2　补洞效果示例

5.3.2.2　点云配准

基于深度相机的 3D 重建实质上是从多个位置和角度采集物体表面的深度信息，得到多帧点云，但每帧点云的坐标是与由拍摄的相机位姿确定的坐标系相关的，而我们习惯在同一个坐标系下表示完整的物体，于是需要定义一个标准坐标系，将不同帧的点云坐标变换到标准坐标系下，这个坐标变换过程有多种表示，若将变换分解为旋转和平移两个过程，我们可以用包含旋转矩阵 $\boldsymbol{R}$ 和平移向量 $\boldsymbol{t}$ 的公式来表示。

以两帧点云的配准为例，源点云 p_s 就是当前需要匹配的点云，目标点云 p_t 是源点云需要匹配的目标，表示目标点云的坐标系为标准坐标系。点云配准过程就是求解两帧点云之间的旋转矩阵 $\boldsymbol{R}$ 和平移向量 $\boldsymbol{t}$，将源点云变换到标准坐标系下。变换过程可以表示为 $p_t = \boldsymbol{R} p_s + \boldsymbol{t}$。

点云的配准是以每帧中场景的公共部分为基准的，把时间、角度、照度不同的多帧图像叠加匹配到统一的坐标系中，计算出相应的平移向量与旋转矩阵，同时消除冗余信息。配准可以分为粗配准、精配准和后端优化 3 个过程。

1. 粗配准

粗配准研究的是多幅从不同角度采集的深度图，通过求解近似位姿变换，使两组点云数据尽可能地接近、缩小差异，为精配准提供好的初始条件，增大迭代收敛到最优变换的概率，同时减少迭代次数。

粗匹配提取两幅图像之间的特征点，这种特征点可以是直线、拐点、曲线曲率等显式特征，也可以是自定义的符号、旋转图形、轴心等特征。随后根据特征方程实现初步的配准。粗配准后的点云和目标点云将处于同一尺度（像素采样间隔）与参考坐标系内，通过自动记录坐标，得到粗匹配初始值。

本文介绍一种采用基于区域层次的点云粗配准方法[1]，包括区域划分、区域配准、求解组合系数及求解刚体变换 4 个基本步骤。

（1）区域划分。

对于待配准的两个点云，分别对其进行均匀采样，然后计算每个采样点的基于欧氏距离的 Voronoi 图并作为划分区域，即以均匀采样点为初始聚类中心，执行多次基于欧氏距离的 C-均值聚类，可将每个点云划分为一系列互不相交的区域。划分区域的数目与物体的形状和点云的重叠比例有关，通常设置为 1～20 个。

（2）区域配准。

与点云配准相比，区域配准是一种规模更小的配准过程，因此这里采用穷举法将两个点云中的所有对应区域进行配准，并按照配准后两个区域的重叠比例来评价配准效果。

（3）求解组合系数。

这里引入可信性和一致性的概念，通过最大化能量函数来求解组合系数，该能量函数定义为

$$E(\omega)=\sum_{i=1}^{L}\sum_{j=1}^{L}\omega_i\omega_j c_1\left(T_i,T_j\right)c_2\left(T_i,T_j\right),\ \text{s.t.}\sum_{i=1}^{L}\omega_i^2=1,\omega_i\geqslant 0 \tag{5.3.1}$$

其中，$\omega=\left\{\omega_i\right\}_{i=1}^{L}$，为待求解的组合系数；$c_1\left(T_i,\ T_j\right)$为可信性信息，即真实的全局刚体变换的可能性；$c_2\left(T_i,\ T_j\right)$表示一致性信息，刻画了刚体变换$T_i$和$T_j$的相似性，当$T_i$和$T_j$接近时，$c_2\left(T_i,\ T_j\right)$比较大，具体定义和计算方法可参考文献[1]。

（4）求解刚体变换。

上一步骤求解的线性变换一般不是刚体变换，因此要将该线性变换分解为一个旋转矩阵 $\boldsymbol{R}$ 和一个平移向量 $\boldsymbol{t}$，这里的 $\boldsymbol{R}$ 采用四元数法表示：

$$\boldsymbol{R}=\begin{bmatrix} q_0^2+q_1^2-q_0^2-q_3^2 & 2(q_1q_2+q_0q_3) & 2(q_1q_3+q_0q_2) \\ 2(q_1q_2+q_0q_3) & q_0^2+q_2^2-q_1^2-q_3^2 & 2(q_2q_3-q_0q_1) \\ 2(q_1q_3-q_0q_2) & 2(q_2q_3+q_0q_1) & q_0^2+q_3^2-q_1^2-q_2^2 \end{bmatrix} \tag{5.3.2}$$

其中，$q_0\geqslant 0,\ q_0^2+q_1^2+q_2^2+q_3^2=1$，$\boldsymbol{R}$ 可通过下面的约束优化问题求得：

$$\min_{q_0q_1q_2q_3}\left\|\boldsymbol{R}^*-\boldsymbol{R}\right\|_F^2,\ \ \text{s.t.}q_0\geqslant 0,q_0^2+q_1^2+q_2^2+q_3^2=1 \tag{5.3.3}$$

完成以上 4 个基本步骤，即可实现两个点云的粗配准。

2. 精配准

精配准是一种更深层次的配准方法。经过之前的粗配准，我们得到了变换估计值。将此值作为初始值，在经过不断收敛与迭代的精细配准后，能够得到更加精准的结果。常用的精配准方法有 NDT（Normal Distribution Transform）、ICP（Iterative Closest Point）等，本文重点介绍 ICP 算法。ICP 算法由 Besl 和 McKay [2] 于 1992 年提出，其提出的算法不仅考虑了点集与点集之间的配准，还考虑了点集与模型、模型与模型之间的配准等。ICP 算法需要计算初始点云中所有点与目标点云的距离，保证这些点和目标点云的最近点相互对应，基于最小二乘法对残差平方构成的目标函数进行最小化处理，反复迭代，直到均方误差小于设定的阈值。3D 重建中使用 ICP 算法一般包括以下几个步骤。

（1）给定参考点集 P 和数据点集 Q（在给定初始估计 $\boldsymbol{R}$、$\boldsymbol{t}$ 时）。

（2）对 Q 中的每一个点寻找在 P 中的最近对应点，构成匹配点对，设 q_i 为 Q 中的点，p_i 为 P 中对应点。

（3）对匹配点对求欧氏距离和，作为误差目标函数 $E(\boldsymbol{R},\boldsymbol{t})$。

$$E(\boldsymbol{R},\boldsymbol{t})=\frac{1}{n}\sum_{i=1}^{n}\left\|q_i-(\boldsymbol{R}p_i+\boldsymbol{t})\right\|^2 \tag{5.3.4}$$

（4）利用 SVD 分解求出 $\boldsymbol{R}$ 和 $\boldsymbol{t}$，使得 $E(\boldsymbol{R},\boldsymbol{t})$ 最小。

（5）将 Q 按照 $\boldsymbol{R}$ 和 $\boldsymbol{t}$ 进行旋转和平移变化，并以此为基准，回到步骤（1）重新寻找对应点对。

最初的 ICP 算法仅使用了 3D 空间中的数据，并未考虑 RGB 信息。另外，ICP 算法建立在相邻两帧差别很小的前提下，因此在存在较大平面的场景（如墙面、天花板和地板等）中会有很大的误差。之后的科研工作者也提出了一些改进方法。例如，在估计相机位置时，同时考虑 RGB 信息和 3D 信息，并建立新的目标函数进行优化。另外，使用已经定义好的模型来模拟具有较大平面的物体，可以很好地消除这类物体带来的扰动。但考虑到实时性和稳定性，ICP 算法依然是非常经典且最常见的相机位置估计算法。

3. 后端优化

如果只进行帧间匹配，那么每一帧的误差将对后面所有的运动轨迹产生影响。例如，第二帧往右偏了 0.1mm，那么后面第三、四、五帧都要往右偏 0.1mm，同时还要加上它们自己的估算误差。所以结果就是，越到后面累积误差越大，误差的不断累积会导致后面帧的位姿离实际位姿越来越远，最终会影响系统整体的精度。这时我们需要把所有位姿数据放到一起，进行一次完整的优化，从而降低各部分的误差，该步骤称为后端优化。

后端优化有多种方案，过去采用以扩展卡尔曼滤波（Extended Kalman Filter，EKF）为主的滤波器方案，现在大多采用非线性优化方案。EKF只利用前一状态来估计当前状态的值，这有点类似于点云配准时只考虑相邻两帧的关系，很难做到全局优化。而现在常用的非线性优化方法，则是把所有数据都放在一起进行优化，虽然会增大计算量，但效果会好很多。

图优化是一种常用的非线性优化方法，其把重建过程以图的形式建模，图（Graph）由顶点（Vertex）和边（Edge）组成，在3D重建问题中，深度相机位姿是一个顶点，不同时刻的位姿之间的关系构成边，通过不断累积而成的顶点和边构成图结构，图优化的目标就是通过调整顶点的位姿，尽可能地满足边之间的约束。

这里我们介绍一种多帧ICP和图优化的融合算法[21]，同时对多帧点云数据使用ICP进行姿态估计，公式（5.3.4）被扩展为

$$E=\sum_{j=k}\sum_{i=1}^{N}|(\boldsymbol{R}p_{is}+\boldsymbol{t})-q_{ij}|^2,\quad s=j+1 \tag{5.3.5}$$

其中，s、j、k代表点集的编号。将得到的初始估计作为图模型的输入，最后利用Marquard的方法解算图模型，得到最终轨迹，具体的解算方法如下。

定义一个矢量函数$f:\mathrm{IR}^{n}->\mathrm{IR}^{m}, m\geqslant n$，公式（5.3.5）可以转换为

$$X^*=\arg\min_X\{F(X)\} \tag{5.3.6}$$

$$F(X)=\frac{1}{2}\sum_{i=1}^{m}(f_i(x))^2=\frac{1}{2}\|f(x)\|^2 \tag{5.3.7}$$

第1步 计算公式（5.3.7），获得初始估计X_0：

$$F'(X_0)=0 \tag{5.3.8}$$

第2步 当f存在二次偏导时，得到它的泰勒公式：

$$f(x+h)=f(x)+J_f(x)h+O(\|h\|^2) \tag{5.3.9}$$

第3步 依据公式（5.3.10）计算迭代步h_M：

$$\left(J_f^{\mathrm{T}}J_f+\mu I\right)h_M=-g,\ g=J_f^T\ \text{and}\ \mu\geqslant 0 \tag{5.3.10}$$

其中，μ是一个巧妙的约束参数，用于控制迭代步长的大小。在每次迭代中，

监控误差的更新，当新的误差小于之前的误差时，在下次迭代中减小 μ ，否则增大 μ 。

第 4 步 更新 $X_k\left(k \geqslant 0\right)$，公式如下：

$$X_{k+1} = X_k + h_M \tag{5.3.11}$$

第 5 步 重复执行第 3 步和第 4 步，直至系统收敛。

5.3.2.3 模型生成

经过配准的深度信息仍然是空间中散乱无序的点云数据，仅能展现场景的部分信息，因此必须对多帧点云数据进行融合处理，以获得更加精细的重建模型。经过前面的计算，我们已经得到了变换矩阵，可以将每帧点云变换到标准坐标系下，得到完整的 3D 模型。为了便于储存和重建表面，完整的 3D 模型常用体素网格或点云来表示。

1. 3D 模型的体素网格表示

以 ToF 相机的初始位置为原点构造体积网格，网格把点云空间分割成极多的细小立方体，即体素（Voxel），在第 3 章中有对体素的详细介绍。通过为所有体素赋予 SDF（Signed Distance Field，有效距离场）值来隐式地模拟表面。

SDF 值等于体素到重建表面的最小距离值。SDF 值大于零，表示该体素在表面前；SDF 小于零，表示该体素在表面后；SDF 值越接近零，表示该体素越贴近场景的真实表面。

为了解决体素占用大量空间的问题，Curless 等人提出了 TSDF（Truncated Signed Distance Field，截断符号距离场）算法[19]，该方法只存储距真实表面较近的数层体素，而不存储所有体素，因此能够大幅降低内存消耗，减少模型冗余点。对于每个网格，在每一帧都会更新并记录 TSDF 的值，然后再通过 TSDF 值还原出重建模型。例如，通过图 5.3-3 中网格的 TSDF 数值分布，我们可以很快还原出模型表面的形状和位置。这种方法通常被称为基于体数据的方法，该方法的核心思想是，通过不断更新并“融合”TSDF 等测量值，不断接近所需要的真实值。

2. 3D 模型的点云表示

直接计算每一帧点云相对初始位置的变换矩阵，将每一帧点云与初始帧对齐，就能得到用点云表示的 3D 模型。用点云直接表示 3D 模型能够节省内存空间，同时不会有信息损失。对于大型场景或者需要精细建模的应用场景，点云数量会非常大，如果用体素网格来表示会消耗大量内存，这种情况一般直接用点云来表示融合后的 3D 模型。

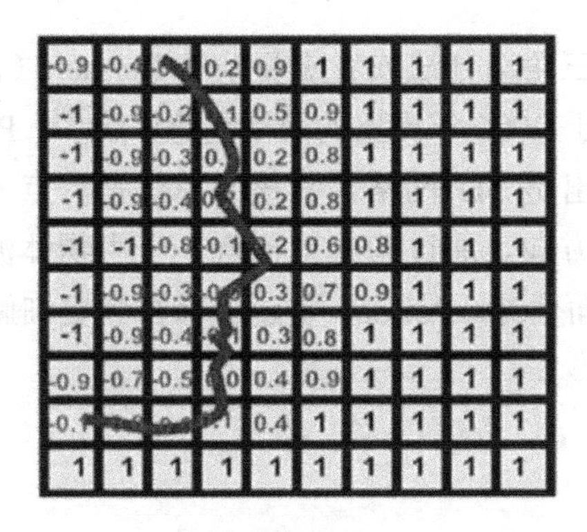

（a）TSDF 数值分布

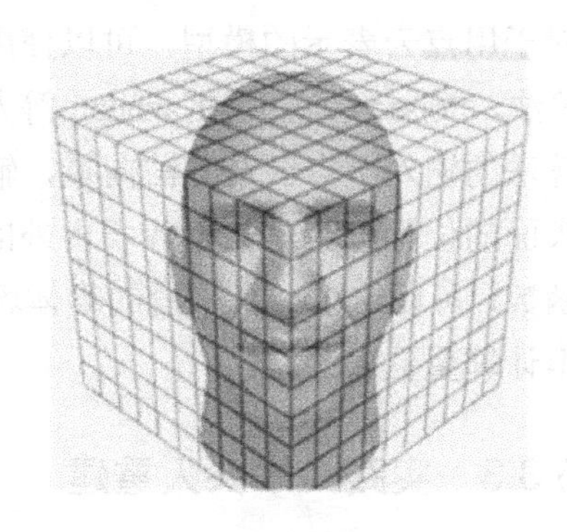

（b）体素网格

图 5.3-3　TSDF 数值分布与体素网格

5.3.2.4　表面生成

表面生成的目的是构造物体的可视等值面，对于用体素网格表示的模型，常用体素级方法直接处理原始灰度体数据。Lorensen 提出了经典体素级重建算法——移动立方体法（Marching Cubes 法）[18]。如图 5.3-4 所示，移动立方体法首先将数据场中八个相邻位置的数据分别存放在一个四面体体元的八个顶点处。对边界体素上一条棱边的两个端点而言，当其中一个大于给定的常数 *T*，另一个小于 *T* 时，这条棱边上一定有等值面的一个顶点。然后计算该体元中十二条棱和等值面的交点，并构造体元中的三角面片，所有的三角面片把体元分成了等值面内与等值面外两个区域。最后连接此数据场中的所有体元的三角面片，构成等值面，合并所有立方体的等值面便可生成完整的 3D 表面。

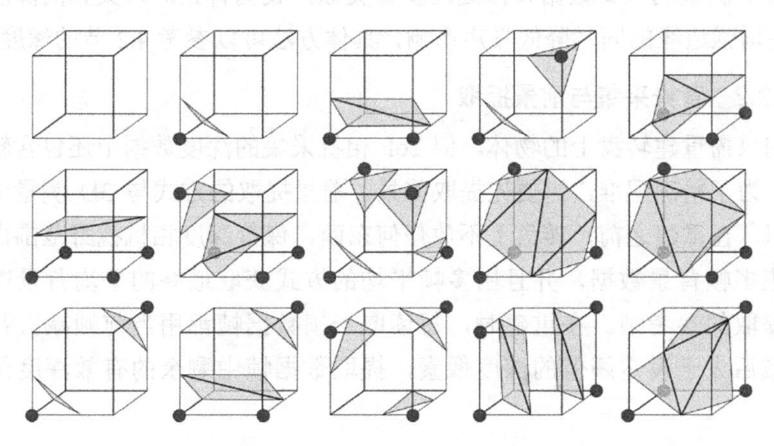

图 5.3-4　移动立方体法示例

对于用点云表示的模型，可以使用三角剖分法或者更复杂的 Poisson（泊松）重建算法。Poisson 重建是 Kazhdan 等人于 2006 年提出的网格重建算法[20]。Poisson 重建算法的输入是点云及其法向量，输出是 3D 网格，其核心思想是，点云代表物体表面的位置，其法向量代表内外的方向。通过隐式地拟合一个由物体派生的指示函数，可以给出一个平滑的物体表面估计。Poisson 重建能够得到更细腻的表面，但计算量更大一些。

5.3.3 实践：木头人重建

物体重建的采集场景如图 5.3-5 所示，把待重建物体（木头人）放在一个转盘上，物体能够随着转盘转动，ToF 相机固定。在采集过程中控制转盘转速，使转盘匀速转动，固定的 ToF 相机正对转盘上的物体，采集木头人表面的深度值用于重建。

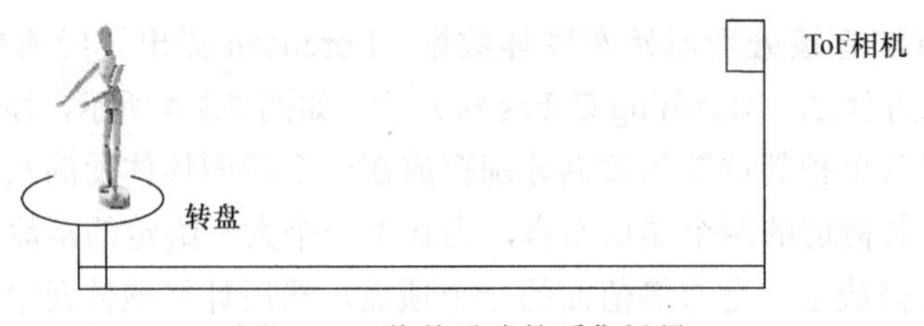

图 5.3-5 物体重建的采集场景

5.3.3.1 数据获取和预处理

与 3D 测量的采集数据和预处理步骤类似，我们首先对采集到的深度图进行滤波，在增强边缘的同时降低噪声影响，具体方法可以参考 4.2 节的深度图滤波。

5.3.3.2 背景采集与前景提取

我们只需重建转盘上的物体，但 ToF 相机采集的深度数据中还包含转盘和背景信息，为了精确配准，需要先提取前景，前景提取的方式与 3D 测量中采用的方式类似。在重建之前，转盘上不放任何东西，保持深度相机视野范围内环境不变，采集多帧背景数据，并且用多帧平均的方式获取最终的平均背景深度帧作为前景提取的参考帧。在重建时，每读取一帧数据帧都用当前帧减去背景帧，保留相减后大于设定阈值的深度像素，提取数据帧中剩余的有效深度像素作为前景。

5.3.3.3　点云滤波

因为配准过程是基于点云完成的，在获取前景深度像素后需要将深度图映射为 3D 点云。如图 5.3-6 所示，通过直接相减获取的前景会存在许多噪声点和飞散点，尤其是边缘部分存在较大噪声，所以还需要对点云进行滤波，去除飞散点和边缘上较大的噪声点。

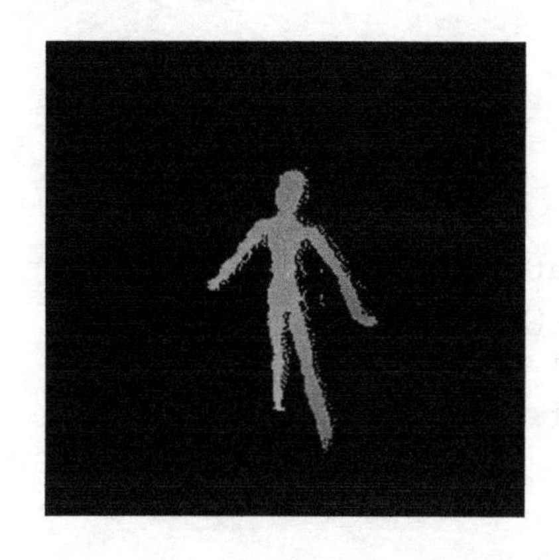

（a）滤波前的点云

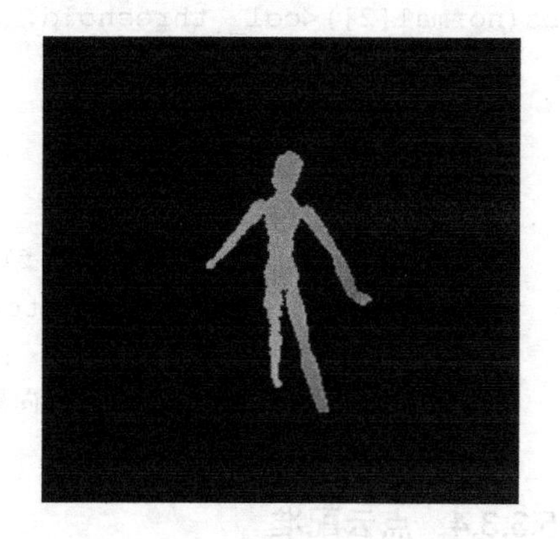

（b）滤波后的点云

图 5.3-6　滤波前后的点云

可以使用统计滤波器或半径滤波器进行分散点滤除，可以参考第 4 章点云滤波的部分，边缘噪声点滤波器的实现方法如下。

```
## 功能描述：
# 利用点的法向量去除边缘噪声点，如果法向量偏向两边过大，则认为该点可能是边缘点
# 输入参数：
# pc：点云坐标
# normals：法向量
# row_threshold：x 方向边缘去除阈值
# col_threshold：y 方向边缘去除阈值
# 输出参数：
# pc：剩余的点
# normals：剩余点对应的法向量
# pc_cut：去除的点
defremove_edge_points(pc,normals,row_threshold=0.15,
col_threshold=0.02):
```

```
    mask=np.zeros((normals.shape[0],1)).astype('bool')
    idx=0
    for normal in normals:
        len=np.linalg.norm(normal)
        # 如果点的法向量的方向偏离视线方向的值大于阈值，则认为其是边缘点
        if  np.abs(normal[2]/(normal[0]+1e-10))<row_threshold  or
np.abs(normal[2])<col_ threshold:
            mask[idx]=False
        else:
            mask[idx]=True
        idx+=1
    normals = normals[(mask).flatten(), :]
    pc_cut = pc[(~mask).flatten(), :]
    pc = pc[(mask).flatten(), :]
    # 返回剩余的点、剩余点对应的法向量、去除的点
    return normals,pc,pc_cut
```

5.3.3.4 点云配准

我们采用 ICP 算法进行点云配准，输入为点云 A 和点云 B 及粗匹配得到的初始位姿 init_pose、最大迭代数 max_iterations 及最大容忍误差 tolerance，配准模式可以选择 pointto point（PTPOINT）或 pointto plane（PTPLANE）模式。在每个迭代过程中，对于点云 B，我们首先找到其每个点在点云 A 中最近邻的点，然后选取距离最近的 *m* 个匹配点对进行配准，由于两帧点云间有匹配部分也有各自特有的部分，该操作可以让算法集中优化匹配部分，避免非匹配部分的干扰。通过 SVD 分解计算使误差最小的位姿变换矩阵，当匹配误差小于给定阈值或者迭代次数达到给定的最大迭代次数时，输出最终计算得到的位姿变换矩阵。

```
## 功能描述：
#  利用 ICP 算法计算两帧点云间的位姿变换矩阵 T
#  输入参数：
#  A、B：两帧点云
#  init_pose：粗配准得到的初始位姿
#  max_iterations：最大迭代次数
#  tolerance：最大容忍误差
#  输出参数：
#  T：求得的位姿变换矩阵
```

```
    def icp(A, B, init_pose=None , max_iterations=40 , tolerance=
0.00000001, mode = 'PTPOINT'):
          m = A.shape[1]
          data_len=A.shape[0]
          dst_normal=B[:,3:6]
          src = np.ones((m+1,A.shape[0]))
          dst = np.ones((m+1,B.shape[0]))
          dst_normal = np.ones((m + 1, B.shape[0]))
          src[:m,:] = np.copy(A.T)
          dst[:m,:] = np.copy(B[:,0:3].T)#
          dst_normal[:m, :] = np.copy(B[:, 3:6].T)
          if init_pose is not None:
              src = np.dot(init_pose, src)
          prev_error = 0
          for i in range(max_iterations):
              # 找到源点云和目标点云之间最近邻匹配点对
              src_indices,indices,mean_error=icp.get_coor(src[:m,:].
T,dst[:m,:].T,dst_normal[:m,:]. T, mode)
              # 计算源点云和目标点云间的位姿变换矩阵
              T,_,_ = icp.best_fit_transform(src[:m,src_indices[:]].T,dst
[:m,indices[:]].T)
              # 更新源点云
              src = np.dot(T, src)
              if np.abs(prev_error - mean_error) < tolerance:
              # 误差小于阈值就可以跳出循环并输出结果了
                 break
              prev_error = mean_error
          # 计算最终的位姿变换矩阵
          T,_,_ = icp.best_fit_transform(A, src[:m,:].T)
          return T
```

5.3.3.5 模型融合

计算得到每一帧相对前一帧的变换矩阵后，我们可以将其统一转换为每一帧相对第一帧的变换矩阵，将变换矩阵作用于点云，即将每一帧点云变换到由初始相机位姿确定的 3D 坐标中。如图 5.3-7 所示，最终的点云由多帧点云合成得到。

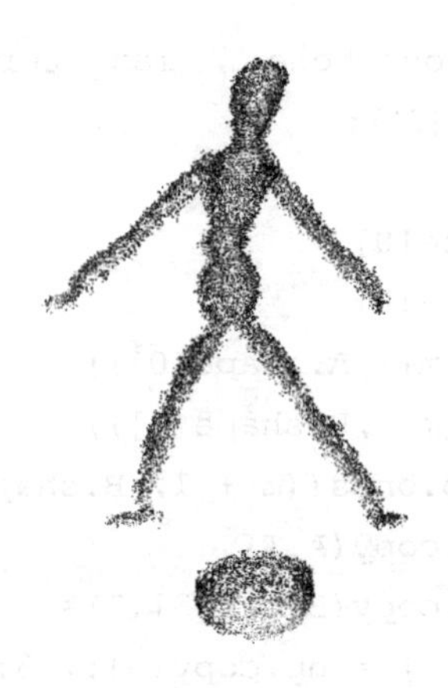

图 5.3-7　融合得到的点云

```
## 功能描述:
#   模型更新函数
#   输入参数:
#   pc_base: 更新前的模型, M*7 维矩阵
#   pc_with_n: N*6 维向量, 表示带有坐标和法向量的点云
#   T_global: 全局位姿变换矩阵
#   输出参数:
#   pc_base: 更新后的模型
def create_3D_pc(pc_base,pc_with_n,T_global,count,opt=None):
    pc_model=pc_to_model(pc_base,pc_with_n,T_global,count)
    if count%6==0:
    # 在实验中, 每帧之间转盘转角很小, 为避免重建的点云过于稠密, 我们每隔几帧
    # 进行一次模型更新
        pc_base=pc_model
    return pc_base,T_global,pc_model
```

5.3.3.6　表面生成

在获得点云模型后，我们可以使用 Poisson 重建算法重建表面，Poisson 重建的输入除点云外，还有每点的法向量。表面重建结果如图 5.3-8 所示。

```
## 功能描述:
#   泊松重建函数
#   输入参数:
#   points: 点云坐标
```

```
    #   normal：法向量
    #    T_global：全局位姿变换矩阵
    #   depth、full_depth、scale、 samples_per_node、cg_depth：重建配置参数
    #   输出参数：
    #   facets：面
    #   verticle：顶点
    #   泊松重建函数定义
    def poission_rect(points,normals,depth=7, full_depth=5, scale=1.1,
samples_per_node=1, cg_depth=0.0):
    facets,verticle=pypoisson.poisson_reconstruction(points, normals,
depth,full_depth,scale, samples_per_node, cg_depth)
    return np.array(facets),np.array(verticle)    # 返回面与顶点
```

图 5.3-8　表面重建结果

至此我们就完成了木头人的重建，读者可以试着重建自己的 3D 模型。

5.4　总结与思考

本章系统介绍了 3D 测量和 3D 重建的发展概述、主要方法和算法流程，并通过两个实例给大家讲解了如何快速利用 SmartToF 相机开发实用的应用。

以下是关于本章内容的拓展问题，感兴趣的读者可以进一步思考。

（1）在 3D 测量实例中，能否通过识别角点得到矩形的顶点？

（2）在 3D 测量中，如果包裹在测量过程中移动，会对测量结果造成什么影响？

（3）在 3D 测量中，只通过固定不动的单目相机能否得到测量结果？若相机可以移动，又能否实现测量呢？

（4）在 3D 测量中，深度相机还可以得到灰度图，那如何利用灰度图进一步提升准确度？

（5）在 3D 重建中，如何利用灰度图提升配准效果？

（6）在 3D 重建实例中，如果转盘转动的速度和深度相机帧率已知，是否有更简单的方法求两帧之间的姿态变化？

参 考 文 献

[1] 韩宝昌，曹俊杰，苏志勋．一种区域层次上的自动点云配准算法[J]．计算机辅助设计与图形学学报，2015，27(02):313-319.

[2] Besl P J, Mckay H D. A method for registration of 3-D shapes[J]. IEEE Transactions on Pattern Analysis and Machine Intelligence, 1992, 14(02):0-256.

[3] Yao Chengwen, Lei Hai, Chang Xinyu, et al. A new method for fast and precise measurement of 3D position of microspheres[J]. Acta Optica Sinica, 2017, 37(01):2002.

[4] Roberts L G. Machine perception of three dimensional solids [D]. Massachusetts Institute of Technology, 1963.

[5] Kiyasu S, Hoshino H, Yano K, et al. Measurement of the 3D shape of specular polyhedrons using an m-array coded light source[J]. IEEE Transactions on Instrumentation and Measurement, 1995, 44(03):775-778.

[6] Pollefeys M, Nist′er D, Frahm J M, et al. Detailed real-time urban 3D reconstruction from video[J]. International Journal of Computer Vision, 2008, 78(02):143-167.

[7] Han J, Shao L, Xu D, et al. Enhanced computer vision with Microsoft Kinect sensor: A review[J]. IEEE Transactions on Cybernetics, 2013, 43(05): 1318-1334.

[8] Choy CB, Xu D, Gwak JY, et al. 3D-R2N2: A Unified Approach for Single and Multi-view 3D Object Reconstruction[J]. Proceedings of European Conference on Computer Vision, 2015: 628-644.

[9] Fan H, Su H, Guibas L. A point set generation network for 3d object reconstruction from a single image[J]. Proceedings of IEEE Conference on Computer Vision and Pattern Recognition, 2017: 2463-2471.

[10] Bay H, Ess A, Tuytelaars T, et al. Speeded-up Robust Features(SURF)[J]. Computer Vision and Image Understanding, 2008, 110(03): 346-359.

[11] Zhang Z . A Flexible New Technique for Camera Calibration[J]. IEEE Transactions on Pattern Analysis and Machine Intelligence, 2000, 22(11): 1330-1334.

[12] Hinton, Geoffrey E., Simon Osindero, et al. A fast learning algorithm for deep belief nets[J]. Neural computation, 2006(18): 1527-1554.

[13] Newell A, Yang K, Deng J. Stacked Hourglass Networks for Human Pose Estimation[J]. Proceedings of European Conference on Computer Vision, 2015: 483-499.

[14] Arce G R. Nonlinear signal processing:A statistical approach[M]. Hoboken : John Wiley & Sons, 2005: 80-138.

[15] Yilmaz O , Karakus F . Stereo and kinect fusion for continuous 3D reconstruction and visual odometry[C]// International Conference on Electronics. IEEE, 2014.

[16] Hisahara H , Hane S , Takemura H , et al. 3D Point Cloud-Based Virtual Environment for Safe Testing of Robot Control Programs: Measurement Range Expansion through Linking of Multiple Kinect v2 Sensors[C]// International Conference on Intelligent Systems. IEEE, 2015.

[17] Curless B, Levoy M. A Volumetric Method for Building Complex Models from Range Images[C]// Conference on Computer Graphics & Interactive Techniques, 1996.

[18] Lorensen W E, Cline H E. Marching Cubes: A High-Resolution 3D Surface Construction Algorithm[J]. SIGGRAPH 87 Conference Proceedings, Computer Graphics, 1987,21(04): 163-169.

[19] Kazhdan M, Bolitho M, Hoppe H. Poisson surface reconstruction[C]//Eurographics Symposium on Geometry Processing, 2006.

[20] 吕瑞，李明，汪明阔，等.一种融合多帧ICP和图优化的算法研究[J].计算机工程，2014，40(09): 229-232.

[21] Hertzberg C. A Framework for Sparse,Non-linear Least Squares Problems on Manifolds[D]. Bremen : Bremen University, 2008..

第 6 章

3D 物体分割与识别

主要目标

- 学习 3D 物体分割方法，包括深度阈值法和平面参数估计法等。
- 学习 3D 物体特征描述方法，包括几何不变矩特征、高斯差分特征等。
- 理解卷积神经网络在特征提取任务中的优势，学习不同格式 3D 数据对应的神经网络设计方法，实现 3D 物体语义识别。
- 学习多种计算机视觉算法库和深度学习算法框架的使用，通过编写 Python 代码亲自动手实现本章介绍的所有算法。

6.1 概述

近年来，智能服务机器人得到越来越多的关注，人们期望借助其搭载的 3D 传感器帮助用户完成家庭场景中的日常活动，智能服务机器人应用场景示例如图 6.1-1 所示，摆放物品、避障移动等活动要求机器人具有感知环境和识别目标物体的能力。高鲁棒、高精度的物体识别是智能服务机器人系统的关键组成部分，虽然基于 2D 图像的物体识别在特定场景下取得了不错的效果，但视角、尺度和光照等因素的变化仍会导致物体识别失效，这也说明 2D 图像特征对 3D 真实场景和物体的描述依然不够。因此，我们将在本章探索基于 3D 数据的物体分割与识别方法，从场景中分割出目标物体，并对其进行识别分类。

图 6.1-1　智能服务机器人应用场景示例

本章我们聚焦智能服务机器人执行任务的场景。对于小型简单场景，通过深度阈值分割和平面检测实现目标物体的分割，并设计 3D 特征学习物体的几何形状与结构属性等，通过训练支持向量机（Support Vector Machine，SVM）和模板匹配的方法实现粗粒度 3D 物体识别。目前，基于 3D 数据的目标物体分割方法包括直方图法、区域生长法、图分割法、RANSAC 法、3D 霍夫变换法等，物体识别方法则包括 3D 关键点检测与 3D 特征描述子提取两大步骤，具体方法包括高斯差分算子、Harris 算子、迭代最近点、几何不变矩等。针对复杂的实际场景，由于目标物体特征的选择高度依赖识别任务本身，我们往往无法正确判断到底哪种或哪些特性对于识别任务更为重要。特别是对于 3D 物体识别，不同类别的物体在外观和几何结构上都会呈现显著差异，此外，不同的视角对外观表现也有影响。因此，针对复杂场景，我们探索以 3D 数据为输入的深度学习方法，自动构建从低级到高级的层次化特征，以应对点云数据的噪声性、稀疏性和无序性挑战，设计卷积神经网络学习物体的 3D 结构特征，最终实现复杂场景下的 3D 物体语义识别。

在本章，我们将根据场景复杂程度，由易到难、由浅入深地介绍 3D 物体分割与识别方法。每一步都同步提供示例代码，希望读者能够亲自动手实践，掌握相关知识。

6.2　目标分割

高效准确的目标分割是识别任务的基础。在本节，我们将介绍针对智能服务机器人执行任务的简单场景，通过阈值分割与平面检测实现单个目标物体分割的方法。

6.2.1 阈值分割

深度图的像素值代表物体与 ToF 相机的距离，因此可以通过阈值分割的方法以极低的计算量快速实现前后景分割，完成前景目标的提取。深度阈值选取的方法有双峰法、迭代法、大津法等多种方法。双峰法将整个图像分为目标物体和背景两个部分，通过深度直方图特性分别得到目标物体与背景的直方图峰值，选择两峰之间的波谷作为分割阈值，实现前后景分割。迭代法的主要思想是设定初始阈值 τ，根据阈值将所有像素分为两个集合，取两个集合像素均值的平均数作为新的分割阈值，并通过迭代不断更新这一阈值，直到满足给定的约束条件。大津法由日本学者大津于 1979 年提出[1]，又称为最大类间方差法，其思想是设定初始阈值 τ，根据阈值将所有像素分为两个集合，计算两个集合的类间方差，并更新阈值。当类间方差最大时，对应的阈值即为所求的最佳分割阈值。迭代法和大津法都具有算法烦琐、计算量大的缺点。在本节，我们重点介绍基于深度直方图特性的双峰法，其具有算法简洁、计算量小的特点。

这里假设待识别的前景物体在空间中距离 ToF 相机最近，那么只需设定一个深度阈值 τ，对于像素 (x,y) 的深度值 $f(x,y)$，若其小于等于阈值 τ，则将掩码设为 1，反之设为 0，这样我们就得到了深度阈值分割结果——二值掩码图像 mask，只保留深度图中对应掩码为 1 的区域，即可完成前景物体的分割。

$$\text{mask}(x,y)=\begin{cases}1, & f(x,y)\leqslant\tau\\0, & f(x,y)>\tau\end{cases} \tag{6.2.1}$$

然而，在实际应用场景中，往往无法保证待识别物体距离 ToF 相机最近，所以深度图不能严格划分为前景与背景两部分，如果仍然根据公式（6.2.1）分割图像，结果会包含待识别物体之外的深度值。因此，需要设定两个或两个以上的深度阈值，确保图像分割取得良好效果。

$$\text{mask}(x,y)=\begin{cases}1, & \tau_1\leqslant f(x,y)\leqslant\tau_2\\0, & \text{others}\end{cases} \tag{6.2.2}$$

我们以从场景中分割目标物体——“箱子”的实验为例展开后续的方法介绍。如图 6.2-1 所示为场景深度图及其深度直方图统计结果，通过观察深度直方图可以发现，所有像素形成两个峰值，分别对应箱子（目标物体）和地面（背景），我们选取中间波谷处的深度值作为分割阈值。

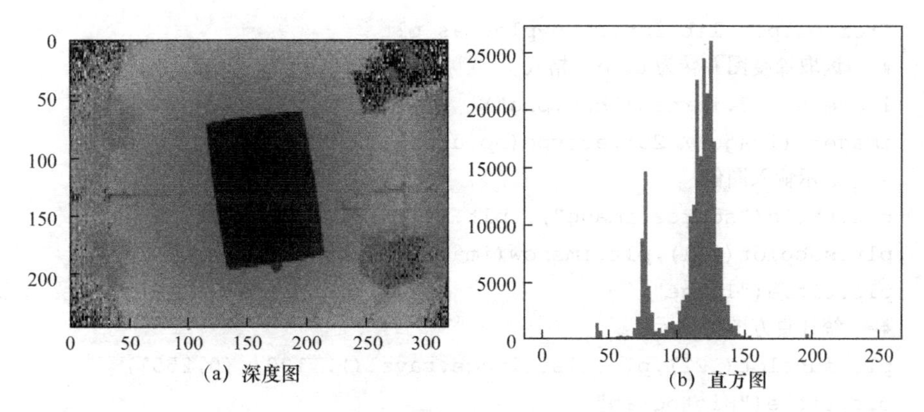

图 6.2-1　场景深度图及其深度直方图统计结果

为了更直观地展示深度阈值分割门限与分割效果，图 6.2-2 展示了场景深度图对应的不同视角的 3D 点云图，如图 6.2-2 所示，目标物体（箱子）和背景平面可根据不同深度值实现有效分割。

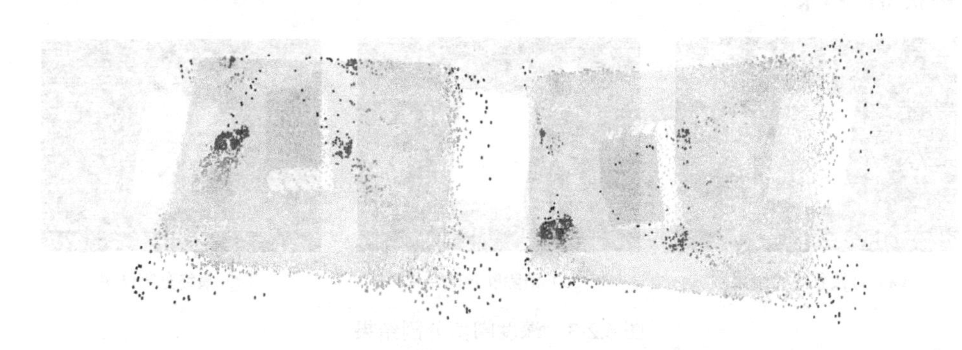

图 6.2-2　场景深度图对应的不同视角的 3D 点云图

以下代码演示了如何实现深度直方图统计。

```
##  功能描述：
#   深度直方图统计
#   输入参数：
#   深度图（16bit 格式）
#   输出参数：
#   深度直方图
#   coding:utf-8
import cv2
import numpy as np
```

```
from matplotlib import pyplot as plt
#   读取深度图并转为 uint8 格式
image = cv2.imread("box.png")
image= (image / 20).astype(np.uint8)
#   显示输入图像
plt.title("source image"), plt.xticks([]), plt.yticks([])
plt.subplot(121),plt.imshow(image, "gray")
plt.title("Image")
#   统计直方图并显示
plt.subplot(122),plt.hist(image.ravel(), 100, [0,255])
plt.title("Histogram")
plt.show()
```

下面的 Python 代码演示了如何实现对目标物体的深度阈值分割，使用图 6.2-1 中的深度图作为输入，深度阈值分割结果如图 6.2-3 所示，其中，图 6.2-3（a）为直接获得的结果。

（a）直接获得的结果

（b）消除噪声的结果

（c）最终分割结果

图 6.2-3　深度阈值分割结果

```
##  功能描述：
#   深度图阈值分割
#   输入参数：
#   深度图（16bit 格式）
#   输出参数：
#   深度图阈值分割结果
#   coding:utf-8
import cv2
import numpy as np
#   读取深度图并转为 uint8 格式
image = cv2.imread("box.png")
image = (image / 20).astype(np.uint8)
```

```
    #  深度阈值分割，自动选取分割阈值
    ret1, th1 = cv2.threshold(image, 0, 255, cv2.THRESH_BINARY_INV+cv2.
THRESH_OTSU)
    #  显示阈值分割结果
    cv2.imshow("seg", th1)
    #  轮廓检测
    _, contour, h = cv2.findContours(th1, cv2.RETR_TREE, cv2.CHAIN_
APPROX_SIMPLE)
    #  显示轮廓检测结果
    cv2.imshow("ctr", th1)
    #  基于轮廓面积的最大连通域检测
    max_area = 0
    for c in contour:
        #  对每个轮廓计算面积
        cur_area = cv2.contourArea(c)
        if max_area < cur_area:
            max_area = cur_area
            #  最大轮廓 c_max
            c_max = c
    #  填充除最大轮廓外的所有小轮廓
    for c in contour:
        if c is not c_max:
            cv2.drawContours(th1, [c], -1, 0, -1)
    #  显示掩码 mask 结果
    cv2.imshow("ctr", th1)
    #  只保留原始图像中目标物体区域
    img = image * th1
    #  显示最终分割结果
    cv2.imshow("img", img)
    cv2.waitKey(0)
```

深度阈值切割后，得到如图 6.2-3（a）所示的结果。可以发现，由于 ToF 相机的噪声特性导致图像边缘存在噪声。为了消除噪声的干扰，使用轮廓检测的方法搜索并保留最大连通域，消除小面积噪声区域，结果如图 6.2-3（b）所示。这样，就可以得到物体最终的掩码图像，从而将目标物体分割出来，最终分割结果如图 6.2-3（c）所示。

深度图阈值分割是一种典型的前后景分割方法，其因实现简单、运算复杂度低、性能稳定而成为图像分割领域应用最广泛的方法之一，特别适用于目标物体和背景占据不同深度像素值等级范围的图像，其难点在于合适阈值的选取。但这种方法不适用于倾斜表面，因为倾斜表面会导致整个区域的深度值较为离散，无法形成直方图峰值。对于这种情况，我们可以采用平面参数估计法，具体介绍见 6.2.2 节。

6.2.2 平面检测

在现实场景中，物体通常都是放置在平面上的。因此，平面分割是实现目标检测不可或缺的环节。本小节的目标是通过平面参数估计法检测场景中的平面并将其分离出来。总体思路包括以下两个步骤：首先，拟合平面并估计平面参数；其次，计算空间中各点到平面的距离，筛选出距离小于特定阈值 τ 的点。在几何数学中，平面方程定义为

$$n_x x + n_y y + n_z z + d = 0 \tag{6.2.3}$$

其中，$\{n_x, n_y, n_z, d\}$ 是待估计的平面参数，$\boldsymbol{n} = \begin{bmatrix} n_x & n_y & n_z \end{bmatrix}^T$ 为平面法向量，(x, y, z) 为平面上任一点的 3D 坐标。对于点云数据 $\{x_n, y_n, z_n\}_{n=1,2,\cdots,N}$，估计平面参数 $\{n_x, n_y, n_z, d\}$ 的过程就是拟合“超定方程”[公式（6.2.4）]，由于点云中各点的坐标 (x, y, z) 是已知量，通过对方程的求解，得到特征向量 $\boldsymbol{v}_0 = \begin{bmatrix} n_x & n_y & n_z & d \end{bmatrix}^T$，即平面参数。

$$\begin{bmatrix} x_1 & y_1 & z_1 & 1 \\ x_2 & y_2 & z_2 & 1 \\ \vdots & \vdots & \vdots & \vdots \\ x_N & y_N & z_N & 1 \end{bmatrix} \begin{bmatrix} n_x \\ n_y \\ n_z \\ d \end{bmatrix} = \begin{bmatrix} 0 \\ 0 \\ \vdots \\ 0 \\ 0 \end{bmatrix} \tag{6.2.4}$$

在得到平面参数后，我们计算点到平面的距离，验证点云空间中的每一个点是否在平面上，筛选出距离小于阈值 τ 的点组成平面点集，从原始点云集中分离出来。

根据平面参数 $\{n_x, n_y, n_z, d\}$，空间中任意一点 (x, y, z) 到该平面的距离 l 为

$$l = \frac{(x - p_x)n_x + (x - p_y)n_y + (z - p_z)n_z}{\sqrt{n_x^2 + n_y^2 + n_z^2}} \tag{6.2.5}$$

其中，(p_x, p_y, p_z) 是平面上一点，根据平面方程很容易找到这样的点。例如，公式（6.2.6）中给出的 3 个点都是参数为 $\{n_x, n_y, n_z, d\}$ 的平面上的点：

$$\{-d/n_x, 0, 0\}, \{0, -d/n_y, 0\}, \{0, 0, -d/n_z\} \qquad (6.2.6)$$

3D 空间点到平面的距离计算示意图如图 6.2-4 所示，其直观显示了空间中的任一点、待拟合平面、平面上的点与平面法向量之间的关系，图中的粗线段即为点到平面的距离 l。

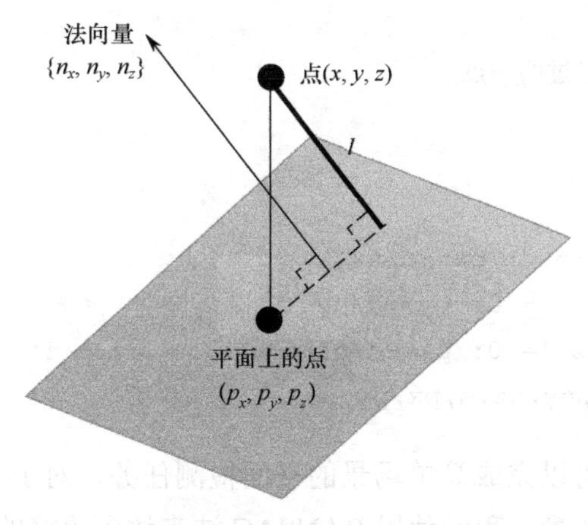

图 6.2-4　3D 空间点到平面的距离计算示意图

如下是平面拟合运算的 Python 代码实现，输入参数为 3D 点云数据，深度图转为点云的方法与代码实现请参考 3.3 节的相关介绍。

```
## 功能描述：
#   点云拟合平面
#   nx*x+ny*y+nz*z+d=0
#  输入参数：
#   pc：点云矩阵，每个点对应一行数据坐标(x,y,z)
#  输出参数：
#   nx、ny、nz：平面法向量
#   d：平面参数，满足 nx*x+ny*y+nz*z+d=0
#   px、py、pz：平面上一点的坐标

def fit_plane_param(pc):
    num,_=pc.shape
    pc_ext=np.hstack((pc,np.ones((num,1))))
```

```
    R=np.dot(pc_ext.T,pc_ext)
    _,V=np.linalg.eigh(R.astype(np.float64))
    v0=V[:,0]
    # 法向量（长度归一化）
    nx,ny,nz,d=v0[0,],v0[1],v0[2],v0[3]
    k=1.0/np.sqrt(nx**2+ny**2+nz**2)
    nx*=k
    ny*=k
    nz*=k
    # 计算平面经过的一点
    d*=k
    px=py=pz=0
    if d!=0:
        if nx != 0: px=-d/nx
        elif ny != 0: py=-d/ny
        elif nz != 0: pz=-d/nz
    return nx,ny,nz,d,px,py,pz
```

平面参数估计可以完成简单场景的平面检测任务，对于待拟合平面的点云数据存在大量噪声的场景，我们使用 RANSAC 法来达到更好的拟合效果。

RANSAC 的全称为 Random Sample Consensus（随机抽样一致方法），可以从一组包含噪声的观测数据中，通过多次迭代以一定概率得出数学模型参数。具体步骤如下：

（1）从原始的点云数据中随机选取 K 个点的数据构成子集 $P=\left\{x_k, y_k, z_k\right\}_{k=1,2,\cdots,K}$；

（2）利用点集 P，根据上文介绍的方法拟合平面，得到平面参数 $\left\{n_x, n_y, n_z, d\right\}$；

（3）计算点集 P 中每个点到拟合平面的距离 l，更新点集 P，即从中剔除到平面距离超出阈值 τ 的点。如果点集 P 中点的数量少于设定门限数量，则说明该平面拟合模型不合理，返回步骤（1），重新选取点集 P；

（4）重复步骤（2）和（3），直到所估计的参数 $\left\{n_x, n_y, n_z, d\right\}$ 不再改变。

在实际使用时，会根据实际情况对以上步骤进行调整，需要读者设定最大迭代次数、距离阈值 τ 等参数。

下面是使用 PCL 库实现 RANSAC 平面拟合的 Python 代码。

```
## 功能描述：
#  读取点云数据，实现 RANSAC 平面拟合
#  输入参数：
#  pc：点云矩阵，每个点对应一行数据坐标(x,y,z)
#  输出参数：
#  pc_plane：平面拟合结果

import pcl
# 打印点云数据尺寸
print(pc.size)
# 点云滤波
fil = pc.make_passthrough_filter()
fil.set_filter_field_name("z")
fil.set_filter_limits(0, 1.5)
pc_filtered = fil.filter()
print(pc_filtered.size)
# 点云分割
seg = pc_filtered.make_segmenter_normals(ksearch=50)
seg.set_optimize_coefficients(True)
seg.set_model_type(pcl.SACMODEL_NORMAL_PLANE)
# 参数设置
seg.set_normal_distance_weight(0.1)
seg.set_method_type(pcl.SAC_RANSAC)
seg.set_max_iterations(100)
seg.set_distance_threshold(0.03)
indices, model = seg.segment()
pc_plane = pc_filtered.extract(indices, negative=False)
```

至此，我们完成了平面拟合，获得了估计的平面参数。下面计算空间中所有点到平面的距离 l，从而筛选出距离小于阈值 τ 的平面点集，并从原始点云集中分割出来。下面的 Python 代码实现点到平面的距离计算：

```
## 功能描述：
#  计算点(x,y,z)到平面的距离
#  输入参数：
#  空间中一点的坐标（x, y, z）
#  平面参数法向量（nx, ny, nz）
```

```
#   平面上任意一点的坐标（px, py, pz）
#   输出参数：
#   空间中一点（x, y, z）到法向量（nx, ny, nz）对应平面的距离

def calc_point_to_plane_dist(x,y,z,nx,ny,nz,px,py,pz):
    return ((x-px)*nx+(y-py)*ny+(z-pz)*nz) / math.sqrt(nx**2+ny
**2+nz**2)
```

至此，我们完成了平面参数估计，计算了空间点到平面的距离。我们使用上一节用到的深度图进行平面检测与分割，检测结果如图 6.2-5 所示。由此，我们可以将检测到的地面从图像中分割出来，从而提取出目标物体“箱子”，结果如图 6.2-6 所示。

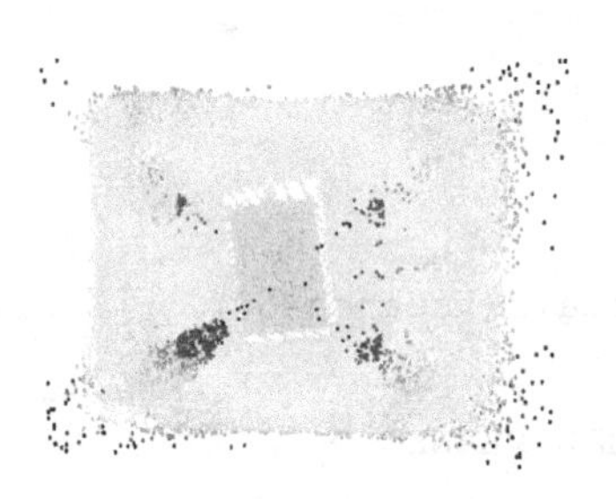

（a）由深度图转换得到的点云

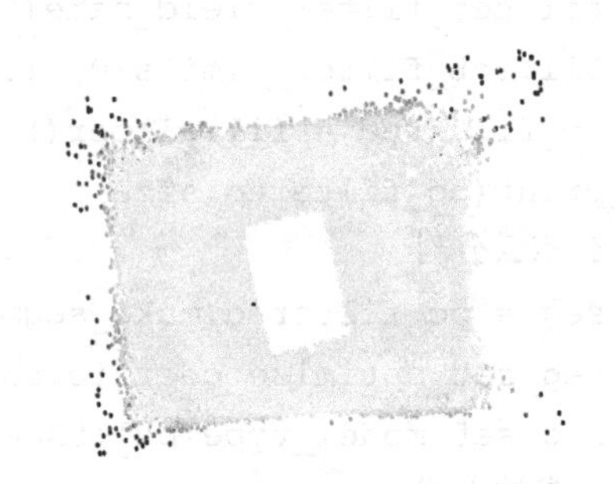

（b）平面检测结果（地面）

图 6.2-5　点云平面检测结果

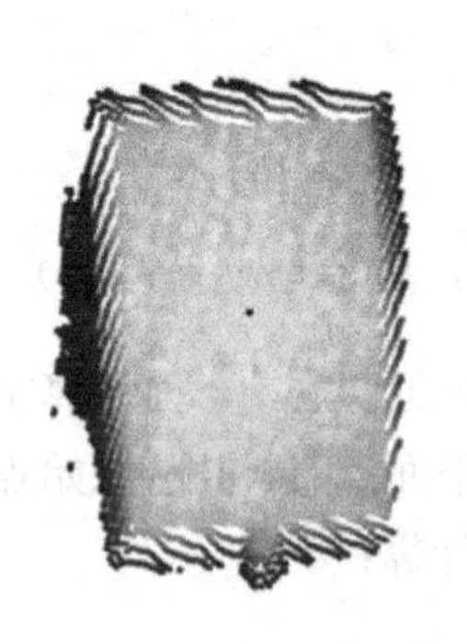

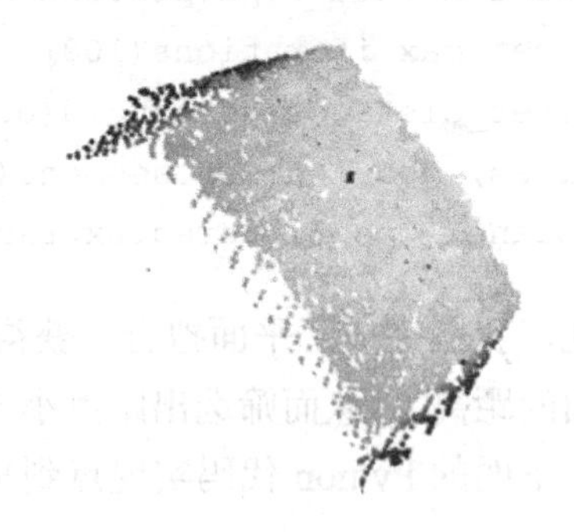

图 6.2-6　不同视角下的点云目标物体分割结果

至此，我们实现了平面检测与目标分割，这是物体特征提取与识别任务的基础。接下来，我们将介绍 3D 物体几何形状识别方法。

6.3　几何形状识别

对于任意 3D 物体，我们都可以通过点云旋转变换使待测物体的表面平行于 XY 平面，将 3D 曲面形状检测转换成近似 2D 平面形状检测的问题。因此，3D 物体识别的核心问题是要设计一个可以区分不同目标物体的有效信息描述子，目前大量的目标识别方法采用人工设计的特征，如 SIFT [2]、3D 点云自旋图像[3]及特定的形状和几何特征[4][5]等。在本节，我们介绍两种实现粗粒度 3D 物体识别的方法，分别是基于物体轮廓几何不变矩特征训练 SVM 分类器的方法、基于目标物体 3D 关键点检测的模板匹配方法。

6.3.1　几何不变矩

通过观察可以发现，同一类物体往往具有相近的轮廓，因此本小节介绍基于轮廓特征的粗粒度 3D 物体识别方法。轮廓特征是一种很流行的物体识别描述子，多用于匹配、识别等任务，具有容易获取、计算量小等特点，可以较好地满足实时性要求。而为了定量地表示轮廓特征，我们引入了矩的概念。

矩（Moment）是概率与统计中的一个概念，是随机变量的一种数字特征，通常用符号 $\boldsymbol{m}$ 或 $\boldsymbol{\mu}$ 表示。设 X 为随机变量，c 为常数，k 为正整数，$E(X)$ 为变量 X 的均值，则 $E\left[(X-c)^k\right]$ 为 X 关于 c 点的 k 阶矩。常数 c 的取值有两种特殊情况：

（1）$c=0$：这时 $\boldsymbol{m}_k=E(X^k)$，称为随机变量 X 的 k 阶原点矩；

（2）$c=E(X)$：这时 $\boldsymbol{m}_k=E\left[(X-E(X))^k\right]$，称为随机变量 X 的 k 阶中心矩。

对于连续随机变量 X 和其概率密度函数 $f(x)$，k 阶矩 $\boldsymbol{m}_k$ 的积分表示形式为

$$\boldsymbol{m}_k=\int x^k f(x)\mathrm{d}x \tag{6.3.1}$$

对于一幅深度图，我们把像素的坐标看成一个 2D 随机变量(x,y)，那么图像深度值可以用密度函数 $f(x,y)$ 来表示，因此可以用矩来描述深度图的几何形状特征。下面介绍矩在图像识别领域的典型应用——几何不变矩。

几何不变矩又称 Hu 矩，是由 Hu[6]提出的一种具有尺度、缩放、旋转不变性，描述 3D 物体轮廓的特征向量。我们将上一节利用深度阈值分割出的前景图作为输入，计算待识别物体的轮廓剪影，提取基于轮廓的几何不变矩特征，训练 SVM

分类器，实现 3D 物体的形状识别。

根据黎曼积分，$p+q$ 阶几何不变矩 $\boldsymbol{m}_{pq}$ 可以定义为公式（6.3.2）表示的积分形式：

$$\boldsymbol{m}_{pq} = \int_{-\infty}^{\infty}\int_{-\infty}^{\infty} x^p y^q f(x,y)\mathrm{d}x\mathrm{d}y \qquad p,q = 0,1,2,\cdots \tag{6.3.2}$$

其中，$f(x,y)$ 表示在像素 (x,y) 处的深度值，p 和 q 分别代表矩的阶数。

对于数字图像，我们将几何不变矩 $\boldsymbol{m}_{pq}$ 改写为求和的离散形式，并给出了中心矩 $\boldsymbol{\mu}_{pq}$ 的表达式，分别如公式（6.3.3）和公式（6.3.4）所示。对于几何不变矩的尺度、缩放、旋转不变性，本书将其作为定理直接使用，不给出具体证明过程，读者可查阅参考文献[1]了解相关数学推导过程。

$$\boldsymbol{m}_{pq} = \sum_{y=0}^{N-1}\sum_{x=0}^{M-1} x^p y^q f(x,y) \qquad p,q = 0,1,2,\cdots \tag{6.3.3}$$

$$\boldsymbol{\mu}_{pq} = \sum_{y=0}^{N-1}\sum_{x=0}^{M-1} (x-\overline{x})^p (y-\overline{y})^q f(x,y) \qquad p,q = 0,1,2,\cdots \tag{6.3.4}$$

其中，M 和 N 分别表示图像的宽度和高度，$f(x,y)$ 表示在像素 (x,y) 处的深度值，$(\overline{x},\overline{y})$ 表示图像中心，p 和 q 分别表示矩的阶数。

各阶不变矩具有不同的物理意义。$\boldsymbol{\mu}_{00}$ 为零阶中心矩，表征目标区域的面积；$\boldsymbol{\mu}_{01}$ 和 $\boldsymbol{\mu}_{10}$ 为一阶中心矩，表征目标区域的质心坐标；$\boldsymbol{\mu}_{02}$、$\boldsymbol{\mu}_{11}$、$\boldsymbol{\mu}_{20}$ 为二阶中心矩，表示目标区域的旋转半径；$\boldsymbol{\mu}_{03}$、$\boldsymbol{\mu}_{21}$、$\boldsymbol{\mu}_{12}$ 和 $\boldsymbol{\mu}_{30}$ 为三阶中心矩，表示目标区域的方位和斜度，反映目标的扭曲程度。

归一化中心矩 $\boldsymbol{\eta}_{pq}$ 通过使用零阶中心矩进行尺度归一化，使得计算结果具备尺度不变性，计算公式：

$$\boldsymbol{\eta}_{pq} = \frac{\boldsymbol{\mu}_{pq}}{\boldsymbol{\mu}_{00}^{\gamma}} \tag{6.3.5}$$

其中，$\gamma = \dfrac{p+q}{2}+1$；$p+q = 2,3,\cdots$

利用二阶和三阶归一化中心矩即可构造 7 个不变矩组，具有平移、旋转和尺度不变特性。OpenCV 提供计算几何不变矩的方法，如表 6-1 所示为多种形状的几何不变矩计算结果，其显示了不同形状对应的几何不变矩计算结果和相应轮廓图片，读者可以自己通过 Python 代码尝试实现不同形状物体几何不变矩的计算，并与表 6-1 中的结果进行对照。

表 6-1 多种形状的几何不变矩计算结果

形状	深度图	轮廓结果	几何不变矩结果
圆形	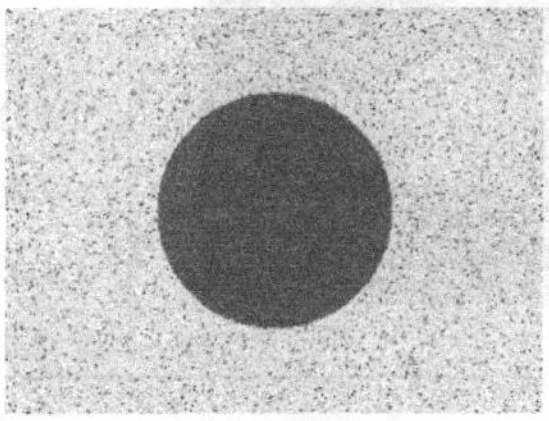		1.59163102e-01 1.64901307e-09 2.67618704e-10 1.06914583e-13 −4.57598471e-25 1.33971220e-18 3.43021200e-25
椭圆形	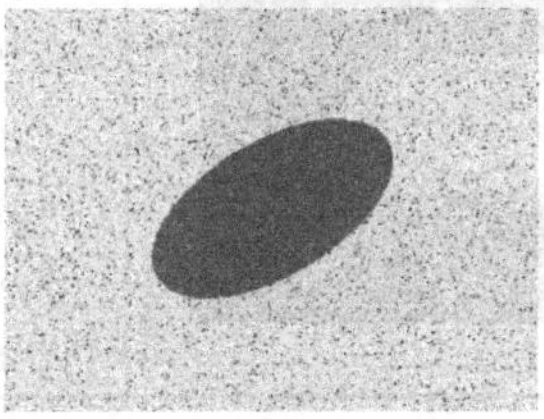	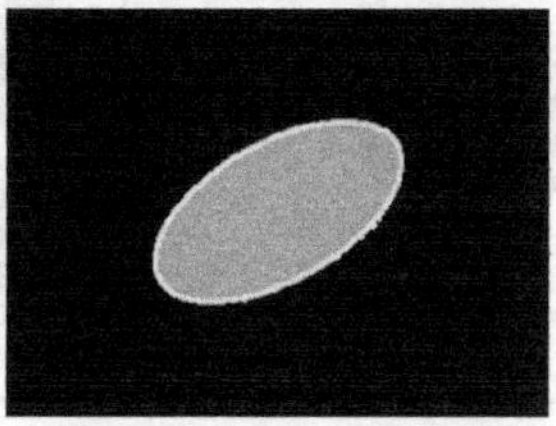	1.98967443e-01 1.42517709e-02 1.91870056e-08 3.22445285e-09 2.46475547e-17 3.61228786e-10 −5.97840961e-18
矩形			1.73599261e-01 2.36474540e-03 9.22133960e-10 3.23413838e-11 −3.93083004e-21 −1.86475981e-13 3.96768006e-21
正方形			1.66666096e-01 5.37039389e-08 4.48283389e-10 4.51061789e-11 1.78702905e-21 9.77997583e-15 6.16004814e-21
三角形			1.94392691e-01 7.86554264e-04 4.61757204e-03 2.79799466e-05 1.00567612e-08 7.84577289e-07 9.41366714e-11

（续表）

形状	深度图	轮廓结果	几何不变矩结果
五边形			1.62742422e-01 2.30486434e-04 1.69106726e-05 3.11708563e-10 2.26252768e-17 2.69067457e-12 −5.08457589e-19
六边形			1.98481776e-01 1.36418113e-02 1.35644141e-09 1.16925796e-10 4.21392299e-20 1.29558479e-11 1.98153631e-20

下面给出计算不同形状物体几何不变矩的示例代码。

```
## 功能描述：
#  深度图的轮廓提取与几何不变矩计算
#  输入参数：
#  fg_img：背景分割后的 uint8 深度图
#  输出参数：
#  7 维几何不变矩

import cv2
# 读取前景图像 fg_img
fg_img = cv2.imread("fg.png")
# 图像二值化，需要根据实际情况选择阈值，这里将其设置为 60
ret, bin_img = cv2.threshold(fg_img, 60, 255, cv2.THRESH_BINARY)
# 轮廓检测，输出物体轮廓 contour
_,    contour,    h    =    cv2.findContours(bin_img,    cv2.RETR_TREE,
cv2.CHAIN_APPROX_SIMPLE)
# 搜索最大轮廓 max_contour
max_area = 0
max_contour = None
for c in contour:
    cur_area = cv2.contourArea(c)
    if max_area < cur_area:
```

```
            max_area = cur_area
            max_contour = c
    # 绘制最大轮廓
    # 注意 drawContours 函数中第二个轮廓变量需要是 list 类型
    cv2.drawContours(fg_img, [max_contour], 0, 255, 1)
    # 计算 Hu 矩（几何不变矩）特征
    Hu= cv2.HuMoments(cv2.moments(new_contour)).flatten()
    # 打印 Hu 矩（几何不变矩）特征结果
    print("hufeatures=",hu)
    # 显示图像
    cv2.imshow("img", fg_img)
    cv2.waitKey(0)
```

在得到 7 维几何不变矩特征后，基于大量数据，训练 SVM 分离器即可实现对于不同形状的识别与分类。下面给出基于 Python scikit-learn 库的 SVM 分类器训练代码（部分）。

```
## 功能描述：
#  SVM 分类器训练
#  输入参数：
#  train_x：大量图片的几何不变矩 list
#  train_label：大量图片对应的分类标注信息
#  输出参数：
#  SVM 分类器训练模型

from sklearn import svm
from sklearn.externals import joblib
# 设置 SVM 分类器，训练模型文件名
svm_model = "./model/shape.svm"
# SVM 分类器训练模型初始化参数设置
svc = svm.NuSVC(nu=0.1, gamma=0.5, probability=True)
# SVM 分类器训练模型拟合
svc.fit(train_x, train_label)
# 保存 SVM 分类器训练模型
joblib.dump(svc, svm_model)
```

使用训练得到的模型，可以对任意一张深度图进行基于几何不变矩特征的几何体形状识别，这个过程在机器学习中称为预测（Prediction）。下面的代码演示

了对单帧深度图的预测过程。

```
##  功能描述:
#   深度图几何体形状预测
#   输入参数:
#   hu_fea: 深度图的几何不变矩特征
#   输出参数:
#   SVM 分类结果

from sklearn import svm
from sklearn.externals import joblib
# 设置 SVM 分类器训练模型文件名
svm_model = "./model/shape.svm"
# 读取 SVM 分类器训练模型文件
svc = joblib.load(svm_model)
# SVM 分类结果
pre = svc.predict(hu_fea)
# SVM 分类结果概率
proba = svc.predict_proba(hu_fea)
```

以 6.2 节利用深度阈值法分割的箱子为例，物体几何形状识别结果如图 6.3-1 所示，其可视化了几何不变矩的轮廓效果和分类预测的几何形状结果——Rectangle（长方形）。

图 6.3-1　物体几何形状识别结果

6.3.2　3D 关键点检测

上一节介绍的几何不变矩特征适用于深度图的平面形状识别，对于点云的立体形状识别，一般选择通过检测目标物体的 3D 局部关键点，利用 ICP 算法实现点云的模板匹配。模板匹配是模式识别领域的一个经典方法，为了在图像中检测出已知形状的目标物，我们使用形状模板与待识别图像进行匹配，在约定的某种准则下检测出目标物，完成匹配。在本节，我们介绍基于目标物体 3D 关键点检测的方法，并通过点云 ICP 模板匹配实例实现 3D 物体识别。

3D 物体特征的描述通常依赖 3D 关键点的选取。3D 关键点需要具备独特性，即能够有效地描述目标物体特性并实现匹配。此外，3D 关键点还应当是可复验的，即在不同的视角下都具有相同特性。图 6.3-2 展示了两组 3D 关键点选取示意图，黑色的点表示相应关键点选择恰当，白色的点则表示相应关键点选择不当。

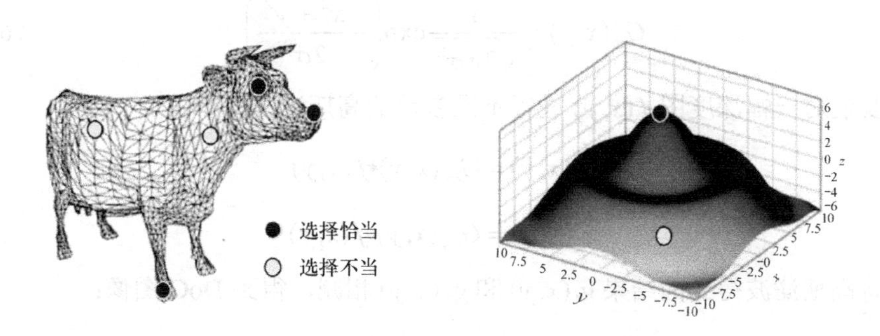

图 6.3-2　两组 3D 关键点选取示意图

恰当的 3D 关键点往往能够提供更多的信息，我们的任务就是找到 3D 物体的关键点，通过 ICP 算法进行模板匹配，实现 3D 目标物体的识别，解决智能服务型机器人在家庭场景中的实际问题。例如，在图 6.3-3 中，图 6.3-3（b）里有多个 3D 物体，我们希望智能机器人能分辨出其中哪一个是马里奥。

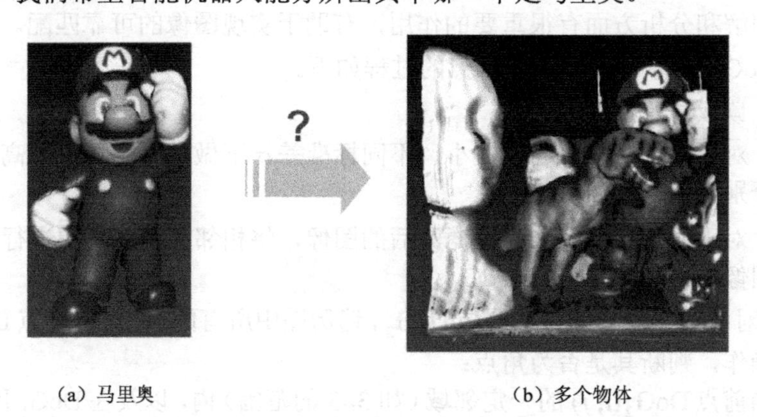

(a) 马里奥　　(b) 多个物体

图 6.3-3　3D 物体模板匹配示意图

目前，很多 3D 关键点选取方法是将 3D 数据映射到 2D 平面上，从而利用深度图的结构，根据表面、曲率、边角等特征选取 3D 关键点。下面介绍两种基于深度图的 3D 关键点选取方法：高斯差分（Difference of Gaussian，DoG）算子[7]和 Harris 算子[8]。

1. 高斯差分算子

通过将深度图与一系列相同核大小、不同标准差的高斯函数进行卷积，得到深度图的不同尺度低通滤波结果，在某一尺度上将两个相邻高斯尺度空间的滤波图像相减，得到该尺度 DoG 图像。公式（6.3.6）为高斯分布函数的一般表示：

$$G_\sigma(x,y)=\frac{1}{\sqrt{2\pi\sigma^2}}\exp\left(-\frac{x^2+y^2}{2\sigma^2}\right) \tag{6.3.6}$$

我们对一幅深度图 $f(x,y)$ 进行不同参数的高斯滤波：

$$\begin{aligned} g_1(x,y)&=G_{\sigma_1}(x,y)*f(x,y)\\ g_2(x,y)&=G_{\sigma_2}(x,y)*f(x,y) \end{aligned} \tag{6.3.7}$$

将高斯滤波得到的结果 $g_1(x,y)$ 和 $g_2(x,y)$ 相减，得到 DoG 图像：

$$\mathrm{DoG}*f(x,y)=g_1(x,y)-g_2(x,y) \tag{6.3.8}$$

接下来，我们利用 DoG 图像检测深度图中的角点并将其作为 3D 关键点。角点是图像中在某些属性上强度最大或者最小的孤立点（如线段的端点、曲线或曲面上局部曲率最大或最小的点）。在计算机视觉领域，角点是描述目标物体的一个重要局部特征。角点具有蕴含信息量大、计算量小、代表性强的特点，在对图像图形的理解和分析方面有很重要的作用，有助于实现图像的可靠匹配。利用高斯差分（DoG）算子检测深度图角点的过程如下。

（1）读取原始深度图 I；

（2）对原始图像在相同核大小、不同标准差 σ 下做高斯滤波，将高斯滤波后的图像分别记作 I_{σ_1}、I_{σ_2} 和 I_{σ_3}；

（3）对于原始深度图和高斯滤波后的图像，将相邻的两个图像进行差分，得到差分图像 DoG_1、DoG_2 和 DoG_3；

（4）对于中间的一幅差分图像 DoG_2，遍历图中所有的点，对每一点 $\mathrm{DoG}_2(i,j)$ 做如下操作，判断其是否为角点：

在当前点 $\mathrm{DoG}_2(i,j)$ 的一定邻域（如 3×3 的范围）内，以及在 DoG_1 和 DoG_3 中相同位置的点 $\mathrm{DoG}_1(i,j)$ 和 $\mathrm{DoG}_3(i,j)$ 的相同 3×3 邻域内，比较在这 27 个点中，当前点 $\mathrm{DoG}_2(i,j)$ 是否为极值点。若当前点 $\mathrm{DoG}_2(i,j)$ 为极值点，则将其判定为角

点，否则不考虑，如图 6.3-4 所示。

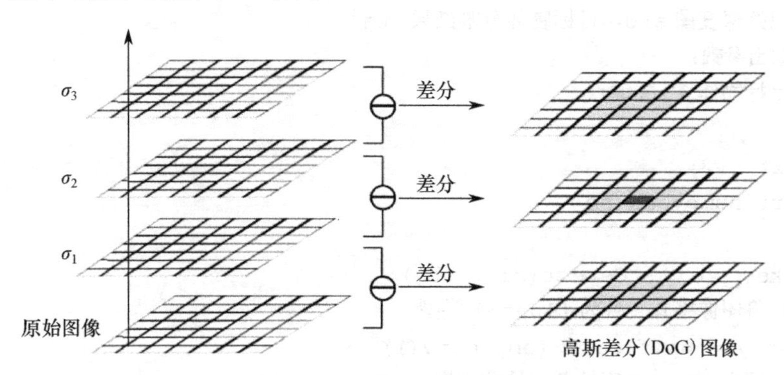

图 6.3-4　深度图高斯差分示意图

2. Harris 算子

除高斯差分算子外，另一种角点检测算子是由 Chris Harris 和 Mike Stephens 提出的 Harris 算子[8]，其主要思想是在图像中设计一个局部检测窗口，当窗口移动时考虑其能量变化 E，当能量变化超过阈值时，将窗口中心像素提取为角点。Harris 算子的数学表达式：

$$E(u,v)=\sum_{x,y}\omega(x,y)\left[I(x+u,y+v)-I(x,y)\right]^2 \tag{6.3.9}$$

其中，$\omega(x,y)$ 为滑动窗函数，它可以是加权函数，也可以是高斯函数。深度图中像素坐标为 (x,y) 的点，在平移 (u,v) 个像素后，像素值为 $I(x+u,y+v)$ 。通过不断移动滑动窗口，检测窗口中的像素变化情况，像素变化情况可简单分为以下 3 种：

（1）如果滑动窗口中的图像是平坦的，那么 E 的变化不大；

（2）如果滑动窗口中的图像是类似边缘的形状，那么窗口沿着边缘方向滑动时，E 的变化不大，而垂直于该边缘方向移动时，E 的变化很大；

（3）如果滑动窗口中的图像是具有角点特性的结构，那么窗口沿任意方向滑动，E 的值都会发生很大变化。

目前，基于 Harris 算子的角点检测算法已经集成在 OpenCV 库中了，下面我们将上一节利用几何不变矩识别的箱子作为输入，进行 3D 关键点检测，下面是相应的 Python 代码。

```
##  功能描述：
#   物体 3D 关键点检测
```

```
#    输入参数:
#    原始深度图 src，目标物体分割结果 obj
#    输出参数:
#    目标物体 3D 关键点

import cv2
import numpy as np

def key_points_detect(src, obj):
    # 将图像格式转换为 float32 类型
    gray = np.float32(obj.copy())
    # 调用 OpenCV 库的角点检测函数 cornerHarris
    dst = cv2.cornerHarris(gray, 2, 3, 0.03)
    # 对标记的角点进行膨胀，该步骤是非必要的操作
    dst=cv2.dilate(dst,None)
    # 设定阈值，生成 3D 关键点
    idx = np.argwhere(dst>= (0.6 * dst.max()))
    # 可视化显示结果
    img = cv2.cvtColor(obj, cv2.COLOR_GRAY2RGB)
    image = cv2.cvtColor(src, cv2.COLOR_GRAY2RGB)
    # 目标物体 3D 分割结果与显示
    cv2.drawContours(img, [c_max], -1, (0, 255, 255), 2)
    cv2.imshow("img", img)
    # 目标物体 3D 关键点检测结果与显示
    for i in idx:
        cv2.circle(image, (i[1],i[0]), 2, (255, 255, 0), -1)
    cv2.imshow("clr", image)
    cv2.waitKey(0)
```

该示例的相关图像如图 6.3-5 所示，在图 6.3-5（b）中，3D 关键点由白色实心点可视化显示在深度图中。

在获取 3D 关键点后，下一步需要将目标物体 3D 关键点与模板 3D 关键点进行匹配。对于 3D 关键点特征，我们使用迭代最近点（Iterative Closest Point，ICP）算法衡量目标物体与模板之间的相似程度。ICP 算法的原理已在第 5 章进行了介绍，我们在此进行简要回顾，对于 3D 空间中的两个点：

$$p_i=(x_i,y_i,z_i),\quad p_i'=(x_i',y_i',z_i')$$

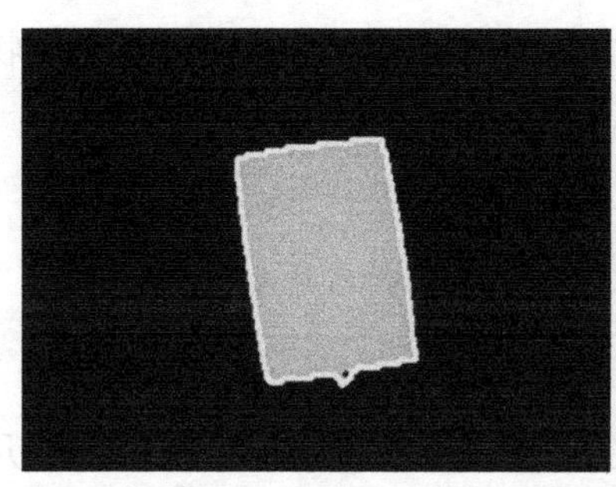

（a）输入　　　　　　　　　　（b）3D 关键点检测结果

图 6.3-5　物体 3D 关键点检测示例

3D 点云匹配的目的就是要找到旋转矩阵 $\boldsymbol{R}$ 和平移向量 $\boldsymbol{t}$，使得：

$$\forall i, p_i = \boldsymbol{R}p_i' + \boldsymbol{t} \tag{6.3.10}$$

通过多次迭代，构建最小二乘问题，求出使误差平方和 J 最小的 $\boldsymbol{R}$ 和 $\boldsymbol{t}$，如公式（6.3.11）所示。

$$\min_{\boldsymbol{R},\boldsymbol{t}} J = \frac{1}{2}\sum_{i=1}^{n}\left\| p_i - (\boldsymbol{R}p_i' + \boldsymbol{t}) \right\|_2^2 \tag{6.3.11}$$

通过计算待识别物体 3D 关键点与模板 3D 关键点之间的 $\boldsymbol{R}$ 和 $\boldsymbol{t}$，定量描述待匹配点云与形状模型的相似性，如果两者的相似度足够高，则将待识别物体归类为当前模板对应的标签类别。以 3D 角点匹配为例，3D 角点匹配结果如图 6.3-6 所示，其中，图 6.3-6（a）为待识别的箱子，图 6.3-6（b）为长方形箱子的形状模板。

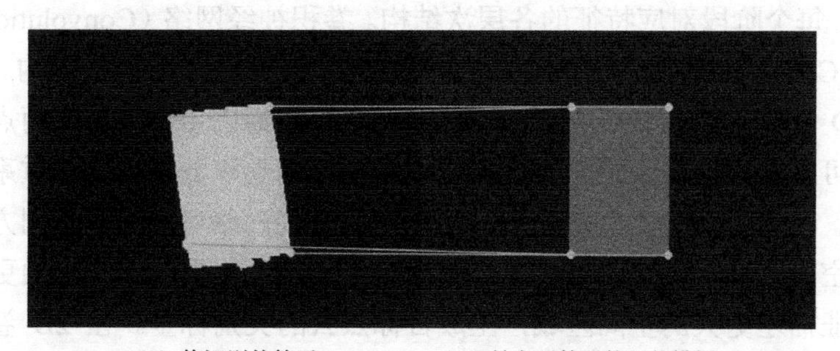

（a）待识别的箱子　　　　（b）长方形箱子的形状模板

图 6.3-6　3D 角点匹配结果

对于一些几何形状规则的物体，可以通过 3D 关键点特征匹配实现粗粒度 3D 物体识别，但在真实复杂环境中，可能存在没有明显形状特征的物体，那 3D 物体识别任务应该通过怎样的方式实现呢？下面介绍基于深度学习的 3D 物体的语义识别。

6.4 语义识别

在服务型机器人的人机交互、新零售等应用场景中，只了解物体的几何形状还不足以满足要求，还需要知道待识别物体到底是什么，即语义识别。对于给定的一张图、一簇点云等，我们希望程序能自动识别样本描述的信息，如一只兔子。语义识别是计算机视觉领域中最困难的问题之一，对于服务型机器人在家庭环境中的应用具有重要意义。在前两节的内容中，我们介绍了基于简单场景的物体分割与识别，在假定的小尺度与平面场景下完成了 3D 物体的分割与识别任务。然而在真实 3D 世界中，复杂背景及点云噪声、稀疏性、无序性等问题依然是 3D 物体分割与识别面临的挑战，这导致在复杂场景下无法直接通过平面或曲面拟合的方式实现物体分割。

此外，人工设计特征的方法在真实 3D 场景中也无法完整描述 3D 物体特征。因此，在本节我们舍弃传统模式识别中计算复杂的人工特征、训练特征分类器的范式，针对真实 3D 世界的复杂场景，设计以 3D 数据为输入的语义识别神经网络，自动构建目标物体的不同层次 3D 特征，实现 3D 物体的分割与识别。

在视觉中，由像素构建边缘，边缘形成图案，图案构成部件，部件组成物体，多个物体组成场景。由此可知，视觉的识别体系结构应该由多个可训练的阶段堆叠在一起，每个阶段对应特征的各层次结构。卷积神经网络（Convolutional Neural Network，CNN）[9]提供了一个简单的框架来学习这些特性的层次结构。卷积神经网络在 3D 物体识别任务中得到广泛关注和应用的原因主要有以下两点：①卷积神经网络可以明确地利用空间结构，学习局部空间卷积滤波器的权重系数以完成分类任务。在 3D 物体识别任务中，我们期望神经网络可以编码不同方向的平面和边角等空间结构。②通过堆叠多层网络可以构造一个层次结构，由更抽象、更复杂的特征描述更大的空间区域，生成目标点云的类别标签。在 2D 卷积神经网络中，通过滤波器对图像进行卷积，提取输入的特征图上的局部邻域特征，通过激活函数传递结果。

神经网络是实现语义识别与分割的一种有力工具，由于 3D 物体的表示方式不同（如 RGB-D、3D 点云、体素网格等），与之对应的神经网络的构建方式也不相同。接下来，我们将根据 3D 数据的处理方式及提供给神经网络的输入格式，分两个方向介绍基于深度学习的 3D 物体分割与识别方法：基于 RGB-D 数据的语义识别、基于 3D 数据的语义识别。

6.4.1　基于 RGB-D 数据的语义识别

随着新一代传感技术的发展与应用，支持同时采集 RGB 图像和深度图的 RGB-D 相机越来越受欢迎，在过去的几年时间里，已经有了一些可供使用的标准 RGB-D 公开数据集。这些 RGB-D 数据除了提供高质量的颜色信息，还提供了对应的深度图。业界许多研究利用 RGB-D 数据来完成 3D 目标物体识别、检索和语义分割等任务，将 RGB-D 相机与家用机器人的标准视觉系统相结合，实现智能服务型机器人在家庭场景中的应用。

首先，我们介绍几个典型的 RGB-D 数据集，具有代表性的 RGB-D 数据集有 NYU V2[10]和 SUNRGB-D[11]。

大多数用于语义图像分割的数据集[12]的数据采集都是在良好的光照条件和简单背景下进行的，纽约大学的 NYU RGB-D 数据集提供了真实的日常生活场景数据。这个室内数据集包含办公室、商店、房屋房间的场景，其中包含许多遮挡、光线不均匀的情况。NYU V1 数据集有 12 个物体类别，共计 2347 幅 RGB-D 图像，包括彩色 RGB 图像、深度图和真值标定图像。NYU V2 数据集将物体类别增加到 894 个，此外包含了数百个视频序列（共 407024 帧 RGB-D 图像）。NYU V2 对其中 1449 幅 RGB-D 图像进行了密集标注，用于各种室内场景的物体检测。NYU V2 RGB-D 数据集示例如图 6.4-1 所示。

（a）RGB 图像　　（b）深度图　　（c）真实物体标签

图 6.4-1　NYU V2 RGB-D 数据集示例

此外，由普林斯顿大学开发的 SUNRGB-D 也是一个典型的 RGB-D 数据集，用于预测现实世界中 19 个类别的 3D 物体及其边界框，从而将整个物体包围起来，完成场景理解任务。在该数据集中，训练集部分提供了 10355 幅 RGB-D 场景图像，测试集部分提供了 2860 幅 RGB-D 场景图像。SUNRGB-D 数据集示例如图 6.4-2 所示，其展示了 SUNRGB-D 数据集中不同类别物体的识别结果及 3D 边界框的可视化结果。

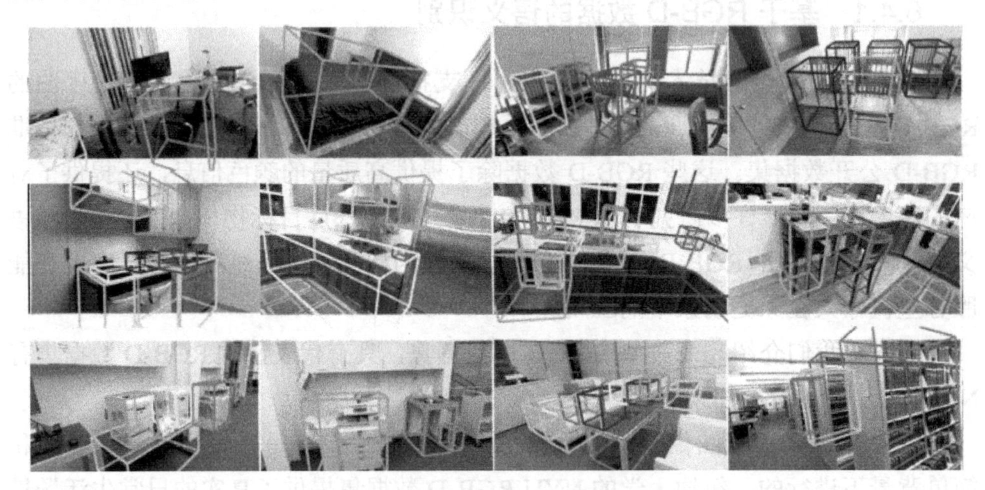

图 6.4-2　SUNRGB-D 数据集示例

接下来，我们介绍几种基于 RGB-D 数据实现 3D 物体识别的方法。

最早的基于RGB-D数据的3D物体识别方法是由斯坦福大学的Socher等人[13]提出的，作者提出了一种卷积神经网络和递归神经网络的组合，对 RGB 图像通道和深度图通道分别进行处理。该方法设计了一个两层的卷积神经网络，从 RGB 图像和深度图中分别提取低层特征描述符，每个卷积神经网络的输出分别传递给两个不同的递归神经网络并作为输入，这些递归神经网络由随机权重初始化。将每个递归神经网络的输出进行融合，从而提取高层次特征，由联合分类器进行 3D 物体的识别与分类，该方法在家庭场景下的 3D 物体识别分类上具有较高的识别精度。

Couprie 等人[14]设计了一个多尺度卷积神经网络，实现了基于 RGB-D 数据的室内场景物体的 3D 语义分割。该网络的输入是 RGB-D 数据，即 RGB 图像和与其对应的深度图，每层网络输出的特征图是一个二维数组。每一个卷积层由卷积滤波器、非线性激活函数和特征池化滤波器构成，经过多个卷积层后，得到表示目标物体全局抽象特征的特征图，最后由一个分类模块完成物体识别分类任务。由于该网络的参数均是可训练的，可以对任意输入模态进行训练建模，基于多尺度卷积神经网络的 3D 物体语义识别结果[14]如图 6.4-3 所示。

(a) 真值标签

(b) 深度图

(c) 基于RGB图像的物体语义识别结果

(d) 基于RGB-D图像的物体语义识别结果

图 6.4-3　基于多尺度卷积神经网络的 3D 物体语义识别结果

不同于上文介绍的使用四通道 RGB-D 数据作为输入来训练神经网络的方法，Alexandre 等人[22]研究了利用神经网络间的迁移学习进行目标识别的可能性，提出设计四个独立的卷积神经网络来分别处理 RGB-D 图像四个输入通道的数据，以达到提高准确性和减少训练时间的目的。四个卷积神经网络依次训练，将当前训练好的卷积神经网络的权重传递给下一个网络作为初始化参数。对 10 个类别的物体进行识别分类的实验结果表明，该训练策略能够有效提高识别准确率。此外，Schwarz 等人[15]也探索了利用深度卷积神经网络的迁移学习来解决 RGB-D 目标物体识别的问题，提出使用一个预训练的卷积神经网络进行 3D 物体识别分类，RGB 图像和深度图分别作为网络输入，对输入数据进行预处理，以将它们转换为适当的输入格式。具体来讲，图像的预处理就是基于像素与物体中心的距离，将 RGB 图像对应的深度图从一个标准角度进行彩色渲染着色。原始的 RGB 图像和预处理的彩色渲染深度图分别由两个独立的预训练卷积神经网络进行处理，独立训练两个卷积神经网络的权重参数，两个网络最后的全连接层输出待识别物体的特征描述符，将两个特征描述结果合并后作为物体最终的特征描述，最后使用 SVM 预测 3D 物体的类别。

Eitel 等人[16]也提出了实现 RGB-D 目标物体识别的方法，与 Schwarz 提出的方法类似，其设计了一种双流卷积神经网络结构，每个流包含五个卷积层和两个全连接层（一个用于 RGB 图像，另一个用于深度图）。但是，这两个流在最初是独立训练的，在经过卷积神经网络全连接层完成高层次抽象特征提取后，将两个流的 RGB 特征与深度图特征串联起来，通过 softmax 分类器完成预测识别。该方法在学习识别有噪声干扰的 3D 数据中表现出色，解决了在现实环境中物体识别结果经常受遮挡和传感器噪声影响的问题。为了准确学习，该方法设计了一种有效的深度信息编码方式（类似于前文介绍的 Schwarz 等人提出的方法），使网络权重系数的训练学习过程不需要大型深度数据集。此外，该方法提出了一种新的数据增强方案，从真实场景中采集带有噪声和数据缺失的深度图，生成人工噪声模式深度图，并将其作为额外的训练样本，实现高鲁棒性的训练学习，提高了真实世界和噪声环境中 3D 物体识别的准确性。此外，与 Socher 和 Schwarz 等人提出的其他方法相比，该方法具有更高的识别准确度。

此外，Saurabh 等人[17]提出利用迁移学习实现基于 RGB-D 图像的 3D 物体识别方法，该方法延用了在 2D 图像识别任务中取得优异表现的 RCNN 方案，首先，对深度图进行轮廓提取，生成目标候选区域 ROI，并基于视差、高度和倾斜角对 ROI 深度图进行编码，转换成类似于 RGB 的三通道彩色图像。其次，使用通过预训练的 RCNN 网络分别对深度编码图像和 RGB 图像进行卷积计算并提取鲁棒特征，实验结果表明，这种特征提取方法相较于直接对深度图特征进行提取的方法，效果更好。最后，将深度编码图像与 RGB 图像的特征提取结果合并，通过 SVM 分类器预测目标物体的识别分类。此外，还利用决策树对 ROI 图像中的每个像素进行前后景分离决策，实现对目标物体的分割，最终实现 3D 物体的识别与分割。如表 6-2 所示为几种基于 RGB-D 数据的 3D 物体识别方法对比。

表 6-2　几种基于 RGB-D 数据的 3D 物体识别方法对比

方法	输入数据格式	网络模型	数据集	识别准确率（%）
RGB-D 双流网络[16]	RGB-D	CNN	RGB-D Object Dataset	91.3±1.4
迁移学习网络[15]	RGB-D	CNN		89.4±1.3
CNN+RNN[13]	RGB-D	CNN+RNN		86.8±3.3

下面的示例是通过 Caffe 框架实现 Saurabh 等人[17]提出的 RGB-D 3D 物体识别方法，将基于 RGB 经典卷积神经网络架构 VGG[21]实现的语义分割网络作为预训练网络模型，通过训练对网络的各参数进行调整。在开始前，读者需要安装

NVIDIA 显卡驱动，安装深度学习神经网络框架 caffe-cuda 并配置程序运行环境。该示例的运行环境为 Ubuntu 18.04、CUDA 9.0，搭建整套运行环境并非易事，建议读者亲自动手尝试。

```
## 功能描述：
# 基于 Caffe 框架的 RGB-D 3D 物体识别网络结构设计
# 输入参数：
# 场景 RGB-D 数据
# 输出参数：
# 待识别 3D 物体的分类识别结果

import caffe
from caffe import layers as L, params as P
from caffe.coord_map import crop

# 设计 3×3 卷积层结构
def conv_relu(bottom, nout, ks=3, stride=1, pad=1):
    conv = L.Convolution(bottom, kernel_size=ks, stride=stride,
num_output=nout,    pad=pad,param=[dict(lr_mult=1,    decay_mult=1),
dict(lr_mult=2, decay_mult=0)])
    return conv, L.ReLU(conv, in_place=True)

# 设计 2×2 最大池化层结构
def max_pool(bottom, ks=2, stride=2):
    return L.Pooling(bottom, pool=P.Pooling.MAX, kernel_size=ks,
stride=stride)

# 设计 3 通道图像卷积神经网络框架
def modality_fcn(net_spec, data, modality):
    n = net_spec
    # 主网络结构
    # 第一层：2 个卷积层+1 个池化层，滤波器维度为 64
    n['conv1_1'   +   modality],   n['relu1_1'   +   modality]   =
conv_relu(n[data], 64,pad=100)
    n['conv1_2'   +   modality],   n['relu1_2'   +   modality]   =
conv_relu(n['relu1_1' +modality], 64)
    n['pool1' + modality] = max_pool(n['relu1_2' + modality])
```

```
    # 第二层：2 个卷积层+1 个池化层，滤波器维度为 128
    n['conv2_1' + modality], n['relu2_1' + modality] = conv_relu(n['pool1' +modality], 128)
    n['conv2_2' + modality], n['relu2_2' + modality] = conv_relu(n['relu2_1' +modality], 128)
    n['pool2' + modality] = max_pool(n['relu2_2' + modality])

    # 第三层：3 个卷积层+1 个池化层，滤波器维度为 256
    n['conv3_1' + modality], n['relu3_1' + modality] = conv_relu(n['pool2' +modality], 256)
    n['conv3_2' + modality], n['relu3_2' + modality] = conv_relu(n['relu3_1' +modality], 256)
    n['conv3_3' + modality], n['relu3_3'+ modality] = conv_relu(n['relu3_2' +modality], 256)
    n['pool3' + modality] = max_pool(n['relu3_3' + modality])

    # 第四层：3 个卷积层+1 个池化层，滤波器维度为 512
    n['conv4_1' + modality], n['relu4_1'+ modality] = conv_relu(n['pool3' +modality], 512)
    n['conv4_2' + modality], n['relu4_2'+ modality] = conv_relu(n['relu4_1' +modality], 512)
    n['conv4_3' + modality], n['relu4_3' + modality] = conv_relu(n['relu4_2' +modality], 512)
    n['pool4' + modality] = max_pool(n['relu4_3' + modality])

    # 第五层：3 个卷积层+1 个池化层，滤波器维度为 512
    n['conv5_1' + modality], n['relu5_1' + modality] = conv_relu(n['pool4' +modality], 512)
    n['conv5_2' + modality], n['relu5_2' + modality] = conv_relu(n['relu5_1' +modality], 512)
    n['conv5_3' + modality], n['relu5_3' + modality] = conv_relu(n['relu5_2' +modality], 512)
    n['pool5' + modality] = max_pool(n['relu5_3' + modality])

    # 全连接层
    n['fc6' + modality], n['relu6' + modality] = conv_relu(n['pool5' + modality], 4096, ks=7, pad=0)
    n['drop6' + modality] = L.Dropout(n['relu6' + modality],
```

```
dropout_ratio=0.5, in_place=True)
        n['fc7' + modality], n['relu7' + modality] = conv_relu(n['drop6'
+ modality], 4096, ks=1, pad=0)
        n['drop7' + modality] = L.Dropout(n['relu7' + modality],
dropout_ratio=0.5, in_place=True)
        # 得到40维全局特征，实现分类
        n['score_fr' + modality] = L.Convolution(n['drop7' + modality],
num_output=40, kernel_size=1, pad=0,param=[dict(lr_mult=1,
decay_mult=1), dict(lr_mult=2, decay_mult=0)])
        return n

    # 结合RGB和HHA三通道伪彩色深度数据的物体识别神经网络结构设计
    def fcn(split, tops):
        n = caffe.NetSpec()
        n.color, n.hha, n.label = L.Python(module='nyud_layers',
layer='NYUDSegDataLayer',ntop=3,param_str=str(dict(nyud_dir='../data
/nyud', split=split,tops=tops, seed=1337)))
        # RGB和HHA子网络
        n = modality_fcn(n, 'color', 'color')
        n = modality_fcn(n, 'hha', 'hha')
        # 两个子网络的分数融合更新
        n.score_fused = L.Eltwise(n.score_frcolor, n.score_frhha,
operation=P.Eltwise.SUM, coeff=[0.5, 0.5])
        n.upscore = L.Deconvolution(n.score_fused,convolution_param=
dict(num_output=40, kernel_size=64, stride=32, bias_term=False),param
=[dict(lr_mult=0)])
        # 物体对应的识别分数与结果
        n.score = crop(n.upscore, n.color)
        n.loss = L.SoftmaxWithLoss(n.score, n.label,loss_param=dict
(normalize=False, ignore_label=255))
        return n.to_proto()

    def make_net():
        tops = ['color', 'hha', 'label']
        # 保存训练与测试的网络结构prototxt文件
        with open('trainval.prototxt', 'w') as f:
          f.write(str(fcn('trainval', tops)))
        with open('test.prototxt', 'w') as f:
```

```
        f.write(str(fcn('test', tops)))

if __name__ == '__main__':
    make_net()
```

如图 6.4-4 所示为基于 RGB-D 数据的 3D 物体识别结果，其中，图 6.4-4（a）为待识别场景的深度图，图 6.4-4（b）为对应的 RGB 图像，图 6.4-4（c）为将图 6.4-4（a）通过三通道重新编码后的结果，图 6.4-4（d）为 3D 物体识别结果，可以看到，识别了场景中的床并用方框在图中标记。

(a) 待识别场景的深度图　(b) 对应的RGB图像

(c) 重新编码后的结果　(d) 3D物体识别结果

图 6.4-4　基于 RGB-D 数据的 3D 物体识别结果

6.4.2　基于 3D 数据的语义识别

高鲁棒性的目标物体识别是机器人在现实环境中自主操作的一项关键技术，随着消费级深度相机（如上海数迹的 SmartToF、微软的 Kinect 等）的上市，3D 数据的获取更加便捷，并越来越多地出现在智能机器人系统中。在当今的计算机视觉系统中，3D 形状是一个关键线索，但目前没有得到充分利用，这主要是由于缺乏良好的通用形状表示方法。因此，一个通用的 3D 形状表示方法十分重要。点云、体素、多边形网格都是原生 3D 数据的表现形式，基于原生 3D 数据的语义识别通常借鉴 2D 物体识别中卷积神经网络的思想，将网络结构扩展到 3D，设计适用于 3D 数据的全新深度神经网络架构，通过对大量 3D 数据的学习训练，实现 3D 物体的识别。目前，典型的 3D 点云数据集为 ModelNet[18]。ModelNet 包括 662 个类别共计 127915 个 3D CAD 模型，其中又分为 ModelNet10，共有 10 类物体，4899 个 3D 模型；ModelNet40，共有 40 类物体，12311 个 3D 模型。然而，目前许多系统并没有充分利用这些信息，并且难以有效地处理大量的点云数据。近几年，出现了利用捕获场景的完整 3D 点云数据的方法实现的物体语义识别。

处理点云的难点在于，点云具有无序性，而神经网络对于输入数据的排序非常敏感，因此无法将点云直接作为神经网络的输入。例如，假设一个待识别物体的点云数据由 5 个点组成，表示为[a, b, c, d, e]，那么以点云序列[a, b, c, d, e]为输入训练出来的神经网络模型很可能无法正确预测以点云序列[e, d, c, b, a]为输入的结果，这是因为神经网络中每个神经元的权重系数都对应训练时的点云序列顺序。显然，不论顺序如何，点云始终是同一个，我们希望训练的神经网络对同一个点云的所有序列都适用。

（1）将点云转换为体素网格。

一种方式是将原始点云转换为体素网格，体素网格能够解决点云数据的无序排列问题。

普林斯顿大学的 Wu 等人[18]提出了一种利用全 3D 结构的深度卷积神经网络，称为 3D ShapeNet。他们提出，除了对 3D 物体进行识别分类，根据深度图恢复出目标物体完整的 3D 形状也是视觉理解任务的关键一步。不同于人工提取特征的方式，该神经网络模型通过一种数据驱动的方法，从原始 CAD 数据中学习复杂的 3D 形状在不同物体类别和姿态下的分布，并自动发现分层次结构的特征表示，实现 3D 物体识别分类与形状补全。在 3D ShapeNets 的网络架构中，3D 体素网格作为网络输入，通过一个 5 层（3 个卷积层、1 个全连接层和 1 个输出层）的深度卷积神经网络进行特征提取。先对模型进行逐层预训练，然后通过反向传播对模型进行微调。该方法在 3D 物体形状分类和识别任务上取得了优异的测试结果，并发布了大型 3D 数据集 ModelNet。

卡内基梅隆大学的 Maturana 和 Scherer 同样利用以体素网格表示的 3D 数据

进行 3D 物体识别[19]。其提出 VoxNet 深度神经结构，如图 6.4-5 所示，由体素网格表示 3D 物体空间占用率估计，并设计实现了一个 3D 卷积神经网络，用以预测 3D 物体的类别标签。3D 卷积神经网络由 2 个带有 3D 滤波器的卷积层、1 个池化层和 2 个全连接层构成，网络输入是尺寸为 32×32×32 的目标物体点云体素网格。此外，网络使用随机梯度下降法（SGD）进行训练。实验表明，该方法在保证实时性的同时，展示出了比类似方法更好的准确性。更具体地说，在 ModelNet10、ModelNet40 及 NYU V2 数据集上进行 3D 物体识别分类任务，VoxNet 表现出的性能优于 3D ShapeNet。

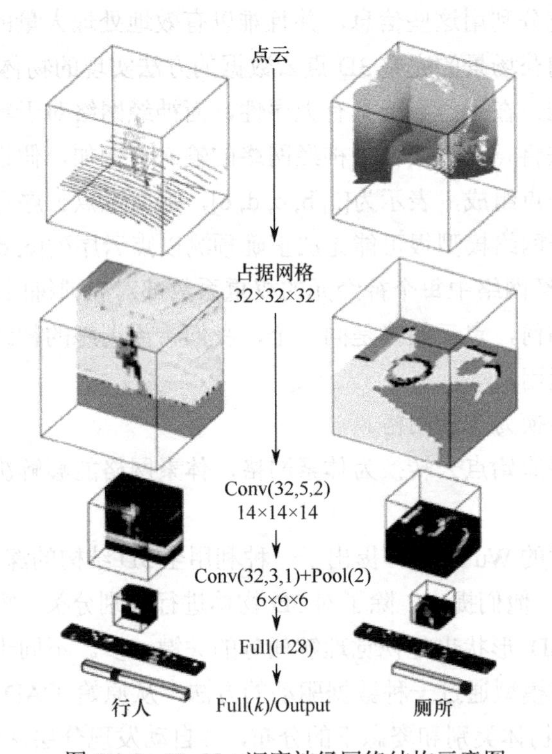

图 6.4-5　VoxNet 深度神经网络结构示意图

由于将体素网格作为输入来设计 3D 卷积神经网络会使得整个网络滤波器的权重系数增加一个维度，导致计算量十分庞大，处理时间很长；而如果采用较低的分辨率来降低计算量，又会导致识别准确率的下降。因此，另一种直接处理 3D 点云的深度学习方法成为 3D 语义识别领域一个新的探索方向。

（2）直接处理点云。

斯坦福大学的 Qi 等人设计了一个直接以点云为输入的 3D 神经网络 PointNet[20]，

考虑了点云的无序性问题，为从物体识别分类到场景语义分割等一系列应用提供了统一的神经网络结构。PointNet 网络结构设计简单、运行高效，表现出了优于现有方法的强劲性能。对于输入的 N 个无序点，每一个点由一个 D 维特征向量表示，我们希望神经网络模型提取出的特征能够保证对 N 个输入点的 $N!$ 种排列顺序都具有不变性，如图 6.4-6 所示为点云排列顺序不变性特征示意图。为了处理无序的点云输入数据，该方法设计了一个对称函数，对称函数是指输出结果不依赖变量顺序的函数，如 $f(x,y)=x+y$，无论 x 和 y 如何调换顺序，其函数值是不变的。

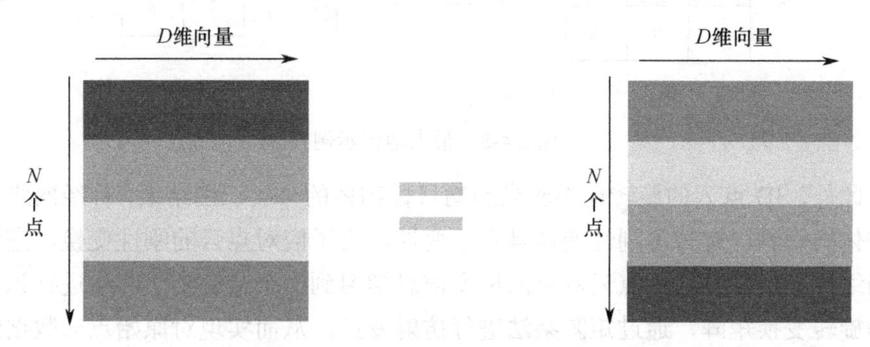

图 6.4-6　点云排列顺序不变性特征示意图

那么如何利用神经网络来构造一组对称函数呢？PointNet 采用了如下的对称函数策略：

$$f(x_1,x_2,\cdots,x_n)=\gamma\cdot g(h(x_1),h(x_2),\cdots,h(x_n)) \qquad (6.4.1)$$

其中，$x_1,x_2,\cdots,x_n$ 表示输入到 3D 点云空间中的 N 个点，h 代表点云特征提取层，g 表示对称函数，γ为更高维度的特征提取层。最后使用 softmax 分类器实现目标点云的物体识别与分类。具有点云排列顺序不变性的神经网络结构如图 6.4-7 所示。根据实践经验，PointNet 选择了使用多层感知机（Multi-Layer Perception，MLP）来提取特征，将最大池化（Max Pooling）作为对称函数。

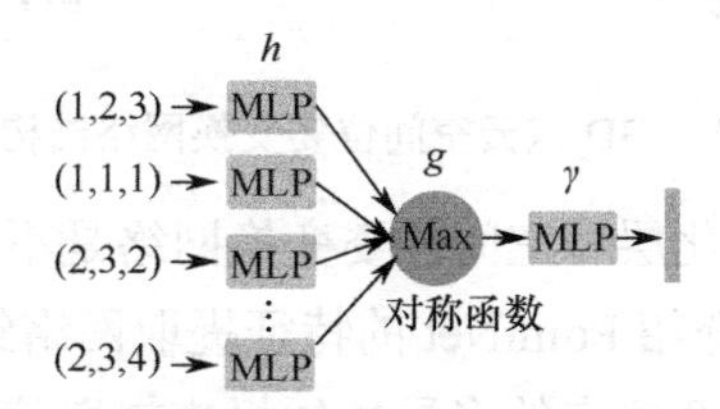

图 6.4-7　具有点云排列顺序不变性的神经网络结构

PointNet 采用了最大池化的方案。最大池化层是一种集合样本信息的网络层，它在一定范围内寻找最大值，并用这个最大值替代当前范围。如图 6.4-8 所示为最大池化示例，显然，最大池化的结果与被池化的数据的顺序无关。网络通过学习选择点云中信息量大的点，并编码选择这些点的原因。最后的全连接层将这些学习到的最优值聚合成全局特征向量，通过 softmax 分类实现 3D 物体的识别分类。

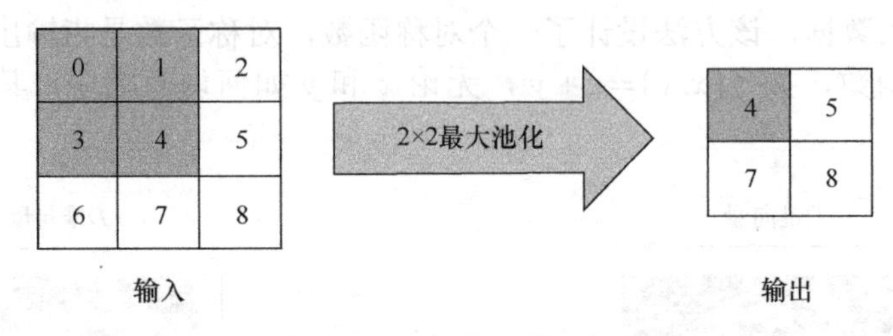

图 6.4-8　最大池化示例

此外，3D 点云的旋转也不应当影响目标物体的分类识别结果，神经网络应对于物体的平移、旋转等刚性变换具有不变性。为了应对点云的刚性变换，空间变换网络被提出，其通过点云本身的位姿信息学习到一个最有利于网络进行识别分类的旋转变换矩阵，通过矩阵乘法进行仿射变换，从而实现对原始点云数据的自动位姿校正。3D 点云的空间位姿变换使输入点云得到规范化，从而进一步提高 3D 物体识别分类的准确性，如图 6.4-9 所示为 3D 点云空间位姿变换网络结构示意图。

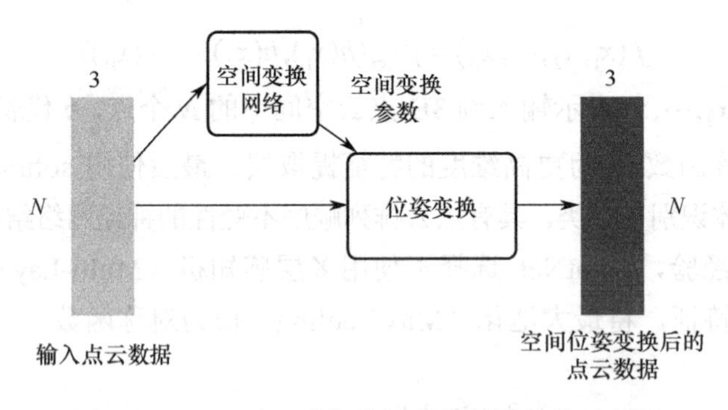

图 6.4-9　3D 点云空间位姿变换网络结构示意图

当然，只凭借最大池化层和空间位姿变换网络是不足以提取 3D 点云中蕴含的丰富信息的，下面我们介绍 PointNet 的特征提取网络结构[20]，如图 6.4-10 所示。PointNet 主要使用针对每个单点的多层感知机来提取信息，多层感知机通过共享权重的卷积操作实现。网络以原始的 3D 点云数据为输入，n×3 表示输入点云的尺寸，n 为点的数量，3 是坐标（x, y, z）的维度。输入点云首先要经过空间位姿变换，以保证点云数据的旋转不变性，变换后的每个点由多层感知机进行特征提取。第一层多层感知机的卷积核大小为 1×3（对应每个点的 x、y、z 坐标维度），之后的每一层卷积核大小都为 1×1，也就是说，特征提取层的目的只是把每个点连接起来。输入点云经过一系列多层感知机提取高维度特征后，每一个点得到一个 1024 维的抽象特征，经过最大池化后生成一个 1024 维的特征向量，代表原始输入点云的最终全局特征。对于每个特征维度，最大池化层在所有点云中寻找最大值作为输出，从而不依赖点云的排列顺序。全局特征通过全连接层映射对每个标签类别的打分，分数最高的类别即为目标物体的识别结果。

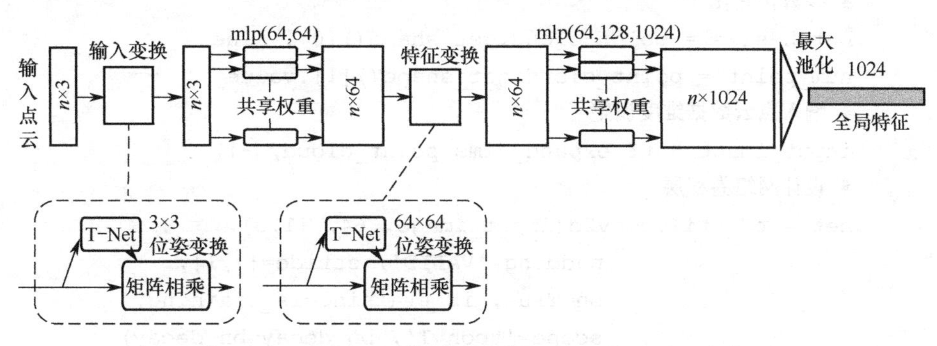

图 6.4-10　PointNet 3D 物体识别分类网络结构示意图

下面以 PointNet 网络结构中第一个 3×3 空间变换网络为例，介绍基于 TensorFlow 深度学习平台的 3D 点云空间位姿变换网络的代码实现。我们先简要介绍一下开源深度学习框架 TensorFlow。TensorFlow 是谷歌基于 DistBelief 研发的第二代人工智能学习系统，拥有多层级结构，可部署于各类服务器、PC 终端和网页并支持 GPU 和 TPU 高性能数值计算，被广泛应用于各类机器学习（Machine Learning）算法的编程实现，其命名来源于本身的运行原理。Tensor（张量）意味着 n 维数组，Flow（流）意味着基于数据流的计算，TensorFlow 为张量从图像的一端流动到另一端的计算过程，是将复杂的数据结构传输至人工智能神经网络进行分析和处理的系统[22]。TensorFlow 具有高度的灵活性、较强的可移植性、自动计算微分的能力，支持 C++、Python、Go、Java 等多种语言。

```
## 功能描述：
#  3D 点云空间位姿变换网络
#  输入参数：
#  原始 3D 点云数据
```

```
#   输出参数:
#   空间位姿变换后的 3D 点云数据

import tensorflow as tf
import numpy as np
import sys
import os

def input_transform_net(point_cloud, is_training, bn_decay=None,
K=3):
    # 参数初始化
    batch_size = point_cloud.get_shape()[0].value
    num_point = point_cloud.get_shape()[1].value
    # 输入点云数据维度调整
    input_image = tf.expand_dims(point_cloud, -1)
    # 设计网络卷积层
    net = tf_util.conv2d(input_image, 64, [1,3],
                         padding='VALID', stride=[1,1],
                         bn=True, is_training=is_training,
                         scope='tconv1', bn_decay=bn_decay)
    net = tf_util.conv2d(net, 128, [1,1],
                         padding='VALID', stride=[1,1],
                         bn=True, is_training=is_training,
                         scope='tconv2', bn_decay=bn_decay)
    net = tf_util.conv2d(net, 1024, [1,1],
                         padding='VALID', stride=[1,1],
                         bn=True, is_training=is_training,
                         scope='tconv3', bn_decay=bn_decay)
    # 设计网络最大池化层
    net = tf_util.max_pool2d(net, [num_point,1],
                         padding='VALID', scope='tmaxpool')

    net = tf.reshape(net, [batch_size, -1])
    # 设计网络全连接层
    net = tf_util.fully_connected(net, 512, bn=True, is_training=
                         is_training,
                         scope='tfc1', bn_decay=bn_decay)
    net = tf_util.fully_connected(net, 256, bn=True, is_training=
```

```
                    is_training,
                    scope='tfc2', bn_decay=bn_decay)

    with tf.variable_scope('transform_XYZ') as sc:
        assert(K==3)
        # 计算空间位姿变换矩阵参数
        weights = tf.get_variable('weights', [256, 3*K],
                    initializer=tf.constant_initializer(0.0),
                    dtype=tf.float32)
        biases = tf.get_variable('biases', [3*K],
                    initializer=tf.constant_initializer(0.0),
                    dtype=tf.float32)
        biases += tf.constant([1,0,0,0,1,0,0,0,1], dtype=tf.float32)
        # 利用矩阵乘法完成空间位姿仿射变换
        transform = tf.matmul(net, weights)
        transform = tf.nn.bias_add(transform, biases)
    # 输出空间变换后的点云数据
    transform = tf.reshape(transform, [batch_size, 3, K])
    return transform
```

利用空间变换网络实现点云的位姿仿射变换后，下面介绍具有点云旋转不变性和点云排列顺序不变性的 PointNet 3D 物体识别分类任务整个流程的 Python 代码，该部分代码同样基于 TensorFlow 深度学习平台。

```
## 功能描述：
#  3D 点云物体识别分类卷积神经网络 PointNet
#  输入参数：
#  原始 3D 点云数据
#  输出参数：
#  40 维的向量，表示将目标物体识别为 ModelNet 40 数据集中每种标签类别的概率

import tensorflow as tf
import numpy as np
import math
import sys
import os

def get_model(point_cloud, is_training, bn_decay=None):
```

```
# 参数初始化
    batch_size = point_cloud.get_shape()[0].value
    num_point = point_cloud.get_shape()[1].value
    end_points = {}

    # 输入原始点云数据 3×3 空间变换
    with tf.variable_scope('transform_net1') as sc:
        # 计算变换矩阵训练结果
        transform = input_transform_net(point_cloud, is_training,
bn_decay, K=3)
    # 矩阵乘法实现点云空间位姿仿射变换，实现点云旋转不变性
    point_cloud_transformed = tf.matmul(point_cloud, transform)
    # 点云数据维度调整
    input_image = tf.expand_dims(point_cloud_transformed, -1)
    # 第一个多层感知机 MLP 1
    # 第一个卷积层，卷积核大小为 1×3
    net = tf_util.conv2d(input_image, 64, [1,3],
                         padding='VALID', stride=[1,1],
                         bn=True, is_training=is_training,
                         scope='conv1', bn_decay=bn_decay)
    # 第二个卷积层，卷积核大小为 1×1
    net = tf_util.conv2d(net, 64, [1,1],
                         padding='VALID', stride=[1,1],
                         bn=True, is_training=is_training,
                         scope='conv2', bn_decay=bn_decay)
    # 对提取出的 64 维特征进行 64×64 空间变换
    with tf.variable_scope('transform_net2') as sc:
        ## 计算变换矩阵训练结果
        transform   =   feature_transform_net(net,    is_training,
bn_decay, K=64)
    end_points['transform'] = transform
    # 矩阵乘法实现特征空间变换，实现特征对齐
    net_transformed   =   tf.matmul(tf.squeeze(net,    axis=[2]),
transform)
    # 特征数据维度调整
    net_transformed = tf.expand_dims(net_transformed, [2])
    # 第二个多层感知机 MLP 2
    # 第一个卷积层，卷积核大小为 1×1，得到 64 维特征
```

```
    net = tf_util.conv2d(net_transformed, 64, [1,1],
                         padding='VALID', stride=[1,1],
                         bn=True, is_training=is_training,
                         scope='conv3', bn_decay=bn_decay)
    # 第二个卷积层，卷积核大小为1×1，得到128维特征
    net = tf_util.conv2d(net, 128, [1,1],
                         padding='VALID', stride=[1,1],
                         bn=True, is_training=is_training,
                         scope='conv4', bn_decay=bn_decay)
    # 第三个卷积层，卷积核大小为1×1，得到1024维特征
    net = tf_util.conv2d(net, 1024, [1,1],
                         padding='VALID', stride=[1,1],
                         bn=True, is_training=is_training,
                         scope='conv5', bn_decay=bn_decay)

    # 对称函数：最大池化层，神经网络提取出的高维特征具有点云排列顺序不变性
    net = tf_util.max_pool2d(net, [num_point,1],
                         padding='VALID', scope='maxpool')
    net = tf.reshape(net, [batch_size, -1])
    # 第一个全连接层得到512维全局特征
    net = tf_util.fully_connected(net, 512, bn=True, is_training=
                        is_training,
                        scope='fc1', bn_decay=bn_decay)
    # Dropout层随机断开30%的神经元连接，防止梯度消失
    net = tf_util.dropout(net, keep_prob=0.7, is_training=is_
                        training,
                        scope='dp1')
    # 第二个全连接层得到256维全局特征
    net = tf_util.fully_connected(net, 256, bn=True, is_training=
                        is_training,
                        scope='fc2', bn_decay=bn_decay)
    # Dropout层随机断开30%的神经元连接，防止梯度消失
    net = tf_util.dropout(net, keep_prob=0.7, is_training=is_
                         training,
                         scope='dp2')
    # 第三个全连接层得到40维全局特征，实现分类
    net = tf_util.fully_connected(net, 40, activation_fn=None,
                          scope='fc3')
    # 返回将目标物体识别为ModelNet 40数据集中每种标签类别的概率
    return net, end_points
```

PointNet 3D 物体语义识别结果[20]如图 6.4-11 所示，其展示了 PointNet 在斯坦福大学 2D-3D-S 数据集上的 3D 物体语义识别结果。

图 6.4-11　PointNet 3D 物体语义识别结果

至此，我们已经介绍了 3 种直接使用 3D 数据设计卷积神经网络实现 3D 物体识别的方法，如表 6-3 所示为基于点云数据的 3D 物体识别方法对比。

表 6-3　基于点云数据的 3D 物体识别方法对比

方法	输入数据格式	网络模型	数据集	识别准确率（%）
3D ShapeNet[18]	体素网格	CNN	ModelNet 40	84.7
VoxNet[19]	体素网格			85.9
PointNet[20]	3D 点云			89.2

如果读者想要训练一个自己的 PointNet 3D 物体识别分类神经网络模型，PointNet 目前已经在 Github 上开源，读者可以下载并尝试运行其代码。以下示例的运行环境为 Ubuntu18.04，显卡配置为 NVIDIA GTX1080 和 Cuda 10.0，编程环境为 Python 2.7。读者可以通过执行下面的指令训练自己的 PointNet 3D 模型。

```
##  功能描述：
#   训练自己的 PointNet 3D 物体识别分类神经网络模型
#   安装 TensorFlow 深度学习框架
pip install tensorflow-gpu
# 安装相关依赖
sudo apt-get install libhdf5-dev
sudo pip install h5py
```

```
# 下载代码并解压，进入项目目录
wget https://github.com/charlesq34/pointnet/archive/master.zip
unzip master.zip
cd master
# 训练网络
Python train.py
# 查看训练过程和网络结构
tensorboard --logidr log
# 训练结束后，测试训练效果并可视化
Python evaluate.py --visu
```

当训练完成时，我们可以通过运行 Tensorboard 看到类似图 6.4-12 的结果，横坐标为全局 batch 数量，其中，图 6.4-12（a）和图 6.4-12（b）分别对训练过程中的准确率和损失函数的迭代变化进行了可视化显示。

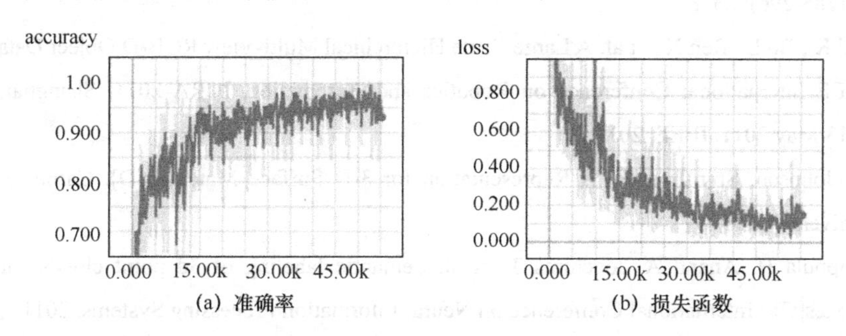

(a) 准确率　　(b) 损失函数

图 6.4-12　PointNet 训练过程中的准确率与损失函数变化

6.5　总结与思考

本章系统介绍了解决 3D 物体分割与识别问题的方法，针对不同复杂程度的场景分别探究了目标物体分割、基于人工设计特征的粗粒度 3D 物体识别及基于深度学习方法的细粒度 3D 物体语义识别。本章内容较为丰富，且结合了前几章所介绍的基本知识，读者若觉得理解有困难，可以对前面的知识稍加回顾。最好根据提供的示例代码，亲自实践，以更好地理解 3D 物体识别与分割方法。

下面是关于本章内容的拓展问题，感兴趣的读者可以进一步思考和实践。

（1）尝试通过编写 Python 程序使用本章介绍的大津法和迭代法实现目标物体分割。

（2）阅读文献[23]，除了本章介绍的几何不变矩、高斯差分算子、Harris 算子，还有哪些描述物体 3D 特征的方式？请掌握其原理，对比各种特征之间的优劣，并通过 Python 编程实现。

（3）调研模板匹配相似性评分的常用度量方式。

（4）选择本章提到的任意一个开源 3D 物体语义识别深度学习网络，在自己的机器上编译运行，直观体验其过程。

（5）现有的基于 3D 数据的物体识别神经网络都需要庞大的计算资源，请思考如何优化网络结构以提高计算效率。

参 考 文 献

[1] Otsu N. A threshold selection method from gray-level histograms[J]. Automatica, 1975, 11(285-296): 23-27.

[2] Lai K , Bo L , Ren X , et al. A Large-Scale Hierarchical Multi-View RGB-D Object Dataset[C]// IEEE International Conference on Robotics and Automation, ICRA 2011, Shanghai, China, 9-13 May 2011. IEEE, 2011.

[3] A. Johnson. Spin-Images: A Representation for 3-D Surface Matching[D]. Carnegie Mellon University, 1997.

[4] Koppula H, Anand A, Joachims T, et al. Semantic labeling of 3d point clouds for indoor scenes[C]// International Conference on Neural Information Processing Systems, 2011.

[5] Bo L , Ren X , Fox D . Depth Kernel Descriptors for Object Recognition[C]// 2011 IEEE/RSJ International Conference on Intelligent Robots and Systems, IROS 2011, San Francisco, CA, USA, September 25-30, 2011. IEEE, 2011.

[6] Hu M K. Visual Pattern Recognition by Moment Invariants[J]. Information Theory, IRE Transactions on, 1962, 8(02): 179-187.

[7] Lowe D G . Distinctive Image Features from Scale-Invariant Keypoints[J]. International Journal of Computer Vision, 2004, 60(02): 91-110.

[8] Stephens M, Harris C. 3D wire-frame integration from image sequences[J]. Image & Vision Computing, 1988, 7(01): 24-30.

[9] Lécun Y, Bottou L, Bengio Y, et al. Gradient-based learning applied to document recognition[J]. Proceedings of the IEEE, 1998, 86(11): 2278-2324.

[10] N Silberman, D Hoiem, P Kohli, et al. Indoor Segmentation and Support Inference from RGBD Images[C]// European Conference on Computer Vision. Springer, Berlin, Heidelberg, 2012.

[11] Song S, Lichtenberg S P, Xiao J. SUN RGB-D: A RGB-D scene understanding benchmark suite[C]// Computer Vision & Pattern Recognition, 2015.

[12] A Ioannidou, E Chatzilari, S Nikolopoulos, et al. Deep Learning Advances in Computer Vision with 3D Data: A Survey[J]. Acm Computing Surveys, 2017, 50(02): 20.

[13] R. Socher, B. Huval, B. Bhat, et al. Convolutional-recursive deep learning for 3D object classification[J]. Advances in Neural Information Processing Systems, 2012, 25: 656-664.

[14] C. Couprie, C. Farabet, L. Najman, et al. Indoor semantic segmentation using depth information[J]. CoRR abs, 2013: 1301.

[15] Schwarz M , Schulz H , Behnke S . RGB-D object recognition and pose estimation based on pre-trained convolutional neural network features[C]// IEEE International Conference on Robotics & Automation. IEEE, 2015: 1329-1335.

[16] Eitel A , Springenberg J T , Spinello L , et al. Multimodal deep learning for robust RGB-D object recognition[J]. IEEE/RSJ International Conference on IROS, 2015: 681-687.

[17] S Gupta, R Girshick, P Arbeláez, et al. Learning Rich Features from RGB-D Images for Object Detection and Segmentation[J]. Computer Science, 2014.

[18] Wu N Z , Song S , Khosla A , et al. 3D ShapeNets: A Deep Representation for Volumetric Shape Modeling[C]// 2015 IEEE Conference on Computer Vision and Pattern Recognition (CVPR). IEEE Computer Society, 2015.

[19] D, Scherer S. VoxNet: A 3D Convolutional Neural Network for real-time object recognition[C]// 2015 IEEE/RSJ International Conference on Intelligent Robots and Systems (IROS). IEEE, 2015: 922-928.

[20] R. Q. Charles, H. Su, M. Kaichunet al. PointNet: Deep Learning on Point Sets for 3D Classification and Segmentation[J]. 2017 IEEE Conference on Computer Vision and Pattern Recognition (CVPR), 2017: 77-85.

[21] Simonyan K, Zisserman A. Very deep convolutional networks for large-scale image recognition[J]. arXiv preprint arXiv, 2014: 1409.

[22] Alexandre, Luís A. 3D Object Recognition Using Convolutional Neural Networks with Transfer Learning Between Input Channels[J]. 13th International Conference on Intelligent Autonomous Systems, 2016.

[23] Salti S, Tombari F, Stefano L D. A Performance Evaluation of 3D Keypoint Detectors[C]// 2011 International Conference on 3D Imaging, Modeling, Processing, Visualization and Transmission. IEEE Computer Society, 2011.

第 7 章

3D 活体检测与动作识别

主要目标

- 了解 3D 活体检测与动作识别的概念及代表性应用。
- 了解人脸识别、人体骨架识别、跌倒检测和手势识别的研究现状和主流算法。
- 理解本书提供的四种应用的实现方法。
- 依据本书提供的源码，实现四个应用案例。

7.1 概述

在计算机视觉领域，活体检测与动作识别一直以来都是重要的课题，其在智能感知、人机交互等方面有着广泛的应用。从计算机视觉的早期开始，人们就使用依赖于 RGB 图像或视频等 2D 数据的传统方法进行识别，相关研究也已经有几十年的历史了。随着深度传感器技术的发展，Kinect、SmartToF 等消费级 3D 传感器逐渐得到普及，深度相机的价格越来越低，3D 数据的获取越来越便捷，活体检测与动作识别领域出现了新的机遇。

3D 技术相比于传统的基于 RGB 图像的 2D 技术具有独特的优势：更高效、更利于隐私保护。多一维的信息，不仅可以减少计算量，而且能够提供空间信息，实现人体模型从平面到空间的变换。利用 3D 人体模型进行运动学约束，可使人体行为动作识别的结果更加准确。3D 人脸识别与行为识别技术可实现对个体及群体的高精准度识别，对设定的异常行为进行预判及预警；可实现对监控区域的 3D 空间矢量化、事件化；可实现对物体的非接触式生物特征测量，且不易受周围环境影响。3D 相机只提取物体表面的深度信息，对人来说，相当于只能看到一个大概的轮廓，相貌等隐私特征不会被透露，因此在较为私密的场所（如卫生间、卧室等）采用 3D 相机作为监控设备是比较合适的方案。

在本章，我们将介绍 3D 活体检测与动作识别领域比较有代表性的几个应用：人脸识别、人体骨架识别、跌倒检测和手势识别。人脸识别是将静态图像或视频序列通过特征提取与数据库中的模板进行匹配，实现人脸识别与身份鉴定，我们将在 7.2 节详细介绍相关方法。人体骨架识别的目标是自动定位场景中人体的主要关节点位置，是其他高层次图像理解任务的关键步骤，它为进一步的行为识别、人机交互等应用提供了基础，我们将在 7.3 节介绍这部分内容。但人体运动分析不只是提取骨骼姿态参数，为了理解人类的行为，需要更高层次的分析。在 7.4 节中，我们以跌倒检测为例来介绍更高层次的运动识别任务，跌倒检测是在人体骨架识别的基础上进一步进行人体行为动作识别，可自动监测跌倒事件的发生，在老年人的安全监控等领域可发挥重要作用。此外，身体部位的运动，如手势也是人体行为识别的一个重要线索，手势识别即识别用户的手势动作，通过手势识别，用户可以使用简单的手势来控制设备或者与机器交互，让计算机理解人类的行为，对此我们将在 7.5 节进行讨论。

在每一节中，我们都会先介绍每个应用的相关概念和现实意义，接着综述各部分的研究发展情况和现有的相关方法，最后给出一个算法实例和具体的代码实现，以便读者在阅读完本章之后能够了解 3D 技术是如何应用于人体行为动作识别的，并且能够根据我们的教程自己实现一些简单的应用。

7.2　人脸识别

7.2.1　人脸识别概述

在进行人脸识别时，首先利用人脸检测方法将静态图像或视频序列中的人脸图像标注出来，并将其与人脸图像数据库中的数据进行对比，找出匹配的人脸图像，如图 7.2-1 所示。人脸识别涉及人工智能和生物特征识别等多个领域，其目的是实现人的身份识别与鉴定，从而实现活体检测。人脸识别是图像分析与理解领域一种非常成功的商业应用，在商业互动、身份认证、嫌犯追踪等众多方面具有非常广泛的应用。经过几十年的发展，人脸识别技术取得了长足的进步，目前先进的自动人脸识别系统在理想状态下已经具备令人满意的识别性能。

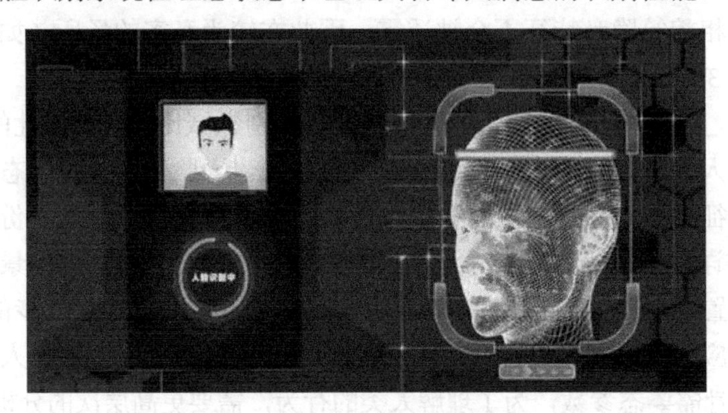

图 7.2-1　人脸识别

依据人脸识别的应用场景，人脸识别任务可以分为约束环境下的人脸识别及非约束环境下的人脸识别。约束环境下的人脸识别的应用场景包括软件的在线身份认证、自动门禁系统等。约束环境下的人脸识别应用场景单一、通常需要被拍摄者自愿配合。因此在实际应用中，约束环境下的人脸识别具有较大的局限性。与之相比，非约束环境下的人脸识别的普适性更高。

依据人脸识别的实现方法，从数据驱动的角度出发，可以将现有的人脸识别算法分为两大类：非数据驱动的算法和数据驱动的算法。非数据驱动的算法是一种手工设计算法，不需要大量的数据参与训练，主要依赖研究人员的经验。最具代表性的非数据驱动的算法包括 SIFT 算法[58]、LBP 算法[59]和 HOG 算法[60]。但在实际应用中，尤其在非约束环境下，非数据驱动的算法存在诸多问题，因而无法达到理想的效果。而数据驱动的算法利用数据集来训练样本，实质为基于特征学习的算法，从训练样本中学习数据在特征空间中的分布规律，并利用优化后的识别模式来提取人脸图像特征。随着大数据时代的到来，数据驱动的算法因高准确率而逐渐成为主流算法。

2012 年，深度学习算法首次被用于 3D 人脸识别领域[61]。深度学习算法能够通过训练大型人脸数据集来捕捉更加丰富的面部特征，人脸识别的精度得到了显著提高[62]。与 2D 人脸识别相比，3D 人脸识别缺乏大规模的 3D 人脸数据集，这在客观上制约了 3D 人脸识别算法的发展。为了解决这个问题，科学家们提出了多种解决办法，如文献[63]提出了一种用于生成标记 3D 面部标识的大型语料库；

Tey 提出了第一个专为 3D 人脸识别而设计的深度 CNN 模型等。

人脸识别有着非常广泛的应用价值，被大规模地应用于商贸领域、安防领域、经济领域和健康管理领域等。在安防领域，人脸识别可以对人群进行自动监控及识别；在公安系统中，人脸识别可以应用于证件、实名磁卡身份验证。同时人脸识别也可以应用于基于残留人脸的人脸重构，为领域的后续发展做出贡献。人脸识别的应用领域如图 7.2-2 所示。

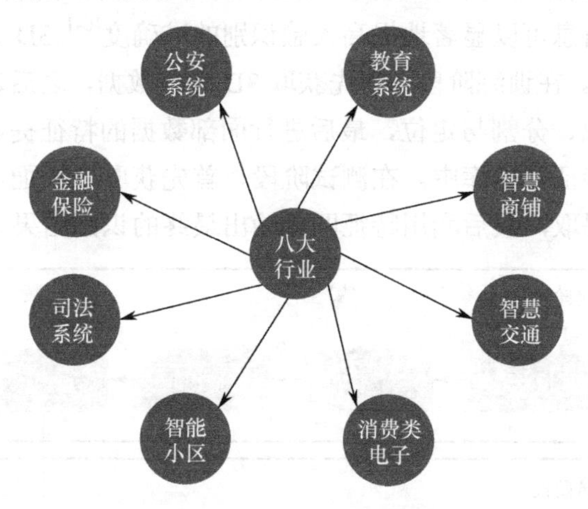

图 7.2-2 人脸识别的应用领域

7.2.2 人脸识别相关方法

随着大数据时代和智能时代的到来，计算机视觉已成为人工智能领域最重要的技术之一。而人脸识别作为计算机视觉技术中非常重要的分支，是包括分类和识别装置的图像处理技术，也是目前为大众熟知的重要技术。人脸识别可以使用不同技术提取面部区域的特征，从而实现从密集图像中识别人的面部的目标。目前人脸识别的主要步骤包括使用可靠的分类器（如神经网络、支持向量机等）对图像进行预处理以去除模糊、以矢量形式提取特征、对图像进行正确分类等。本小节将对在人脸识别发展过程中比较有代表性的方法进行介绍。

人脸识别是自动进行的过程，该过程可以大大减少人力和物力，而高效且稳定的人脸识别系统必然要基于良好的特征提取器。面部区域的永久性特征包括眉毛、鼻子、嘴巴等，而临时特征则包括皱纹、面部区域大小等。为保证识别的准确度，不同特征在识别中所占的权重应该有所不同。正确识别面部图像的主要挑战如下：面部图像位置的变化，面部特征可能会部分或完全被遮挡，结构成分可能不存在（如胡须、眼镜之类的临时面部特征），人与人之间的面部表情变化，照明（光谱、光源分布和强度）和相机特性（传感器响应、透镜）等因素影响面部的外观和显示等。因此，目前人脸识别领域的发展方向主要是增强系统的鲁棒性，实现更优的人脸识别系统。

2D 人脸识别面临许多挑战，而 3D 传感器的快速发展为人脸识别开辟了新的途径，3D 人脸识别技术可以打破 2D 人脸识别技术的许多限制，如包含在 3D 面部数据中的几何信息可以显著地提高人脸识别的准确度[64]。3D 人脸识别的一般流程如图 7.2-3 所示。在训练阶段，首先获取 3D 面部数据，之后通过数据预处理对面部信息进行标记、分割与定位，最后进行面部数据的特征提取，得到特征数据集并将其存储到特征数据库中。在测试阶段，首先获取 3D 面部数据，对数据进行预处理及特征提取，最后利用特征匹配输出最终的识别结果。

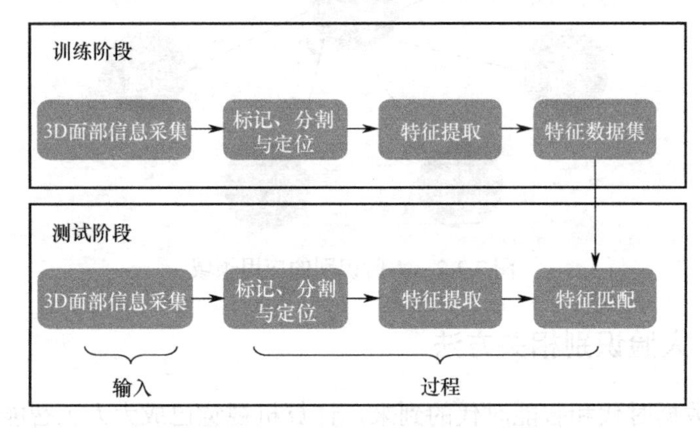

图 7.2-3　3D 人脸识别的一般流程

7.2.2.1　人脸识别流程

本小节将对人脸识别的重要步骤（面部信息采集过程和特征提取过程）进行介绍，并且介绍 2D 人脸识别技术和 3D 人脸识别技术的区别。

1. 面部信息采集

对于 2D 人脸识别，可以利用相机或使用标准图像数据库来捕获图像。捕获的图像被转换为灰度图并调整大小，从而解决人脸在图像中位置不同的问题。之后对图像进行预处理，消除图像中的噪声。此外，还可以使用简单的方法，如直方图均衡（HE）和离散小波变换（DWT）来消除照明或亮度问题造成的影响。面部信息采集过程主要是对不同的图像进行预处理，以保证特征检测及分类过程的准确度。

对于 3D 人脸识别，面部信息采集需要用到特殊的硬件设备，根据所使用的技术可以将其分为主动采集系统和被动采集系统。主动采集系统主动发射不可见光，例如，发射红外激光束等来照亮目标人脸，进而采集数据。被动采集系统不需要人为地设置辐射源，只利用自然光照下的 2D 图像来重建人脸的 3D 图像。3D 面部数据采集是目前 3D 人脸识别技术中非常关键的步骤，是 3D 人脸识别算法发展的基础。

2. 特征提取

对于 2D 人脸识别，面部特征可以使用多种技术进行提取，如边缘检测技术、主成分分析（PCA）技术、离散余弦变换（DCT）技术、DWT 系数技术或不同技术的融合[65]。与单个技术相比，不同技术的融合可以得到更优的提取效果。目前，基本上所有的传统特征检测方法都是有效的，能够给出所需的特征向量。不同方法的侧重点不同，能够得到不同效果的特征检测结果。

对于 3D 人脸识别，最直接的特征提取方法是全局方法，该方法将整个面部作为单个特征向量。与全局方法相反，局部方法侧重于局部面部特征（如鼻子和眼睛）的提取，该方法使用图形运算符来提取鼻子和眼睛部分的特征，并将其存储到数据库中。而融合方法结合了全局方法和局部方法所使用的特征，可以达到更高的识别精度，但同时也增加了计算成本。

7.2.2.2　人脸识别相关方法

作为身份识别的重要方法之一，人脸识别相对于指纹、虹膜等生物特征识别，更加直接、方便，没有侵犯性且可交互性强，因此一直广受关注。而且对参与者来说，人脸识别过程互动自然，其无任何心理障碍。此外，基于人脸识别技术，可以进一步对人脸的表情与情绪进行分析，扩展人脸识别的应用范围。

约束环境下的人脸识别问题大多只涉及单一人脸图像的识别。针对此类问题，普遍的做法是采用非数据驱动的算法，即引入针对人脸图像的先验知识来设置模型，进而提取人脸图像特征。但由于非数据驱动的算法在解决无约束条件下的人脸识别问题时存在诸多问题，无法达到理想的效果，研究人员进而提出利用数据驱动的算法来解决非约束环境下的人脸识别问题。该类算法可以从训练样本中学习最优的模式来提取人脸图像特征，进而进行分类。

接下来，我们分别从 2D 人脸识别和 3D 人脸识别两个方面，对目前主流的数据驱动的算法进行介绍及分析。

1. 基于深度学习的 2D 人脸识别

随着对深度学习技术的深入研究，深度学习被广泛发展和应用。相较于传统的特征提取方法，深度学习具有如下优势：引入非线性函数，具备很强的非线性学习能力；深度模型具有较深的网络结构，能够同时描述图像的几何信息和语义信息；端到端的深度学习网络可以将特征提取器与分类器统一在同一个网络中，从而简化了网络结构。

face++算法[66]从网络上搜集了大量人脸图片用于训练深度卷积神经网络模型，在 LFW 数据集上的准确率非常高。该算法开发了一个简单直观的深度网络架构，共包含十层，最后一层是 softmax 层，将 softmax 层之前的隐藏层的输出作为输入图像的特征。该深度网络在特征提取过程中，裁剪四个面部区域以进行特征提取。face++算法在传统的多级分类框架下利用 MFC 数据库训练网络。在测试阶段，其应用 PCA 模型进行特征精简，并使用简单的 L2 范数来估计人脸匹配的准确度。

2. 基于深度学习的 3D 人脸识别

DeepFace[67]是较早应用深度学习的人脸识别算法。该算法首先采用 3D 对齐方法将人脸进行对齐，并且使用传统的 LBP 直方图进行图片纹理化并进而提取对应的特征。该算法对提取出的特征使用 SVR 处理以提取出人脸及其对应的 6 个基本点，之后根据 6 个基本点进行仿射变换并利用 3D 模型得到对应的 67 个面部关键点，利用三角划分处理面部基本点，最终得出对应的 3D 人脸，具体的对齐流程如图 7.2-4 所示。

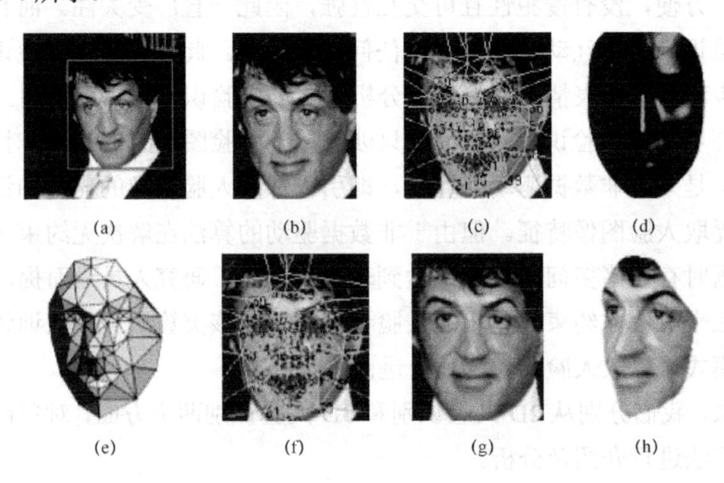

图 7.2-4　3D 人脸对齐流程

该算法采用 CNN 结构对对齐后的人脸进行处理，其网络结构如图 7.2-5 所示，该网络结构与普通的卷积神经网络结构区别不大。其在训练时采用交叉熵函数，以及 SGD、反向传导及整流线型激活函数。

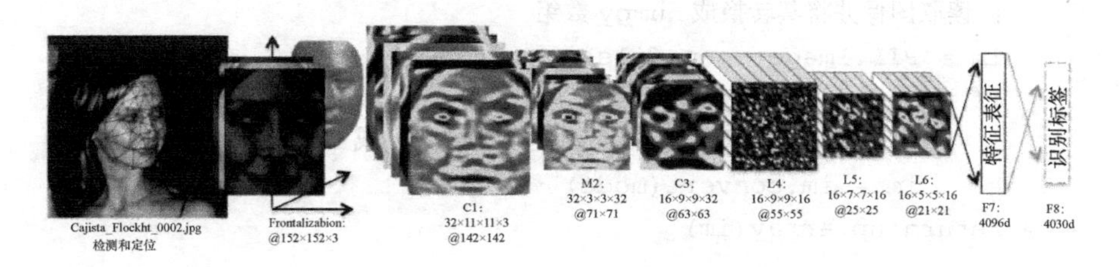

图 7.2-5　3D 人脸处理网络结构

此外，该算法采用鉴定度量模块处理归一化的结果，卡方加权是本算法中的重要度量方式，具体方程如下：

$$X^2(f_1, f_2) = \sum_i \frac{w_i(f_1(i) - f_2^2(i))}{f_1(i) + f_2(i)}$$

其中，f_i 表示归一化后的特征，w 是通过 SVM 学习到的参数。

至此，我们大致了解了 3D 人脸识别技术的实现。目前，3D 人脸识别技术已经应用于许多领域，如门禁和自动驾驶。iPhone X 使用了 Face ID 技术，该技术通过使用红外光和可见光扫描来识别人脸进而解锁手机。同时，人脸识别也应用于自动驾驶领域，欧姆龙推出了 3D 面部识别技术，可以检测分心的驾驶员。3D 人脸识别已成为热门研究方向，其继承和发展了传统 2D 人脸识别的优势，必将成为未来计算机视觉领域的重要技术。

7.2.3　人脸识别的实现

人脸识别的实现大致可以分为三个部分：预处理模块（图片处理）、特征学习模块、分类器模块。

预处理模块主要是对输入图像进行一些基本处理，从而方便后续的学习和分类。首先需要读取图像并将其转换成 RGB 或 L 模型。

```
## 功能描述：
#  图像读取与预处理
#  输入参数：
#  图像文件名
```

```
#   输出参数：
#   格式转换后的结果

def load_image_file(file_name):
    # 读取图像并将其转换成numpy数组
    im = PIL.Image.open(file)
    if mode:
        # 图像格式转换（8bit 3通道图像格式）或L（黑白）格式
        im = im.convert(mode)
    return np.array(im)
```

接下来一个重要的步骤是将图片转换成字典，用以描述图片中每一张脸的面部特征点的位置。

```
##  功能描述：
#   人脸面部特征点位置提取
#   输入参数：
#   人脸图像预处理结果
#   输出参数：
#   人脸面部特征点位置字典

def face_landmarks(face_image, face_locations=None, model="large"):
    landmarks  =  _raw_face_landmarks(face_image,  face_locations,
model)
    landmarks_as_tuples = [[(p.x, p.y) for p in landmark.parts()]
for landmark in landmarks]
    # 如果人脸较大，需要用更多的特征点来描述
      if model == 'large':
        return [{
            "chin": points[0:17],
            "left_eyebrow": points[17:22],
            "right_eyebrow": points[22:27],
            "nose_bridge": points[27:31],
            "nose_tip": points[31:36],
            "left_eye": points[36:42],
            "right_eye": points[42:48],
            "top_lip": points[48:55] + [points[64]] + [points[63]] +
[points[62]] + [points[61]] + [points[60]],
            "bottom_lip": points[54:60] + [points[48]] + [points[60]]
```

```
+ [points[67]] + [points[66]] + [points[65]] + [points[64]]
        } for points in landmarks_as_tuples]
    # 如果人脸较小，只需要描述其左眼、右眼、鼻尖的位置
    elif model == 'small':
        return [{
            "nose_tip": [points[4]],
            "left_eye": points[2:4],
            "right_eye": points[0:2],
        } for points in landmarks_as_tuples]
    else:
        raise ValueError("Invalid landmarks model type. Supported
models are ['small', 'large'].")
```

进行预处理后，接下来进行特征学习，上面的预处理过程已经给出了图片的特征点描述方式，只要将其放入神经网络中进行训练，就可以提取出面部的特征点。在实际的应用中，为了得到较高的准确率，往往会采用很大的数据集（大约包含几百万张人脸图像的数据集）来进行训练。这对一般人来说太过复杂，而且非常耗费计算资源，所以我们往往会直接使用现有的训练好的模型或权重来进行人脸识别。

```
## 功能描述：
#  下载预训练的模型参数

from pkg_resources import resource_filename
def pose_predictor_model_location():
    return resource_filename(__name__,"models/shape_predictor_
68_face_landmarks.dat")
def pose_predictor_five_point_model_location():
    return resource_filename(__name__,"models/shape_predictor_
5_face_landmarks.dat")
def face_recognition_model_location():
    return resource_filename(__name__,"models/dlib_face_
recognition_resnet_model_v1.dat")
def cnn_face_detector_model_location():
    return resource_filename(__name__,"models/mmod_human_face_
detector.dat")
```

下面我们将下载好的参数导入人脸识别模型。

```
## 功能描述：
#  载入人脸识别模型参数

# 检查是否已经装好需要的模型并定义了一个人脸识别模型
try:
    import face_recognition_models
except Exception:
    print("Please install 'face_recognition_models' with this
command before using 'face_recognition':\n")
    print("pip install git+https://github.com/ageitgey/face_
recognition_models")
    quit()

ImageFile.LOAD_TRUNCATED_IMAGES = True

face_detector = dlib.get_frontal_face_detector()
# 将下载的已经训练好的参数导入模型
predictor_68_point_model = face_recognition_models.pose_
predictor_model_location()
pose_predictor_68_point = dlib.shape_predictor(predictor_68_point_
model)

predictor_5_point_model = face_recognition_models.pose_predictor_
five_point_model_location()
pose_predictor_5_point = dlib.shape_predictor(predictor_5_point_
model)

cnn_face_detection_model = face_recognition_models.cnn_face_detector_
model_location()
cnn_face_detector = dlib.cnn_face_detection_model_v1(cnn_face_
detection_model)

face_recognition_model = face_recognition_models.face_recognition_
model_location()
face_encoder = dlib.face_recognition_model_v1(face_recognition_
model)
```

至此就完成了对网络模型参数的导入，此时的人脸识别网络模型已经是训练好的网络模型了。

接下来是分类器模块，其运用训练好的模型来进行人脸识别。首先要进行人脸检测和特征编码。

```
## 功能描述：
#  人脸检测和特征编码
#  输入参数：
#  人脸图像与预训练模型
#  输出参数：
#  人脸面部特征编码结果

def _raw_face_locations(img, number_of_times_to_upsample=1, model=
"hog"):
# 运用下载好的模型来进行人脸检测，输入是图片，输出是图片中人脸的边界框
    if model == "cnn":
        return cnn_face_detector(img, number_of_times_to_upsample)
    else:
        return face_detector(img, number_of_times_to_upsample)

# 用下载好的 68 点模型来进行较大人脸的特征点提取，用 5 点模型来进行较小人脸的特征
# 点提取，输入是图片，输出是图片中每张人脸的面部特征点位置的字典
def _raw_face_landmarks(face_image, face_locations=None, model=
"large"):
    if face_locations is None:
        face_locations = _raw_face_locations(face_image)
    else:
        face_locations = [_css_to_rect(face_location) for face_
location in face_locations]
    pose_predictor = pose_predictor_68_point
    if model == "small":
        pose_predictor = pose_predictor_5_point
return [pose_predictor(face_image, face_location) for face_
location in face_locations]

# 使用提取好的特征点，对人脸进行 128 维的编码
def face_encodings(face_image, known_face_locations=None, num_
jitters=1):
    raw_landmarks = _raw_face_landmarks(face_image, known_face_
locations, model="small")
    return [np.array(face_encoder.compute_face_descriptor(face_
image, raw_landmark_set, num_jitters)) for raw_landmark_set in raw_
landmarks]
```

上述过程将每一张图片中的人脸都进行了编码，如果两张图片的人脸编码的距离小于一个提前设定好的阈值，那么就说明这是同一个人；反之，如果编码的距离大于这个阈值，就说明这是不同的人。

```
## 功能描述：
# 人脸模板匹配距离计算
# 输入参数：
# 人脸面部特征编码结果
# 输出参数：
# 人脸模板匹配距离结果

def face_distance(face_encodings, face_to_compare):
# 输出两张图片人脸编码的距离
    if len(face_encodings) == 0:
        return np.empty((0))
    return np.linalg.norm(face_encodings - face_to_compare, axis=1)
```

在实际操作中，将需要识别的人脸图片进行编码并存入数据库，当新输入一张陌生的图片时，就将新图片中人脸的编码与数据库中的编码进行比对，如果数据库中存在一个与其距离小于所设定阈值的人脸编码，就说明此人在数据库中，输出此人的个人信息，否则就说明此人是个陌生人。下面以一个只有两张人脸的简单数据库为例来说明人脸识别的过程。

```
## 功能描述：
# 人脸识别与匹配
# 输入参数：
# 待识别人脸图像
# 输出参数：
# 人脸匹配结果

# 载入用作参照的数据库中的人脸照片
known_people1_image = face_recognition.load_image_file("people1.jpg")
known_people2_image = face_recognition.load_image_file("people2.jpg")
# 得到上述数据库中照片的编码
People1_face_encoding = face_recognition.face_encodings(known_
people1_image)[0]
People2_face_encoding = face_recognition.face_encodings(known_
people2_image)[0]
```

```
    known_encodings = [
        People1_face_encoding,
        People2_face_encoding
    ]
    # 载入需要识别的图片并编码
    image_to_test = face_recognition.load_image_file("new_people.jpg")
    image_to_test_encoding = face_recognition.face_encodings(image_
to_test)[0]
    # 检测需要识别图片中的人脸编码与数据库中人脸编码的距离
    face_distances = face_recognition.face_distance(known_encodings,
image_to_test_encoding)
    # 输出结果
    for i, face_distance in enumerate(face_distances):
        print("The test image has a distance of {:.2} from known image
#{}".format(face_distance, i))
        # 以 0.6 为阈值
        print("- With a normal cuToFf of 0.6, would the test image match
the known image? {}".format(face_distance < 0.6))
        # 更加严格地以 0.5 为阈值
        print("- With a very strict cuToFf of 0.5, would the test image
match the known image? {}".format(face_distance < 0.5))
        print()
```

下面给出一组人脸识别与面部特征点定位结果，如图 7.2-6 所示。

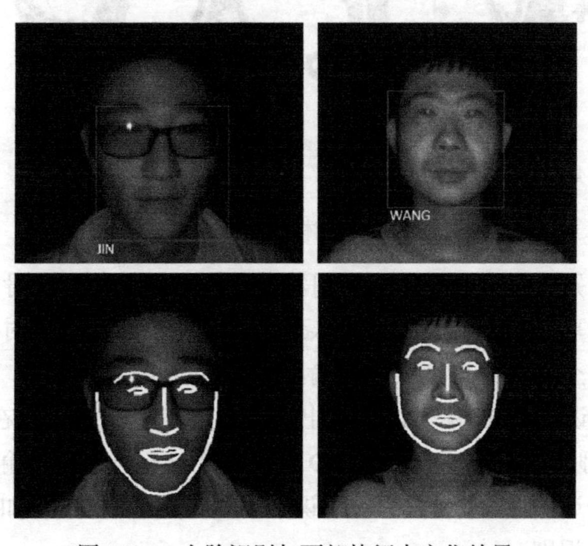

图 7.2-6　人脸识别与面部特征点定位结果

7.3 人体骨架识别

7.3.1 人体骨架识别概述

对人来说，识别其他人正在做什么动作是一件轻而易举的事，我们只要看一眼就可以知道他是正在喝水还是正在跑步，但这对计算机来说却并不简单。由于人体具有相当的柔性，会出现各种姿态，人体任何一个部位的微小变化都会产生一种新的姿态。如果我们能够将人抽象成由一个个关节点连接而成的“火柴人”，就能消除无关信息的干扰，简化计算，因此就有了人体骨架识别这个课题。

人体骨架识别也称人体姿态估计、人体关节定位，其最终目标是自动定位场景中的人体关节点位置，包括头、颈、肩、肘、腕、腰、膝、踝等关节，如图 7.3-1 所示。这是计算机视觉领域一个基础且至关重要的问题，也是该领域的热点研究问题。准确无误地提取出人体关节点信息，是活体检测及动作识别等其他高层次图像理解任务的基本条件，也是最为关键的一步，它为进一步的行为识别、运动分析、人机交互等应用提供了基础。

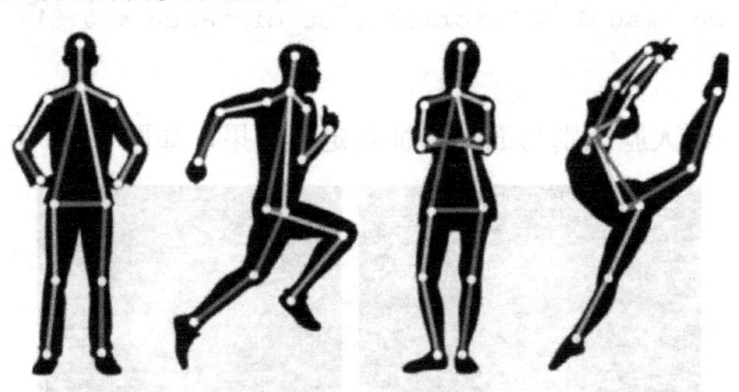

图 7.3-1 人体骨架识别示意[1]

人体骨架识别的分类：根据识别目标的数量，可分为单人骨架识别和多人骨架识别，前者对单一目标场景中的单人进行识别，后者则需要对多人场景中的所有人或者其中几个人进行识别；根据输出的关节点信息的维度，可分为 2D 骨架识别和 3D 骨架识别，2D 骨架识别输出的关节点信息是关节点在图像中的 *xy* 坐标，3D 骨架识别输出的是关节点在 3D 空间中的 *xyz* 坐标；从输入图像的角度，可以分为基于普通的 RGB 图像的骨架识别和基于由 3D 相机（如 ToF 相机）采集的深度图的骨架识别。

人体骨架识别有非常广泛的应用价值，如图 7.3-2 所示。在安防监控方面，可以对大量的人进行自动监控，其中典型的应用包括人数统计、人物识别及异常行为分析等；在人机交互方面，可以开发出各种体感游戏，利用手势、姿势进行交互控制；在运动姿态分析方面，可应用于体育比赛，进行运动细节捕捉与分析，也可应用于医疗诊断、活动识别和动作校正等。

（a）安防监控

（b）人机交互

（c）运动姿态分析

图 7.3-2　人体骨架识别的应用示意图[2]

7.3.2　人体骨架识别相关方法

在电影和游戏行业，医学研究和康复及体育科学中的大多数应用通常都要采用基于光学标记或 RGB 图像的方法，需要精确的校准设备，成本高且使用空间受限，不适合在家庭环境中使用。相比而言，诸如 ToF 相机等的深度感知设备易于设置且价格低。此外，在实际生活场景中，由于存在复杂的背景、光照的变化、阴影、遮挡等干扰，基于 RGB 图像的人体关节定位方法会受到较大影响，准确率会大大降低，利用基于深度图的 3D 技术则可以很好地解决以上问题。

在深度图中，每个像素的值记录的不再是颜色信息，而是该点的距离信息，表示物体表面的点与相机成像平面之间的距离。深度图中像素的值仅与相机到物体表面的距离有关，而与颜色、光照强度无关，因此相比于彩色图像，深度图具有较强的抗干扰能力，能够有效提升人体姿态估计的准确率。在运算效率方面，3D 技术比 2D 技术更加高效。根据深度信息设定合适的阈值，能方便地进行前后景分离，快速高效地分割出感兴趣的人体区域以进行后续处理。对于遮挡问题的处理，3D 技术也更有优势，将深度图像素的横纵坐标与深度值结合在一起，能够计算出该像素在 3D 空间中的位置坐标，得到每个点的空间坐标之后，就能据此恢复出物体的 3D 点云数据，在 3D 空间中进行计算处理，从而能够解决物体间相互遮挡的问题。若得到多个视角下的 3D 数据，还能够建立完整的 3D 模型。

由于人体关节点的可见性受穿着、姿态、视角等的影响非常大，而且还存在遮挡、光照等的影响，除此之外，2D 人体关节点和 3D 人体关节点在视觉上会有明显的差异，使得人体关节点检测成为计算机视觉领域中一个极具挑战性的课题，同时也成为当下的研究热点，计算机视觉领域的许多专家学者都密切关注其发展，探索并研究了许多人体关节点定位的方法。本书的重点是 3D 方向，因此我们主要介绍与 3D 相关的方法，包括基于图像细化的方法、基于人体模型匹配的方法、基于身体部位特征检测的方法以及基于神经网络的方法。而有关基于 RGB 图像的方法，本书中不展开讨论，有兴趣的读者可以参考文献[3]。

7.3.2.1 基于图像细化的方法

基于图像细化的方法原本是用于 2D 图像处理的方法，这里将深度图看作 2D 灰度图进行处理，对提取出的人体区域运行细化，得到骨架线后再进一步提取关节点。庄浩洋[4]提出了基于骨架中心线与人体部位距离（Human Body Part Distance，HBPD）的算法，如图 7.3-3 所示。该算法先使用 Adaboost 分类器进行人脸检测，结合检测到的人脸的深度信息，使用扩展算法提取整个人体区域，对图像进行两次滤波平滑处理后，再使用图像细化算法提取人体骨架线，根据骨架线计算得到人体各部位之间的距离，接着再对关节点进行精确提取。

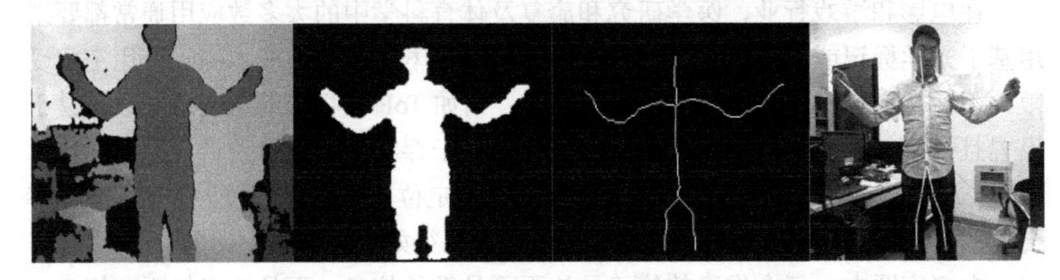

图 7.3-3 利用基于图像细化的方法提取人体关节点

基于图像细化的方法的优势是算法较为简单，运算量小，不需要使用大量的数据进行建模与训练，能够快速得到人体关节点，但缺点是不够稳健，其效果受图像质量和提取的骨架线质量的影响较大。另外，由于其实际上只是将深度图作为 2D 图像进行处理，没有发挥出深度图特有的 3D 空间结构的优势。如果背景复杂，提取的人体区域不够干净，提取的骨架线就可能出现多个干扰分支，这就对图像的预处理提出了较高的要求，针对出现多个分支的情况也需要提出相应的处理方法。因此这类方法比较适合在背景较为简单的场景下进行人体姿态估计。

7.3.2.2 基于人体模型匹配的方法

基于人体模型匹配的方法一般先建立参数化的人体模型，以此建立目标函数，从而将模型与深度数据进行拟合。

一些早期的基于深度图的工作直接将身体模型拟合到图像中，使用迭代算法，通过最小化合成深度图与真实深度图之间的误差来估计人体手臂的动画参数[5]。但其对局部最小值敏感，并且需要对初始参数进行良好的估计。文献[6]使用图形结构模型（Pictorial Structure Model），利用从单个深度图中提取的身体轮廓推断 2D 人体姿态。该方法的主要贡献在于，其不是采用传统的矩形肢模型，而是采用概率形状模板的混合模型对每一个肢体进行建模，提高了精度。

一些研究不直接使用深度图，而是将深度图映射为 3D 点云，然后将身体模型拟合到 3D 点云中。基本的 3D 关节体模型可以是简单的不受关节参数约束的骨架，更复杂的模型使用运动学约束来限制人体运动。例如，标准的人体由头部、躯干和四肢组成，可以在模型中使用肢体长度、不同身体部位之间的长度比例和相对位置来进行约束，不同关节的有限自由度会将模型限制在一组有效姿势中。通过拟合 3D 点云来跟踪身体运动的一种常见方法是迭代最近点（ICP）[7]。文献[8]从 ToF 深度图中提取 3D 点云，使用 3D 圆柱关节模型对全身进行建模，并使用 ICP 估计身体姿势。为了使 ICP 算法更加鲁棒，其还使用 2D 强度图像的特征来进行约束，并且该方法最终可以实现实时运行。但是，文献[8]没有对身体关节角度的有效范围进行约束。此外，ICP 的主要缺点是，需要一个良好的初始姿势来开始迭代，并且如果跟踪失败将难以恢复。

使用深度图进行 3D 建模可以简化任务，但仍然存在一些需要改进的地方，例如，对于初始姿势的要求、跟踪快速运动的迭代方法的难度，以及当迭代优化陷入局部最小值时，这些方法都难以恢复。相当一部分研究所采用的人体模型比较粗糙，这会降低姿势估计的准确性，因此构建尽可能准确且丰富的人体模型库也是基于人体模型匹配的方法的关键。

7.3.2.3 基于身体部位特征检测的方法

不同于对人体全身进行建模的方法，基于身体部位特征检测的方法侧重于检测人体不同关节部位，根据不同部位在深度数据中表现出的不同特征来区分人体不同的部位，然后将这些独立的身体部位组合起来，生成全身的人体姿态估计。

文献[9]提出了一种在深度图中检测人体部位的算法。作者先使用深度图数据生成 3D 网格，通过在 3D 网格上迭代使用 Dijkstra 算法来计算测地极值，这里的测地极值通常与人体的肢体末端关节点对齐，如头部、手或脚。接下来，在以测地极值位置为中心的归一化深度图块上，使用局部形状分类器来识别相应的身体部位。该算法能够实现实时检测，但是只能检测出人体四肢端点与头部，更精细的关节点如肘部、膝部等无法检测。

相比之下，文献[10]中描述的基于随机森林的方法能够提取出人体全身共 26 个关节点，关节提取更为细致。利用随机森林将像素分类到身体部位的方法最早是由微软提出的，取得了很好的效果，并被用作 Kinect 设备的人体骨架提取算法。这是一种以深度图为输入，从中提取人体关节点的方法，之后许多基于深度图的人体骨架识别方法都借鉴了该方法。其核心是以像素邻域的深度差值为特征，利用随机森林分类器将每个像素分类到对应的身体部位，再使用聚类算法提取关节点。

具体来说，他们将相对于给定像素有一定偏移的两个像素的深度差作为特征，如图 7.3-4 所示。其中，图 7.3-4（a）和图 7.3-4（b）为深度图像素深度差特征，图 7.3-4（c）为利用计算机图形学的方法建立包含近百万帧、几百段动作片段的合成数据集，利用随机森林分类器对其进行训练后得到的人体部位像素分类结果。在预测时，逐个对像素使用训练得到的随机森林分类器进行分类，判断其属于哪个身体部位，分类完成后，使用带加权高斯核的 Mean Shift 算法对属于相同部位的像素进行聚类，聚类中心点即为估计所得的关节点位置。该方法引入身体组件作为中间表示，将较难的关节点提取问题转换成了较为容易的像素分类问题，使得算法效率有了很大提升，在 Xbox GPU 上能达到每秒 200 帧的运算速度[10]。在 7.3.4 节我们会以该方法为例进行实现，给出一个基于深度图的人体骨架识别算法实例。

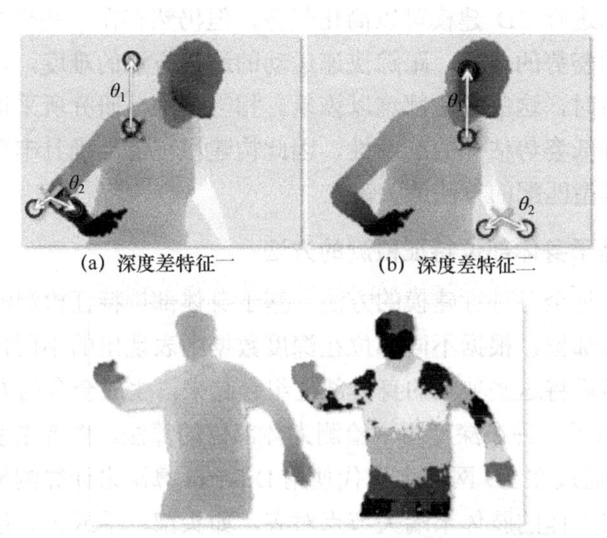

(a) 深度差特征一　　(b) 深度差特征二

(c) 分类结果

图 7.3-4　深度图像素深度差特征及人体部位像素分类结果

基于随机森林的方法在 Kinect 上成功应用，该方法运算量小、准确度高，能够集成到嵌入式系统中，使得人体骨架识别得到更广泛的应用。但该方法在存在遮挡或自遮挡的情况下，可能会失败；对于两个人靠得较近的情况，可能会误识别为同一人。不过这两个问题也是其他方法基本都有的，如何解决遮挡和自遮挡的问题也是一个重要的研究方向。另外，由于该方法独立地检测单个深度帧中的特征，因此该方法会产生不稳定的姿势估计结果。此外，为了获得在大范围姿势下工作的随机森林分类器，训练过程中必须使用大量已标注的深度图，因此训练数据的获取也颇有难度。

7.3.2.4　基于神经网络的方法

近年来，随着深度学习的火热化，神经网络的应用使得基于 RGB 图像的 2D 人体骨架识别的准确率得到了极大提升。而如何将神经网络应用于 3D 人体骨架识别则成为最近的研究热点。基于神经网络在 RGB 图像上进行 3D 人体骨架识别的算法大致分为两大类：两阶段算法和端到端算法。两阶段算法是将 2D 骨架识别中较为成熟的算法移植到 3D 中来，即先从 RGB 图像中估计 2D 关节的位置，然后根据 2D 关节点位置推测关节点的 3D 坐标，这是一种比较容易想到的思路。端到端的算法则不依赖 2D 骨架识别，通过神经网络直接从 RGB 图像中输出 3D 骨架识别结果。我们不详细讨论在 RGB 图像上进行的基于神经网络的算法，读者可以在文献[11]中得到更详细的内容。接下来，我们回顾一些在深度图上进行的基于神经网络的方法。

文献[12]将深度学习应用于深度图的身体部位分割，提出了一种通过将对象部分空间布局的先验信息集成到学习架构中，以改善分割问题中的分类性能的方法。给定深度图后，使用逻辑回归函数独立地对每个像素进行分类以分割身体部位（逐像素分类这一点与之前提到的基于随机森林的方法很类似），该逻辑回归函数接收卷积网络输出的特征并将其作为输入，卷积网络使用能量函数来初始化，该能量函数建立了身体各部位之间的空间关系。这里采用两阶段卷积网络，第一阶段的输出作为输入馈送到第二阶段的卷积层，其中，每个特征映射会连接到前一阶段的若干映射。第一阶段用于空间深度学习，在此阶段，身体部位标签仅用于定义空间布局，因此这个阶段也被称为弱监督的预训练。同时，在此阶段初始化卷积网络参数，使得特征与标签的空间排列一致。与其他神经网络不同，这里的神经网络学习的是身体部位标签之间的空间关系，其作为先验知识被整合到深度卷积网络的监督学习中，通过空间预训练学到的特征比经典特征具有更充分的信息，它能提高分类器的性能。第二阶段是有监督的空间学习，将参数化的逻辑回归层连接到卷积网络的最顶部特征以预测标签。该工作表明，对空间分布信息的学习，在身体部位分割问题中是有效的。但是，其最终只输出身体部位像素的分类结果，并没有对关节点进行最终计算。如果我们想将其作为自己的骨架识别算法的一部分，可以利用它来进行像素分类工作，之后再利用聚类等算法提取关节点。

文献[13]中提出的模型使用来自深度数据的局部补丁（patch）来检测身体部位，最初获得身体的局部表示，然后组合卷积和循环网络来迭代地获得全局身体姿势。文献[13]的作者首先利用深度数据将局部补丁嵌入一个经过学习的观察点不变的特征空间，使得训练的身体部位探测器在观察点变化的情况下能够保持稳定；然后引入了循环连接，利用卷积和循环网络架构，采用自上而下的错误反馈机制，使模型能够推理出过去的行为并指导接下来的全局姿态估计，以端到端的方式来自我纠正先前估计的结果（见图 7.3-5）。该模型已经能够在存在噪声和遮挡的情况下选择性地预测部分姿势，如果我们采用基于神经网络的方法在深度图上进行人体关节点提取，这是一种很具有参考意义的算法。

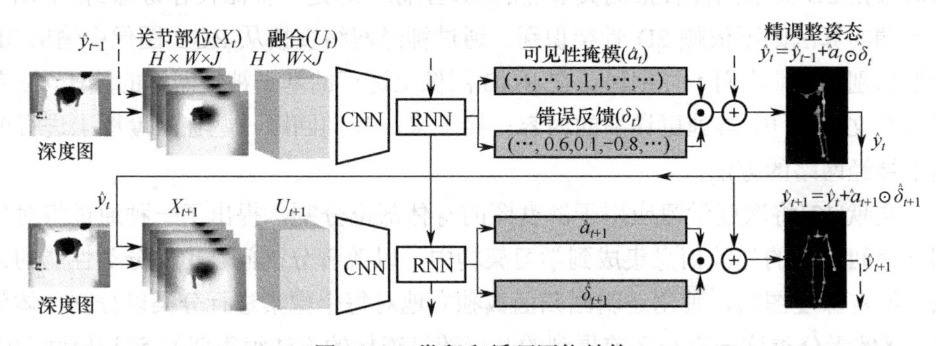

图 7.3-5　卷积和循环网络结构

基于神经网络的方法在 RGB 图像上的人体关节定位已经相对成熟，而应用于深度图进行 3D 人体估计仍处于起步阶段，是一个值得深入探究的方向。基于神经网络的方法的优势在于，其可以利用大量的数据进行训练，从而实现比较高的准确度，但其缺点也在于此，即运算量比较大，获取大量带标注的训练数据存在困难，且一般需要 GPU 的支持，功耗较大，因此不太适合应用到嵌入式设备中。如果想要在移动便携式设备中运用，则要简化网络架构，并对功耗进行控制，这些都是未来有待研究的方向。

7.3.3　人体骨架识别相关数据集

经过多年的发展，用于人体骨架识别的数据集也积累了不少，下面我们会介绍一些目前常用的数据集。

7.3.3.1　NTU RGB+D 数据集

- 地址：http://rose1.ntu.edu.sg/Datasets/actionRecognition.asp
- 样本数：56880 个
- 关节点数：25 个
- 全身，单人/多人，60 种动作序列

NTU RGB+D 数据集[16]是新加坡南洋理工大学使用 Kinect V2 制作的一个用于人体动作识别的大规模数据集。该数据集包含了 56880 个动作样本，涵盖了 60 种不同的行为动作序列，分为日常行为、医学行为、交互行为三大类。其中，日常行为有 40 种，包含喝水、阅读、打电话等动作；医学行为有 9 种，包含咳嗽、头痛等疾病表现的动作；交互行为有 11 种，包含握手、拥抱等社交行为，这类动作片段包含两人及以上的骨架数据。

数据集为每个动作样本都提供了深度图序列、3D 骨架数据、红外视频和 RGB 视频。每段动作都是由 3 台微软 Kinect V2 相机从不同角度同时拍摄的。RGB 视频的分辨率是 1920×1080，深度图和红外视频都是 512×424 的分辨率，3D 骨架数据包含了每一帧中 25 个主要身体关节的 3D 位置。

三台相机编号为 1、2、3，分别位于三个不同的位置，1 号相机位于中央位置，2 号相机位于右侧 45 度的位置，3 号相机位于左侧 45 度的位置。每段动作会拍摄两次，一次面朝左侧相机，一次面朝右侧相机，因此可以得到两个正视图、一个左视图、一个右视图、一个左侧 45 度视图、一个右侧 45 度视图。1 号相机总是观察 45 度视图，2 号和 3 号相机分别观察各一个正视图和侧视图。研究人员还改变相机高度和距离的配置，把相同配置的作为同一组，一共设置了 17 个不同的组别。每个组别从 40 个不同的实验人员中挑选几个来执行动作。

3D 骨架数据使用 Kinect 的关节点定位功能提取，按关节点编号递增的顺序记录在后缀为“.skeleton”的文件中，每个关节点的数据包括 3D 空间坐标、深度图/红外图中的坐标、RGB 视频帧中的坐标。25 个身体关节点的编号[16]如图 7.3-6 所示。

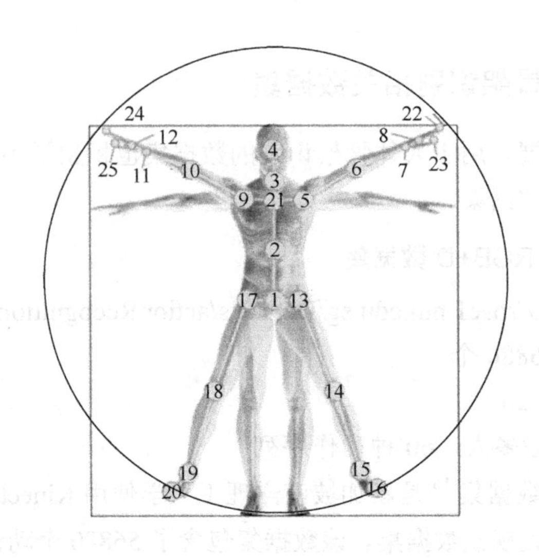

图 7.3-6 25 个身体关节点的编号

7.3.3.2 Human 3.6M

- 地址：http://vision.imar.ro/human3.6m/description.php
- 样本数：360 万个
- 人数：11 名（6 名为男性、5 名为女性）
- 场景数：17 个

Human 3.6M 数据集[17]也是一个 RGB+D 数据集，其中包含了 RGB 图像数据、ToF 深度图数据、关节点信息数据及人体扫描模型数据。其有 360 万个 3D 人体姿势和相应的图像，共有 11 名受试者参与录制，其中，共有 17 个动作场景，包括讨论、吃饭、运动、问候等。

Human 3.6M 数据集的采集设置[17]如图 7.3-7 所示。它使用 15 个传感器（4 个数码相机、1 个 ToF 相机、10 个运动捕捉相机）同步捕捉数据。拍摄面积约为 30 平方米（6 米×5 米），在这一区域内，有大约 4 米×3 米的有效拍摄空间，所有的相机都能拍到拍摄对象。4 台数码相机放置在拍摄空间的角落。1 个 ToF 相机放置在其中一个数码相机旁边。在四周的墙上安装了 10 台运动捕捉相机，以最大限度地提高有效的数据采集量，其中，左右两侧墙面各安装 4 台，底部水平边缘安装 2 台。Human3.6M 数据集使用 Human Solutions 公司的 3D 激光人体扫描仪，获得参与实验的每个受试者精确的 3D 模型。关节点的标注依赖其 3D 动作捕捉系统，受试者身体上会贴许多小反射标记，10 台运动捕捉相机会随时跟踪它们来确定关节点位置，并使用每个身体标签的位置及专有的人体运动模型来推断准确的姿势参数。

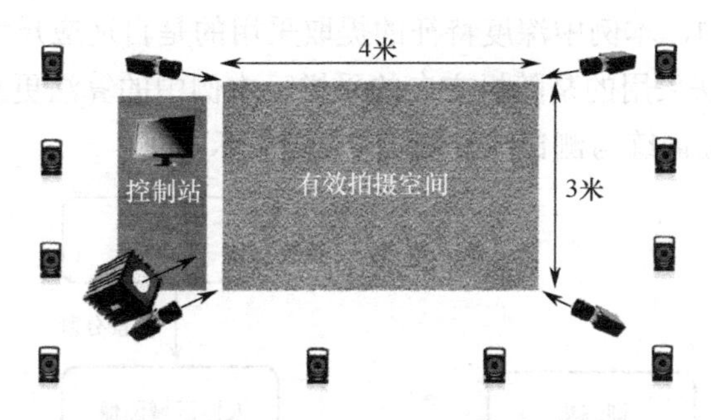

图 7.3-7　Human 3.6M 数据集的采集设置

RGB 图像数据是由 4 台高分辨率渐进式扫描数码相机在 50Hz 的帧率下拍摄获得的。骨架数据包含 32 个关节点的信息。在测试中可以减少相关关节的数量，如每只手和每只脚只留一个关节。ToF 数据是利用 MESA Imaging SR4000 设备获得的，设备放置在其中一个数码相机附近，并捕捉整个运动过程。所有的参与者都使用了 3D 扫描仪进行扫描。得到的人体模型经过了预处理和人工干预修复。RGB 数据、ToF 深度数据、3D 人体模型数据的示例[17]如图 7.3-8 所示。

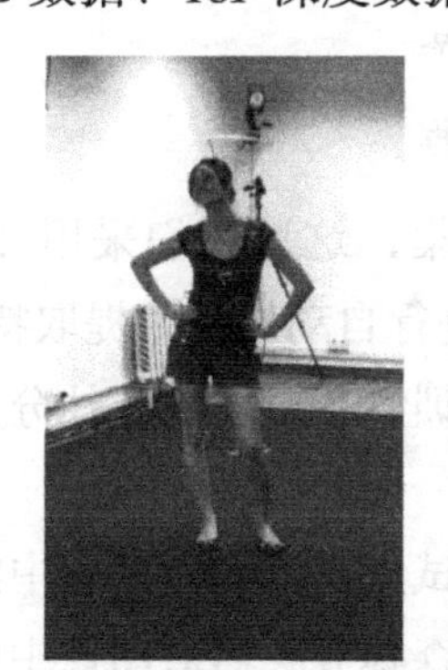

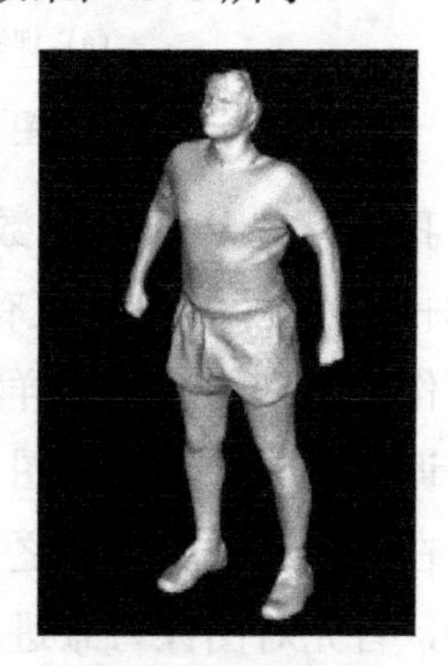

图 7.3-8　RGB 数据、ToF 深度数据（伪彩色）及 3D 人体模型数据

其他的 3D 人体骨架识别数据集还有 CMU Panoptic dataset[18]（该数据集由 CMU 大学制作，由 480 个 VGA 相机、30 多个 HD 相机和 10 个 Kinect 传感器采集）、MPI-INF-3DHP[19]等，这里不再一一详细介绍。

7.3.4　实例：人体骨架识别

下面我们以基于随机森林的算法为例进行人体骨架识别算法的讲解，同时给出实现的代码。该算法是以 Kinect 随机森林算法为基础实现的，但在具体实现上有些许差异，例如，本例中深度特征的提取采用的是自适应尺寸的正方形格点采样，而 Kinect 算法采用的是随机方向的采样，本例中的算法更易于操作和实现。

人体关节定位训练与测试流程如图 7.3-9 所示。

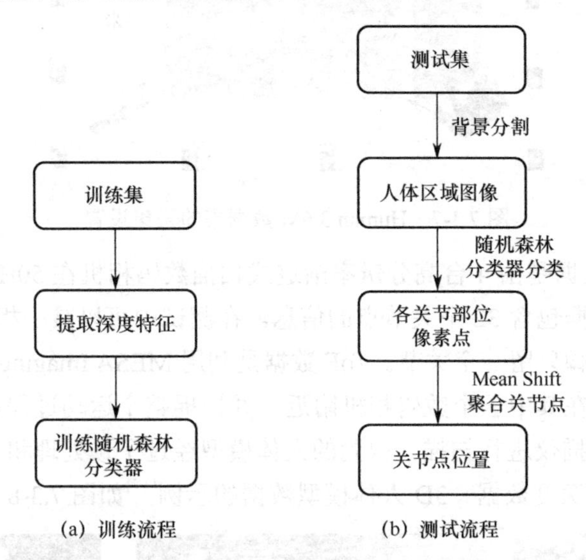

图 7.3-9　人体关节定位训练与测试流程

我们首先从深度图数据集中选取一部分作为训练集，这里我们采用 NTU RGB+D 数据集，利用已有的关节点标注数据对训练集进行自动标记并提取特征，将其作为像素的深度采样特征，制作训练集。然后使用训练集对随机森林分类器进行训练。训练流程如图 7.3-9（a）所示。

在进行测试时，将之前数据集中剩余的部分作为测试集，输入测试集中的深度图，首先对图像背景进行分割，再使用训练好的随机森林分类器对图像中的每个像素进行分类，得到属于不同关节部位的像素，最后利用 Mean Shift 算法对属于同一类的像素进行聚类，提取其中心点作为骨架关节点。测试流程如图 7.3-9（b）所示。

在进行测试时，我们也可以不继续使用原数据集，而是采用 ToF 实时采集的数据进行测试。将 ToF 连接到电脑上，使用 ToF 的 SDK 中自带的深度图采集 API 进行图像采集，并将其作为测试输入，再运行上述的骨架提取算法，这样我们就可以看到实时的算法效果了。

7.3.4.1　训练随机森林分类器

我们需要利用训练数据集对随机森林分类器进行训练。对于一幅深度图，取关节附近的点作为训练集，对这些点进行深度特征提取，再训练随机森林分类器。

首先，我们获取关节点附近的点，以此制作训练集。利用 NTU RGB+D 数据集提供的深度图与对应的关节点数据，我们可以制作训练集。NTU RGB+D 数据集规模很大，我们选取其中一部分作为训练集对分类器进行训练，另一部分可以在之后作为测试集，对分类准确度进行测试。每个关节部位对应一个类别，在每一幅深度图中，我们提取关节点位置附近的 100 个点作为该关节部位的标记样本。每一个点的深度特征即为一个训练样本，所有图像的样本集合为训练集。这里我们对 25 个关节点做了简化（关节点编号参见图 7.3-6）：手部的 12、24、25 号关节点并入 11 号，8、22、23 号并入 7 号，颈部的 3 号关节点并入 21 号，足部的 16、20 号关节点分别并入 15、19 号。简化完成后，四肢各包含 3 个关节，脊柱包含 3 个关节，加上头部，共计 16 个关节部位。Python 代码如下。

```
## 功能描述:
#  在关节位置附近进行采样，得到训练集
#  输入参数:
#  深度图、对应的关节点坐标数据
#  输出参数:
#  训练集

def clorKeyjoint(img_dep, bodys, wid=5, mode='0'):
    # wid = 15
    cl = np.zeros_like(img_dep)
    # 图中可能有多个人的骨架数据
    for b in bodys[0:1]:
        # 对于每个关节点
        for i in range(len(mask_joint)):
            # 获取关节点位置坐标
            dx = round(b[mask_joint[i] - 1]['depthX'])
            dy = round(b[mask_joint[i] - 1]['depthY'])
            # 标记需要提取的像素
            mask = (img_dep[dy - wid:dy + wid, dx - wid:dx + wid] >
80) * mask_joint[i]
            cl[dy - wid:dy + wid, dx - wid:dx + wid] = mask
```

```
    cl = np.uint8(cl)
    return cl
```

我们将代码运行后得到的结果进行可视化处理，如图 7.3-10 所示，每个不同颜色的方块表示关节点位置附近的 100 个标记样本点。

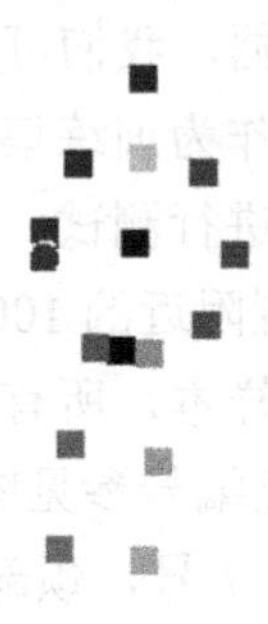

图 7.3-10　训练集图像的可视化结果

得到了训练集，我们接着对这些点的深度特征进行提取。我们采用网格状格点化的方式对深度特征进行提取，该深度特征如下：

$$f(I,x)=\left\{d_I\left(x+\frac{\boldsymbol{u}}{d_I(x)}\right)\mid \boldsymbol{u}\in\Phi\right\} \tag{7.3.1}$$

其中，$\boldsymbol{u}$ 为偏移向量，集合 Φ 表示由所有采样格点相对于像素 x 的偏移向量构成的集合，因子 $\frac{1}{d_I(x)}$ 的存在对偏移量进行了归一化，这保证了特征具有深度不变性；$d_I(x)$表示图像 I 中像素 x 处的深度值。

我们来看一个直观的例子，如图 7.3-11 所示，其中网格中心较大的点表示图像 I 中给定的像素 x，以该像素为中心生成一个5×5的格点矩阵，较小的格点表示要进行深度采样的点，将这 25 个格点处的深度值作为中心像素的深度特征。格点数即采样密度可以根据需要设定一个合理的值，本例中采用5×5的网格是较为合理的设置。在训练和测试流程中，格点数目需要保持不变，如果训练时采用了5×5的格点矩阵，测试时使用的格点矩阵大小也必须为5×5，否则会出现特征维数不匹配的情况。网格格点数目是固定的，但由于因子$\frac{1}{d_I(x)}$的存在，网格覆盖范围的大小仍会根据中心像素的深度值不同而自适应地调整。

得到训练数据深度特征的 Python 代码如下，遍历每一个训练点，获得预先生成的格点位置处像素的深度值，记录在 $\boldsymbol{X}$ 中，$\boldsymbol{X}$ 为一个瘦长型的矩阵，其行数为训练点的个数，每一行保存了训练点的深度特征，***y*** 为一个列向量，其记录了每个像素的分类。

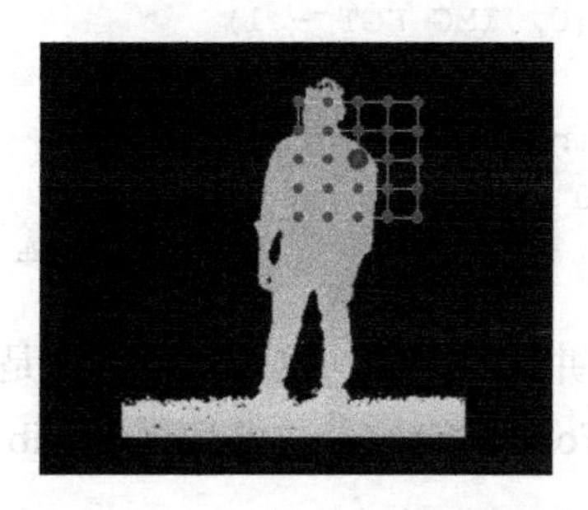

图 7.3-11　格点化深度特征采样示意图

```
## 功能描述：
#  获取训练集的深度特征
#  输入参数：
#  深度图、训练集
#  输出参数：
#  特征矩阵 X（每个训练点的深度特征为其中的一行）

def get_trainXY(img_clf, img_dep):
    mask = (img_clf> 0)                        # 获取训练点
    y.extend(img_clf[mask][::sli])             # 保存训练点的标签

    indy, indx = np.where(mask)                # 获取训练点集的像素坐标
    indy = indy[::sli]
    indx = indx[::sli]
    IMG_HGT, IMG_WID = img_dep.shape

    inx = []
    iny = []
    for i in range(len(ux)): # 遍历获取每个训练点对于网格点位置处的深度值
        inx += [(indx + np.int32(np.round(ux[i] / img_dep[indy,
indx])))]
        iny += [(indy + np.int32(np.round(uy[i] / img_dep[indy,
indx])))]
    inx = np.array(inx)
    iny = np.array(iny)
    inmask = (inx> IMG_WID - 1) | (inx< 0) | (iny> IMG_HGT - 1) |
(iny< 0)
```

```
    inx = inx.clip(0, IMG_WID - 1)      # 对于超出图像边界的坐标进行处理
    iny = iny.clip(0, IMG_HGT - 1)

    ext = img_dep[iny, inx].copy()
    ext[inmask] = 0
    X.extend(ext.T)                     # 构成 X 矩阵
```

训练随机森林分类器并保存模型，这里我们用的是 Python 的 sklearn 包中的随机森林分类器 RandomForestClassifier，并使用 joblib 工具包将训练好的模型保存下来，以供后续使用。

```
## 功能描述:
#   训练随机森林分类器并保存模型
#   输入参数:
#   特征矩阵 X
#   输出参数:
#   训练好的随机森林模型

from sklearn.ensemble import RandomForestClassifier  # 加载随机森林分类器
from sklearn.externals import joblib    # 加载模型保存库
clf = RandomForestClassifier(n_estimators=10)
clf.fit(X, y)   # 训练随机森林分类器
print(clf.score(X, y))
joblib.dump(clf, 'RFToF.pkl')   # 保存随机森林分类器
```

7.3.4.2 测试算法

训练完随机森林分类器后，我们使用它进行关节点提取，以测试算法效果。首先将深度图进行背景分割，得到人体区域图像，使用随机森林分类器对人体的像素进行分类，选取预测概率大于设定阈值的点，则得到疏密不同的各关节部位像素，越接近关节点位置，像素越密，再使用 Mean Shift 算法进行聚类，得到关节点位置。Mean Shift 算法是一个聚类算法，它能够对空间上分布相近的点进行聚类，提取出其中心点。这一般为一个迭代过程，先计算感兴趣区域内的偏移均值（从移动区域中心到计算出的质心处），然后将此处作为新的起点，继续移动，直到满足最终的条件。我们可直接调用 Python 的 cluster 包中 Mean Shift 算法的 API。

读取深度图、强度图，根据阈值进行分割以去除背景，利用 OpenCV 的去噪核去噪，Python 代码如下。

```
## 功能描述：
#  测试流程，深度图预处理
#  输入：
#  深度图、强度图
#  输出参数：
#  去背景、去噪处理后的深度图

img_amp = cv2.imread(ir_picname, -1).astype('float32')
img_dep = cv2.imread(dep_picname, -1).astype(np.float32)
# 根据预先拍摄的背景图进行去背景
img_dep[2 * np.abs(img_dep - dep_bg) / (img_dep + dep_bg + 100) <
0.1] = 0
# 根据强度、深度阈值进行分割
img_hand = hand_cut(img_dep=img_dep, img_amp=img_amp,
                    amp_th=100,  # 红外图
                    dmax=3000, dmin=1200  # 深度图
                    )
# 使用开闭运算去噪
img_hand = cv2.morphologyEx(img_hand, cv2.MORPH_OPEN, denoise_kernel)
img_hand = cv2.morphologyEx(img_hand, cv2.MORPH_CLOSE, denoise_kernel)
img_dep[img_hand == 0] = 0
```

该部分代码运行后，我们能从一张深度图中得到人体区域，并且该结果已经过了去噪处理，填补了一些小孔洞。门限分割去噪效果图如图 7.3-12 所示。

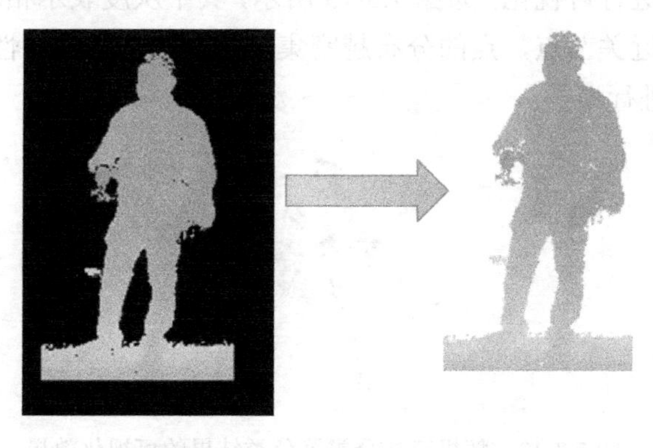

图 7.3-12　门限分割去噪效果图

提取像素深度特征。在训练和测试过程中，提取深度特征这一步都是必须要有的，该部分的代码与上面训练过程中提取特征部分的代码基本相同，但有细微区别：在训练过程中，要将所有图像中的点拼合成一个大的 ***X*** 矩阵，而在测试过程中，则是对每张图像构建一个新的较小的 ***X*** 矩阵。这部分代码可参考训练过程中的特征提取代码，留给读者自己完成。

使用随机森林分类器对像素进行分类，利用之前训练阶段保存的随机森林分类器模型，将 ***X*** 矩阵作为参数输入，模型会给出每个像素属于各类别的概率，我们取其最大值作为判断结果。

```
## 功能描述：
#  使用随机森林分类器对每个像素进行分类
#  输入参数：
#  深度图、随机森林分类器模型
#  输出参数：
#  每个像素的分类标签

clf = joblib.load('RFToF.pkl')     # 读取随机森林分类器模型
test_y = clf.predict(X)
proba = np.max(clf.predict_proba(X), axis=1)  # 取最大概率

mask = (proba> 0.65)      # 去除预测概率过小的点
indy = indy[mask]
indx = indx[mask]
test_y = test_y[mask]
msX = np.stack((indy, indx), axis=1)
```

将分类结果进行可视化，如图 7.3-13 所示，其中灰度表示相对应的关节部位。可以看到，越接近关节点，点的分布越密集，根据这一分布特性，我们可以采用 Mean Shift 算法进行聚类。

图 7.3-13　随机森林分类器分类结果的可视化效果

使用 Mean Shift 算法聚类得到关节点位置坐标：

```
##  功能描述：
#   聚类得到关节点
#   输入参数：
#   关节点分类标签
#   输出参数：
#   关节点位置坐标

centers = {}
for i in np.unique(test_y):
mask = (test_y == i)
# 配置 Mean  Shift 聚类器
    ms = cluster.MeanShift(bandwidth=50, bin_seeding=True)
    cluy = ms.fit(msX[mask])
    centers[i] = ms.cluster_centers_[0]    # 得到中心点坐标
```

7.3.4.3　算法运行效果

得到关节中心点坐标后，我们的人体骨架识别任务就算基本完成了。为了可视化，我们可以将关节点连接为完整骨架，这部分不是本书的重点，代码实现留给读者自行完成，算法运行效果示例如图 7.3-14 所示，其中，连接完成后的效果如图 7.3-14（a）所示，NTU RGB+D 数据集给出的关节点如图 7.3-14（b）所示，我们可以先从可视化效果上直观地感受关节点提取的效果。根据数据定量计算后得出，其关节点预测偏移的平均误差在 6 个像素左右，这说明关节点定位的准确度还是不错的。如果想进一步改善定位效果，还可以从骨架物理约束、帧间滤波等方面入手，这一部分就留给读者自己去探索了。

（a）连接完成后的效果

（b）NTU RGB+D 数据集给出的关节点

图 7.3-14　算法运行效果示例

7.4 跌倒检测

上一节我们介绍了人体骨架识别算法，其可以从拍摄的图像中得到人体关节点的位置信息，在这一基础上，我们进行更高层次的活体检测与动作识别就方便了许多。在这一节中，我们将以人体跌倒检测为例，介绍人体动作识别的具体应用。下面首先介绍跌倒检测具有的现实意义，接着介绍其原理及目前使用的一些方法，对这些方法的优劣进行分析，最后会给出一个实例，讲解如何基于 ToF 相机进行跌倒检测。

7.4.1 跌倒检测概述与意义

近年来，我国人口老龄化问题日益严峻，老年人的健康问题和日常生活中的安全问题受到了社会的广泛关注和重视。随着年龄的增长，意外跌倒的风险对老年人来说会逐年提高。与年轻人相比，老年人跌倒的后果更为严重，其产生的社会成本和经济成本是相当高的，这也使其成为国家医疗保障的重点。由此可见，跌倒检测及报警系统是十分必要的，其能有效避免老年人在跌倒后受到二次伤害，使跌倒的老年人能够及时得到救治，最大限度地减小损失。考虑到以下三个方面，自动跌倒检测的重要性不言而喻：目前，因子女在外工作而独居的老年人越来越多，他们在跌倒后可能无法得到及时的救助；由于老年人跌倒后可能会丧失意识，无法求助或报警，以至于不能得到有效的救助；跌倒后躺在地上的时间越长，发病率与死亡率会越高[20]。

对一个跌倒检测系统来说，基本要求是，无论导致跌倒的原因是什么，跌倒检测器都应该能够检测出跌倒行为是否发生，并且有能力区分跌倒和其他受控的运动（如蹲下、弯腰等）。目前主要有三类跌倒检测系统：基于穿戴式设备的、基于环境布设的及基于视觉技术的。三类跌倒检测系统都有各自的优势与不足。

基于穿戴式设备的跌倒检测系统主要通过可穿戴的传感器设备获取人体运动的速度、加速度等参数信息，根据事先设定的阈值判断是否发生跌倒行为。由于其可随身携带，因此监控范围不会受到限制，不管人走到哪儿都可以连续监测，而且可以在设备中增加定位等附加功能。但随身携带设备的电源供应成为问题，电池需要经常充电，也可能在中途出现没电的情况，这是一个不便的地方，而且穿戴式设备需要考虑舒适性。

基于环境布设的跌倒检测系统一般通过压力感应传感器（如压感地砖等）检测跌倒时产生的冲击。其不需要随身携带额外的设备，但是监测范围比较小，只有在铺设了传感器的房间内才能进行跌倒检测，而且一般需要设置多个传感器，成本较高。

基于视觉技术的跌倒检测系统通过相机（RGB 相机或者 3D 相机）监测人体活动，检测是否发生跌倒行为。但是，RGB 相机可能会存在隐私泄露的风险，很多老年人并不希望在隐私场所（如卫生间、卧室等最容易发生跌倒等意外情况的场所）安装摄像头，如果强行安装，老年人可能会产生排斥心理，这对其身心健康也是不利的。而使用 3D 相机来进行监测就可解决这一问题，因为其只能获得被监测人的轮廓特征，并不能从深度图中得到彩色图像信息（双目深度相机除外，因为其本质是两个 RGB 相机），从而保护人的隐私，而且仅用深度信息已经足以检测身体的运动和姿势。由于 3D 相机不受光照影响，即使在夜间或卫生间雾气重的时候也能正常工作。因此 3D 相机特别适合安装在注重隐私的空间中，用户可以通过 3D 相机远程、实时观看老年人在家中的情况，通过跌倒检测、自动报警对老年人进行全方位监控。不过该系统也存在监控范围有限的问题，我们在第 3 章中介绍过各类 3D 相机的成像范围，虽然双目相机的成像范围最广，但是由于其是 RGB 相机，仍有隐私泄露风险；而结构光相机成像范围最小；相对而言，ToF 相机比较适用于跌倒检测系统，既可不受光照影响，日夜正常工作，又具有保护个人隐私的优势，覆盖范围对于卫生间等较小的房间也能达到要求。如果要覆盖大厅、走廊等较大范围，可以采用多个相机协同工作的方式。

以上三类跌倒检测系统是从硬件平台上来分类的，其实不管是哪一类跌倒检测系统，其本质都是检测跌倒过程中的特征，根据这些特征来检测跌倒行为发生与否，下面我们就来分析跌倒中会有哪些特征。

7.4.2　跌倒检测原理分析

进行跌倒检测时，我们首先要分析人跌倒时会有哪些特征，再去检测这些特征，当检测到的特征符合特定的条件时，即可确定发生了跌倒行为。跌倒检测的步骤需要基于这些特征进行合理设定。本小节我们主要介绍跌倒过程的四个阶段、其各自拥有的特征，以及当前已有的检测这些特征的方法。

如图 7.4-1 所示，跌倒可分为四个阶段：跌倒前阶段、临界阶段、跌倒后阶段和恢复阶段[21]。在跌倒前阶段，人一般在进行日常生活中的一些活动时，偶尔会有突发性的动作，如迅速坐下或躺下，但这并不是跌倒，在跌倒检测系统中需要进行区分。在临界阶段，身体会突然向地面方向移动，在图 7.4-1 中表现为一个较陡的下降曲线。这个阶段持续的时间（t_0～t_1）非常短，一般为 00~500 毫秒[21]。在跌倒后阶段，人可能会保持静止，一般是躺在地上。为了避免跌倒后得不到及时救治而造成更严重的二次伤害，跌倒后阶段的持续时间（t_1～t_2）应尽量缩短，一般应使其保持在一小时以内。在最终的恢复阶段，跌倒者可能是自己站起来，或者是在另一个人的帮助下站起来，但也可能出现跌倒者站不起来的情况，此时人体重心高度则会如图 7.4-1 中的虚线所示，持续保持一个较低的值。

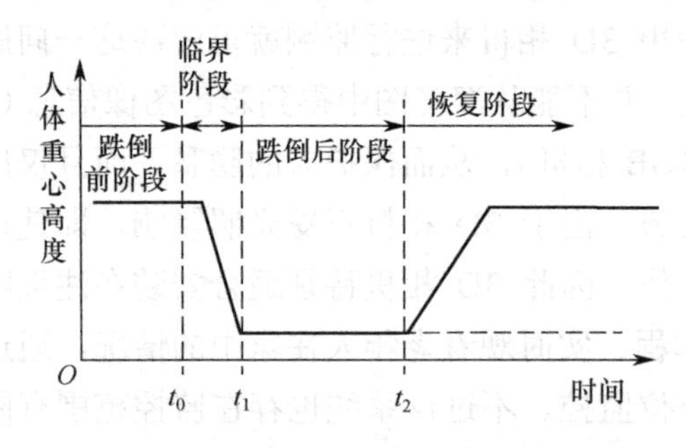

图 7.4-1　跌倒的四个阶段

跌倒四个阶段的划分是跌倒检测的基础，各类跌倒检测系统都会直接或间接地对这几个阶段进行检测，可以对临界阶段的速度变化或者撞击瞬间的冲击进行直接检测，也可以对跌倒后阶段进行间接检测，还可以对多个阶段进行联合检测，以提高检测的准确率并减少误报。

7.4.2.1　临界阶段检测

临界阶段的一个明显特征是速度的变化。在跌倒的临界阶段，存在一个短暂的自由落体过程，由于重力加速度的作用，垂直速度随时间呈线性增长。Wu[22]通过在物体上放置标记物，采用视频的方式进行分析，其结果表明，垂直和水平速度在跌倒过程中的变化是其他受控运动（如站起、弯腰、坐下）的三倍；另外，在一段时间内，这两种速度几乎同时提高，但在受控运动期间，它们的变化却截然不同。因此，可以监测一个人在平时的垂直和水平运动速度，如果这两个速度超过预先确定的阈值，则表明该人此刻可能未处于受控运动状态，而是处于跌倒状态，我们就可以检测到跌倒行为的发生。通过计算机视觉技术来实现这一阶段，主要是通过跟踪运动人体的某个部位来计算人体运动速度，从而检测是否存在速度超过阈值的情况。所跟踪的人体部位一般选取比较稳定的部位点，可以选取人体重心、髋部、头部等。文献[23]和文献[24]就试图通过计算机视觉技术和粒子滤波算法来跟踪头部运动，使用垂直和水平速度来检测跌倒事件。

也可以通过传感器来检测运动速度。Noury 等人[25]设计了一个自动传感器模块，其中包括加速度计、测斜仪和振动传感器，并将其放置在腋下。当传感器检测到运动速度超过特定阈值后，传感器模块会检测从垂直姿势到躺卧姿势的动作序列，并检测在跌倒后人是否保持静止。

对临界阶段进行检测的难点在于速度阈值的确定，如果阈值太低，系统会有许多误报；如果阈值太高，则会漏报。而且该阈值还取决于受试者本身，对不同的受试者来说，可能存在不同的阈值。

7.4.2.2 临界阶段结束时刻检测

在临界阶段结束时，身体通常会撞击到地面或障碍物，这就会造成加速度矢量在轨迹方向上的突然极性反转，这通常称为“冲击震动”。由于这一事件可通过加速度的变化来检测，因此比较适合用加速度计或冲击检测器来检测，冲击检测器实际上就是一个预先设定阈值的加速度计。Williams 等人[26]在 1998 年首次描述了一个带在皮带上的自动检测装置，其中有一个压电传感器，用于检测人撞击到地面时的冲击震动，以及一个水银倾斜开关，用于检测人体是否处于水平躺倒状态。Lindemann[27]将 3D 加速度计放置于助听器的外壳中，并设定了以下三个触发阈值，以便确定跌倒行为的发生：水平面中加速度的合矢量超过 $2g$（2 倍重力加速度）；在最初的冲击震动到达前所有轴向的合速度达到 0.7m/s；所有空间分量的加速度的合矢量大于 $6g$。关于第一个阈值（水平面中加速度的合矢量超过 $2g$）的设定，只考虑了水平方向加速度而没考虑竖直方向加速度，是因为竖直方向加速度在跑步和坐下时也可能达到较高的值，这可能会触发错误警报。同时，对竖直方向加速度的考虑实际上已包含在第三个阈值内。设置多个阈值的好处也在于能够减少误报。

上述方法的一个难点在于跌倒方向的确定，因为每一次跌倒的轨迹都不相同。实际上，大多数的跌倒发生在向前或向后的方向，因为跌倒发生时人通常处于坐下、站起、行走或者弯腰的过程中。另一个难点是传感器佩戴在身体上的位置。传感器与撞击点的相对位置关系不同（如传感器位置靠近或远离撞击点），记录的冲击信号特征可能会有显著差异，使跌倒检测变得更加困难，从而导致大量的误报。

7.4.2.3 跌倒后阶段躺卧姿势间接检测

在跌倒后，人可能会长时间躺在地上，因此可以通过检测人是否长时间保持水平姿态来检测跌倒行为。一种方法是使用倾斜传感器（水银触点或陷入导轨的球）检测人是否处于水平位置。另一种方法是检测脚何时不再与地面接触，这种方法比较适用于监控正常状态下不处于躺卧姿态的人群，但它却不太适合在家庭环境中检测老年人的跌倒行为，因为在家中，在固定的睡眠时间外，人也会经常躺下休息，这样就容易出现许多误报。一个补充的解决方案是更精确地检测身体躺卧的位置是否是地板，这可以通过在房间安装压感地砖来检测[28]。但是这需要压感地砖的覆盖范围尽可能大，而且需要非常复杂的布线，成本也很高。

使用计算机视觉技术可以很容易地检测长时间的躺卧姿态，通过事先布设的监控相机，分割背景后提取人体部分，检测人体的运动状态，当检测到维持躺卧姿态的时间超过给定阈值时，则认为可能发生了跌倒事件。同样，还需要注意其与正常睡眠的区分，避免误报。而且涉及视频监控则要考虑隐私保护的问题，可以考虑使用 3D 相机来进行监控。

7.4.2.4 跌倒后阶段停止运动间接检测

在跌倒后，人有可能受伤严重，其可能会维持一个固定的姿势或在一个地方保持静止，因此，如果检测到人停止运动，就可能发生了跌倒事件。可以使用一个基本的运动或振动传感器进行检测，并将其佩戴在身体四肢的末端，如手腕或脚踝等处，使其更容易携带。Zhang 等人[29]提出，对于严重的跌倒事件，其顺序是日常活动、摔倒，然后人保持不动。该方法的主要困难在于如何选择延迟时间，延迟时间必须足够长以减少误报，但如果延迟时间太长，又会导致不能及时进行救治。

停止运动的情况也可以简单地使用红外传感器或视频来进行检测。Mihailidis[30]通过在天花板上放置一个相机，利用图像处理算法对视频信号进行矢量分析来检测突然的运动，从而检测跌倒事件，但这种方法在黑暗的条件下无法正常工作。此外，当被摄者在 3D 空间中移动时，必须使用更复杂的技术，即立体视觉技术。

7.4.3 实例：跌倒检测算法

对于跌倒的四个阶段特征的检测，既可以采用基于传感器的系统，也可以采用基于机器视觉的系统，其各自的优劣我们在 7.4.1 节中已经分析过。这一节我们介绍基于 ToF 相机的跌倒检测算法实例。

这里我们可以利用 7.3 节讲到的人体姿态估计算法来进行骨架跟踪。ToF 相机采集深度图的识别范围是 0.5～4.5 米，因此该系统适合在一个中等大小的房间内配置。可利用姿态估计算法获取骨骼数据，通过获取的骨骼数据来分析和判断目标人体的运动状态。

7.4.3.1　特征选取

虽然跌倒是被迫发生的，但我们仍可以把它视为人体做出的一个动作，它有自己的特征，我们只要能够捕捉到这些特征并加以分析，就可以检测出是否发生了跌倒行为。在 7.4.2 节中，我们分析了跌倒的各阶段所拥有的特征，在本例中，我们对人体重心的高度特征和临界阶段的速度特征进行检测。

第一个检测特征是高度，这是一个十分简单且直观的特征。在正常情况下，人体重心点会较为稳定地保持在一个离地面较高的位置，即使是坐在椅子上或者躺在床上的，其重心点距离地面也不会太近。跌倒后，人一般会坐在或者躺在地板上，重心点会十分接近地面。通过设置合理的阈值，我们就能利用人体重心点的高度来判断是否发生跌倒行为。除了人体重心点，也可以选取两髋中心点、脊椎中心点等骨骼点作为参考点。参考点一般需要比较稳定，并且在正常和跌倒两种情况下有着明显的区别，方便判断，这是参考点选取的一般原则。

第二个检测特征是速度。跌倒是一个瞬间发生的动作，在该过程中，人体重心会快速地下降，我们可以通过连续的视频帧来计算人体重心的速度，如果该速度超过设定阈值，表明检测到跌倒事件的发生。我们可以通过检测目标人体的重心下降速度、头部运动速度及多个关节点的加权平均速度来优化算法。

如果想进一步提高准确率，还可以选择角度信息作为特征。在正常姿态下，人体骨骼点之间的连线与地面的夹角是在一定范围之内的，如颈部和两髋中心点连线近似垂直于地面。如果检测到一些本该垂直于地面的骨骼点连线突然平行于地面并持续了一段时间，则表明可能发生了跌倒事件，再结合前面两个特征，就能较为准确地判断人是否跌倒了。

7.4.3.2　算法流程

本例中的跌倒检测算法包含如下两个步骤。

1. 人体检测

对深度图进行背景分割等预处理，从中提取人体区域，并进一步提取出人体关节坐标点。

2. 跌倒特征检测

利用提取出的关节点对跌倒的特征进行分析和处理，同时选取多个特征（主要是高度特征和速度特征），减少误检和漏检的情况，提高跌倒检测的准确率。选取人体的颈部、脊柱底部、左脚踝 3 个骨骼点，实时计算骨骼点的离地高度、运动速度，以及在较低高度下的停留时间等参数。如果脊柱底部离地面高度低于 h 且停留时间大于 t，同时骨骼点下降速度大于 v，则判定跌倒事件发生。跌倒检测算法流程如图 7.4-2 所示。

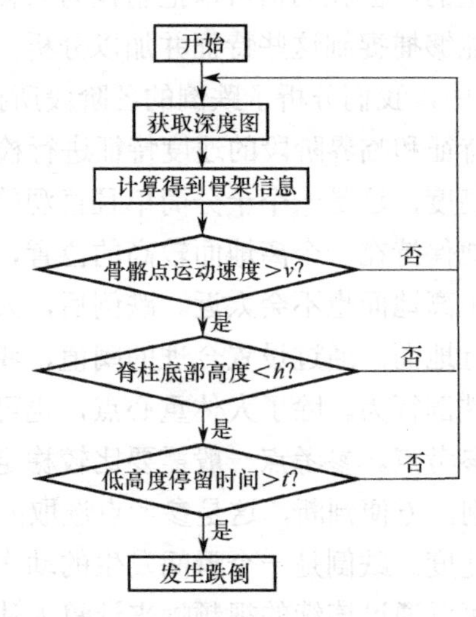

图 7.4-2　跌倒检测算法流程

经过以上两步我们已经能够判断是否发生了跌倒事件，对一个完整的跌倒检测系统来说，还应该后接语音问询、实时报警等步骤，进一步保障目标的安全，这部分内容不是本书的重点，这里就不详细展开，有兴趣的读者可以自行深入探索。

7.4.3.3　具体实现

1. 关节点提取

利用 ToF 相机采集得到实时的深度图，然后我们可以利用 7.3 节中的人体姿态估计算法来进行骨架跟踪，得到各关节点的坐标，这里我们只需要选取人体的颈部、脊柱底部、左脚踝 3 个关节点。

2. 高度特征检测

在提取关节点后，我们能够获得关节点在深度图中的像素坐标，根据第 4 章中像素坐标到实际坐标的转换公式（7.4.1），我们能够计算得到骨骼点在真实空间中的高度。

$$\begin{cases} x = \dfrac{d(u - p_x)}{f_x} \\ y = \dfrac{d(v - p_y)}{f_y} \\ z = d \end{cases} \tag{7.4.1}$$

一般认为，人的脚掌位于地面上，因此我们可以选择脚部的位置来代表地面位置，则脊柱底部到脚部的高度差可近似认为是脊柱底部离地面高度 d_y。如果 d_y 小于临界值，则认为检测到第一个检测特征。该部分代码如下。

```
## 功能描述：
#   检测高度特征
#   输入参数：
#   关节点坐标
#   输出参数：
#   高度是否低于临界点的标志
'

p0 = coord_joints['Neck']          # 颈部
p1 = coord_joints['SpineBase']      # 脊柱底部
p2 = coord_joints['AnkleLeft']      # 左脚踝

## 三点图像坐标值
u0, v0 = min(int(p0[0]), 511), min(int(p0[1]), 423)
u1, v1 = min(int(p1[0]), 511), min(int(p1[1]), 423)
u2, v2 = min(int(p2[0]), 511), min(int(p2[1]), 423)
print("v0=", v0)
if v0 == -1:
    continue
if u2 < 0 or v2 < 0 :
    continue

## 三点深度值
z0 = img[int(v0), int(u0)]
z1 = img[int(v1), int(u1)]
z2 = img[int(v2), int(u2)]

## 坐标转换公式
fxy = 372.7806701424613
```

```
    x0 = (u0 - IMG_WID / 2) * z0 / fxy
    x1 = (u1 - IMG_WID / 2) * z1 / fxy
    x2 = (u2 - IMG_WID / 2) * z2 / fxy

    y0 = (v0 - IMG_HGT / 2) * z0 / fxy
    y1 = (v1 - IMG_HGT / 2) * z1 / fxy
    y2 = (v2 - IMG_HGT / 2) * z2 / fxy

    dz = np.abs(z0 - z1)
    dx = np.abs(x0 - x2)
    dy = np.abs(y2 - y0)

    # 对第一个检测特征的判断
    if dy <= 40:
        flag = 1
        fall_num = fall_num + 1
    else:
        flag = 0
        fine_num = fine_num + 1
    if flag == 1 and fall_num == 3:
        status = 1
        fall_num = 0
    if flag == 0 and fine_num == 3:
        status = 0
        fine_num = 0
```

3. 速度特征检测

对目标人体进行监测，对返回的骨骼数据进行实时处理，每 10 帧求一次人体重心点的下降速度 spineV。如果 spineV>VT（临界值），则认为检测到了第二个跌倒特征。根据文献[19]，VT 一般为 1.21～2.05m/s，结合实验测试结果，这里选取 1.37m/s 作为人体重心点下降速度的阈值。部分代码如下。

```
    ##  功能描述：
    #   检测速度特征
    #   输入参数：
    #   关节坐标、速度阈值
    #   输出参数：
    #   人体中心点下降速度是否大于阈值的标志

    starttime = time.time()      ## 获取时间间隔
```

```
    SpineHeightin = joints[spinemid].Position.Y   ## 获取人体重心点的高度

    if framenumber % 10==1:
        tout = time.time()
        SpineHeightout = joints[spinemid].Position.Y

        ## 求得当前速度
        SpineV = 1000 * (SpineHeightout - SpineHeightin) # (tout -
starttime)

        if SpineV> 1.37:   ## 当前速度和阈值比较
            status= true
            print("身体中心向下的速度是：",vDetection ,"m#s")
        else:
            status= false
```

跌倒检测代码运行结果如图 7.4-3 所示，正常状态时显示圆形指示框，检测到跌倒时显示方形指示框，显示报警信息。根据人体关节定位方法，我们在深度图上绘制出人体骨架。当人员正常站立、行走、运动时，显示标志正常状态的圆形指示框并显示状态信息“FINE”，这一阶段对应 7.4.2 节中的跌倒前阶段；当人员跌倒后，显示标志跌倒状态的方形指示框并显示报警信息“FALL”，此时对应跌倒后阶段。

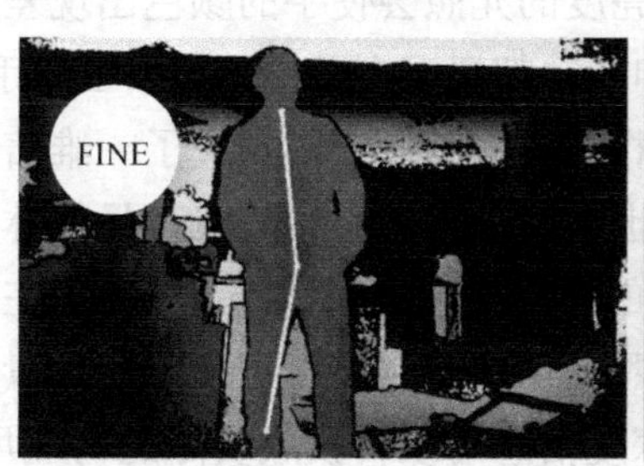

（a）状态正常，绿灯亮起

（b）检测到跌倒，红灯亮显示报警信息

图 7.4-3　跌倒检测代码运行结果示意图

7.5　手势识别

随着智能化时代的来临，服务型机器人和智能家居等给人们的生活带来了极大的便利。但与此同时，人机交互也受到了一定的挑战。键盘、鼠标和触摸屏等作为如今人机交互的主流方式盛行，但是它们只能传输少量的数据。在智能化发展的过程中，操作命令越来越多，功能也越来越繁杂，这些交互方式已经无法满足实际应用中的需求。为了能够有效处理不断增加的需求，用户需要更加自然和有效的交互方式。因此，最近几年，人机交互成为一个热门的研究方向。本书介绍的人脸识别和人体骨架识别都可以应用于人机交互，与之相比，手势作为人类本能的交流方式，具有自然直观的特性及多样性，在人机交互领域更具优势。如图 7.5-1 所示为两种手势交互实例[57]。

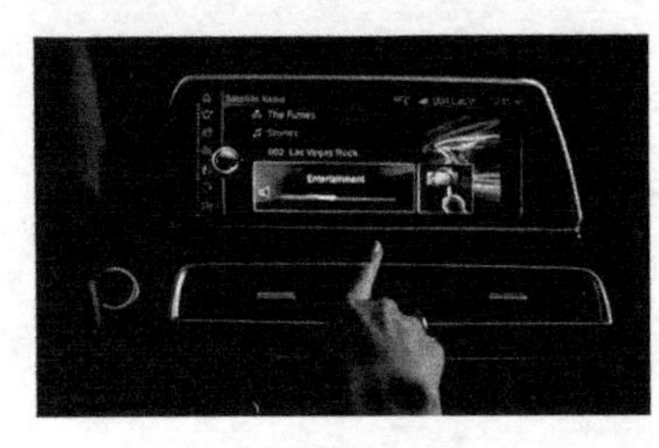

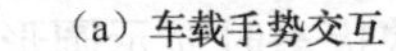

（a）车载手势交互

（b）科幻电影中的手势交互

图 7.5-1　两种手势交互实例

在 3D 技术普及之前，大部分手势识别的研究都是基于 2D 图片的。然而，2D 手势识别存在许多问题。首先，仅依靠颜色信息很难从复杂背景中提取手部。当背景的颜色和手的颜色相近时，手部的分割会出现错误。另外，肤色模型很容易受到光照变化的影响。不同颜色、不同亮度的光照会使手的颜色出现差别。最重要的一点是，2D 手势识别将手的模型和运动都局限在了 2D 平面上。手势是 3D 的表示，但是 2D 相机只能得到物体在相机平面的投影，损失了一维信息，约束了手势的丰富性。同理，手的运动轨迹也会因此丢失一维信息，只能体现出相机平面上的轨迹投影。因此，3D 手势识别的研究逐渐变得活跃，尤其是在深度相机得到普及之后。深度信息不容易受到光照变化的影响，可以降低前后景分离的难度，从而提高手势识别的性能。此外，深度信息可以转换成实际的物理尺寸信息，可以对手势进行 1∶1 的 3D 建模，进而丰富静态手势的种类。动态手势识别也会因此受益，因为深度信息可以记录在 3D 空间中的运动轨迹，也更贴合人机交互的方式。本节会介绍 3D 手势识别的发展和方法，以及具体的案例分析。

7.5.1　手势识别概述

手势识别一词有广义和狭义两种概念，狭义的手势识别是指在分析提取手势特征之后的识别与分类过程。广义的手势识别系统包含四个组成部分，分别是数据获取、手势分割、手部特征提取和识别[31]。在深度学习这类 end-to-end 方法中，特征提取和手势分类一般是一个整体，所以在本书中分成数据获取、手势分割和手势识别三个步骤来介绍。其中的手势识别是算法核心，根据手势类型可以分为两类，一类是静态手势识别，另一类是动态手势识别。动态手势识别是对手势动作的识别，涉及手部运动特征。手势识别算法流程如图 7.5-2 所示。接下来会介绍这几个部分的研究现状。

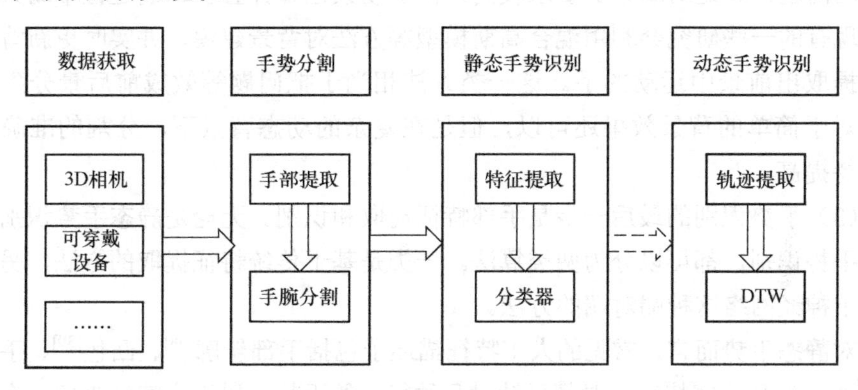

图 7.5-2　手势识别算法流程

（1）手势识别的第一步是数据获取，就是通过某种媒介获得手势的数据。常见的媒介有很多，例如，配有传感器的手套可通过内置的传感器和计算模块获取各种信息，如手指各关节的位置、手的运动速度等。此外，可以在采集数据的主体手部进行标记，通过这些特殊标记来记录手势。但是，这些数据获取方案都存在各自的缺点，前者成本太高，后者太不方便。目前，最常见的数据获取方式就是相机，相机分为两大类，一类是普通彩色相机，其获得的图像都是 2D 的；另一类是 3D 相机，这一类相机的相关知识在本书的第 2 章中已经介绍过。本章所用到的手势数据都是利用 SmartToF 采集的。

（2）手势识别的第二步是手势分割。手势分割的目标是从深度图中找到手的位置并将其提取出来，手势分割的好坏直接影响手势识别的结果。尽管已经有很多学者提出了各种方法，但手势分割问题目前还没有完全解决。大部分研究都选择加一些假设来简化这个问题。最常见的就是假设手是离相机最近的物体，这样就可以直接寻找深度图中最小的深度值，然后以最小深度为起点，往上设置一个阈值，该深度范围的物体就是手[32~34]。这个阈值可以是固定的也可以是自适应的，固定阈值会将应用场景限定在一定范围内，该方法可以在采集数据时使用，但在实际场景中不可行；自适应阈值的应用范围比较广，但是如何设置阈值选择的准则又存在问题。一般来说，这种方法有一定的局限性，需要根据不同的场景设置不同的准则，同时，会使手和手臂的分割变得比较困难，手臂无法分割或分割的不干净都会影响后续的识别结果。除了阈值分割方法，还有基于背景减除的方法[35-37]。最简单的情况就是背景已知，后续的手势分割只需要在当前图像帧的基础上减去已知背景，就可以得到手部。这种方法和前文提到的固定阈值分割存在类似的问题，就是对场景的要求较高，需要场景已知并且在识别过程中场景要固定。现有的一些研究会利用混合高斯模型等方法对背景建模，并实时更新背景，进而提取出前景中运动的手。这一类方法相当于把问题等效成前后景分离的问题，对于简单的背景效果还可以，但是在复杂的动态背景下，分割的准确率仍然有待提高。

（3）手势识别的最后一步是手部特征提取和识别。无论是静态手势识别还是动态手势识别，都可以分为两类算法。一类是基于传统特征提取的方法，另一类是基于神经网络这种端对端的方法。

对静态手势而言，常见的人工特征描述子包括手部轮廓[38]、凸包[39]、手指特征[40]等，但是这些特征一般都只针对几种特定的手势。以手指特征为例，有些研究[41]是把手指的数量作为判定手势类别的准则，这个特征基本上就只能识别数字0～5，如果引入其他的数字手势就会出现误判。同理，手部轮廓和凸包也存在类似的问题。其他相关的手势特征还有梯度直方图[42]、几何不变矩[43]等。这些方法都是从 2D 手势识别引申过来的，针对的都是平面特征，没有充分利用深度信息，可以实现简单的静态手势识别，但是对于复杂的手势，如部分指关节弯曲，这些特征就不足以完成识别了。对于这些复杂手势，可以把深度图转成点云，提取点云相关的特征。常见的点云域特征有法向量、3D 梯度直方图[44]等。分类器的选择包含支持向量机[45]、随机森林[46]和 HMM[47]等。分类器的选择和人工特征描述子的选择是相互独立的，并且分类器对手势识别结果的影响比较小，识别准确率主要依赖人工特征描述子的选择。基于神经网络的方法是将特征提取和分类结合，形成一个端对端的框架。经典的卷积神经网络，如 VGG[55]、ResNet[56]等都可以直接用来识别静态手势。

动态手势识别算法的思路类似于静态手势识别。由于动态手势识别涉及时域信息，基于神经网络的方法以 RNN 或者 LSTM 为基础[50~52]。而传统的动态手势识别算法有两种思路，一种是把每一个待检测的动态手势当成一个整体[48]，在数据维度上，会额外增加一个时间维度；还有一种思路则是基于 DTW 和 HMM，将每帧图像的特征（如每帧手的掌心位置、指尖的位置）提取出来作为一个单位，然后将这些特征级联作为一个新的特征，如掌心位置的序列，新的特征对应动态手势序列。最终利用 DTW 或者 HMM 对该特征进行分析得到识别结果[49]。总体来说，两类方法各有优劣，基于神经网络的方法虽然相对准确率比较高，但是其所需要的硬件资源较多，时间成本较高。

7.5.2 手势分割

手势分割是手势识别中最难的问题之一，如果不能准确分割手腕，就会造成手势的误识别。在 7.5.1 节中已经提到了几种常见的方法。

首先是阈值分割方法，这一类方法简化了实验场景，文献[32]利用了 Kinect 中检测关节位置的算法，首先利用 Kinect 的 SDK 提取出手部关节点的位置。然后以手的关节位置为起点，设置一个固定的深度阈值，截取出深度范围在该固定阈值内的区域，该区域就是粗糙的手部区域。不过，这篇文章后续的手腕分割算法利用了 RGB 信息。该工作要求使用者在手腕部佩戴一个黑色的腕带，然后在 RGB 图像中检测出黑色像素，再用 RANSAC 算法拟合出黑色腕带所在的直线，最后得到分割后的手，如图 7.5-3 所示。

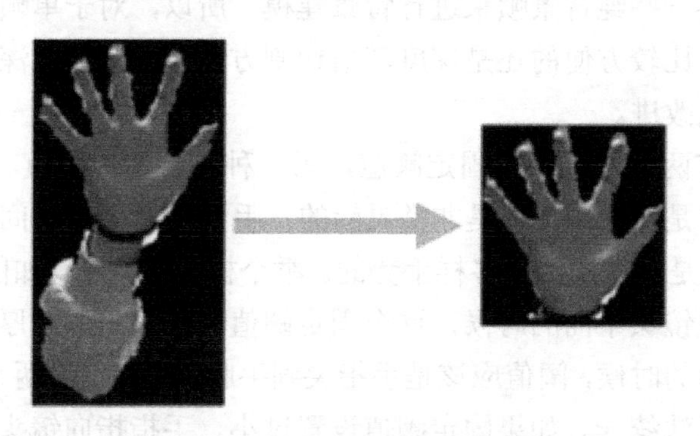

图 7.5-3 手腕分割实例

除阈值分割方法外，还有前后景分离算法。这里的前景自然就是手，而背景则是其他无关的物体或场景。对于静态的前后景分离，可以采用二分类的方法。文献[38]提出了一种基于 RGB-D 信息的手势分割方法。该方法不是针对单帧图像的静态手势分割，而是在一个动态手势序列中定位手部区域。首先，使用者需要手动选择手部区域内的几个部分，这个选择通常包括一个手势序列中的第一幅图像的三个颜色区域。然后，采用 Mean Shift 算法同时跟踪这些手势序列中的多个部位。在跟踪过程中就可以确定手的位置和方向。与此同时，该方法还会从深度图中提取出前景目标的形状，然后利用 Kinect 相机的 RGB 图像和深度图之间的像素对应关系，找到手的位置，其算法框架如图 7.5-4 所示。

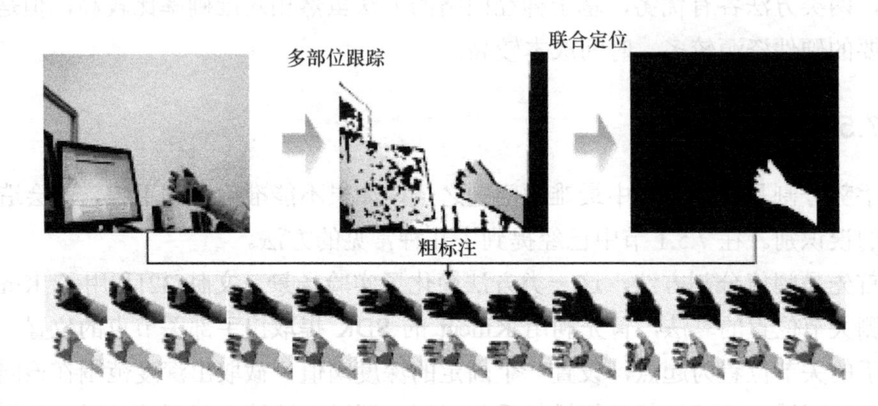

图 7.5-4　手部定位与粗标注算法框架

此外，前后景分离方法还可以参考其他专门做视频序列的背景建模方法，如 HMM、VIBE 等算法。当然，这些方法都是针对动态手势的，需要手势动作序列，有些方法还需要一些纯背景帧来进行背景建模。所以，对于单帧图像中的手部定位和分割，其实比较方便的还是深度阈值切割方法。本节会以深度阈值切割方法为基础进行算法改进。

深度阈值有两种，一种是固定阈值，另一种是自适应阈值。文献[32]采用的是固定阈值。但是，由于手势是非常灵活的，手在实际 3D 空间中会呈现出不同姿态，固定阈值是无法适用于多样手势的。举个极端的例子，如图 7.5-5 所示，当手掌平行于相机镜头平面的时候，这个固定阈值最好的是手的厚度。而当手指指向相机镜头平面的时候，阈值应该是手指尖到手腕的长度。这两个阈值差异较大，两种极端情况无法统一。如果固定阈值设置过小，手指指向镜头时会只截取手部的一部分，而如果固定阈值设置过大，手掌平行于相机镜头平面时，部分手臂会和手掌相连。除此之外，手的大小因人而异，其相应的阈值也会有很大的差异。

本书采用的是自适应阈值方法，该方法的关键在于阈值计算依据的准则。基于自适应阈值的方法有很多，如最大类间方差算法、最大熵算法等。本书提出了一个简单的自适应阈值方法，根据深度值和手掌面积计算自适应阈值并调整参数。

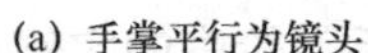

(a) 手掌平行为镜头

(b) 手指向镜头

图 7.5-5　手势例子

首先，找到图像中深度值最小的像素及其对应的深度值 $d_{\min}$。然后，截取深度值在 $d_{\min}$ 和 $d_{\min}+\Delta d$ 之间的像素，这里的 Δd 表示中指指尖到手的腕部的最大长度，也就是说，无论手势姿态是什么样的，都不会超过这个范围。接下来对截取出来的图像进行直方图统计，分析像素在该深度区间内的分布趋势，通过该分布趋势可以大致得到手的指向。如果像素的深度值分布在值较大的区间，并且分布曲线比较平滑，则说明手整体是指向相机平面的姿态。反之，如果像素的深度值仅分布在深度值较小的区间内，并且仅有一处峰值，则说明手整体是平行于相机平面的姿态。两种手势对应的深度直方图统计如图 7.5-6 所示。

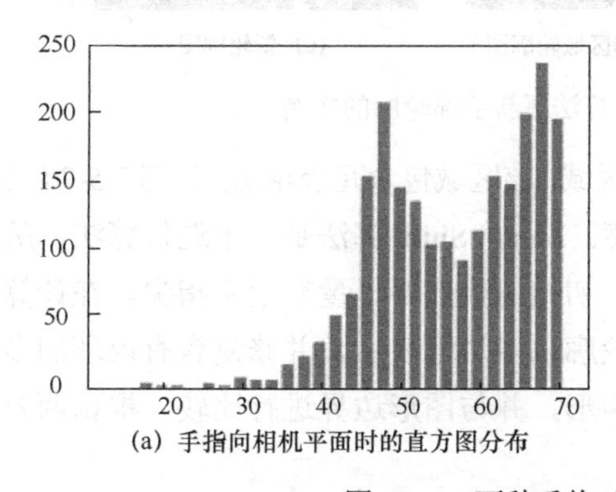

(a) 手指向相机平面时的直方图分布

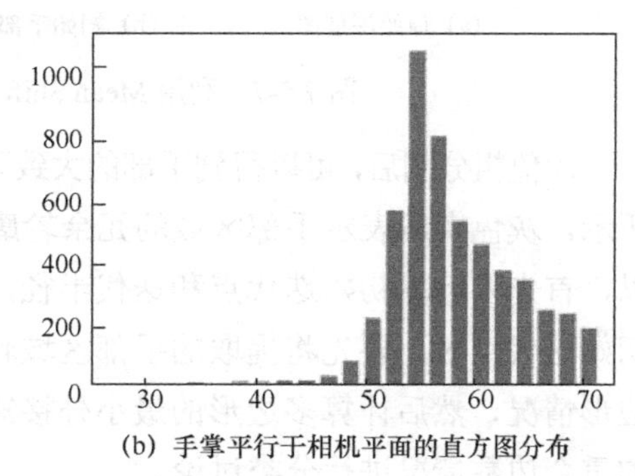

(b) 手掌平行于相机平面的直方图分布

图 7.5-6　两种手势对应的深度直方图统计

可以看出，如果像素分布的范围比较广，分布比较均匀，没有明显的峰值，那么说明手势是指向相机平面的。此时，阈值需要根据深度值来确定。因为近大远小的特性，同样大小的物体在不同距离下所占的像素数量是不一样的。所以不能直接根据像素的数量来计算阈值。这时深度图的优势就得以体现，在已知深度值和相机参数的情况下，可以大致计算出不同距离下一个像素所代表的实际大小，计算方法可以参考深度图转点云的公式。这也是 3D 优于 2D 的特点。这样，就可以大致计算出手的分割阈值。

而如果像素主要分布在深度值较小的区间内，且有一个很明显的峰值，则说明手是平行于相机平面的。此时，阈值可以选择峰值所对应的灰度值，这样就可以把手掌和部分手臂直接提取出来。但是，此时仅依靠深度阈值进行分割的意义已经不大了，因为手和一部分手臂基本上是在同一深度范围内的，这时就需要借助2D的手腕分割方法。

如图7.5-7所示为利用Mean Shift算法更新手部轮廓的实例，其中，图7.5-7（a）是利用SmartToF相机得到的原始深度图，图7.5-7（b）是利用深度阈值切割之后得到的初始手部区域轮廓图，图7.5-7（c）是利用Mean Shift算法得到的新轮廓图，图7.5-7（c）相对于图7.5-7（b）多出来的圆代表掌心，线段则是手臂和手腕的分割线，分割线往上就是更新后的手部轮廓。

(a) 原始深度图

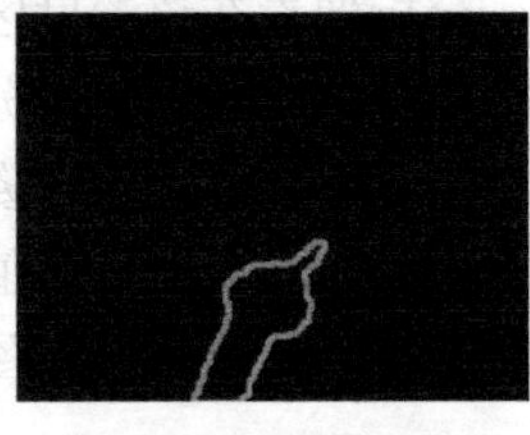

(b) 初始手部区域轮廓图

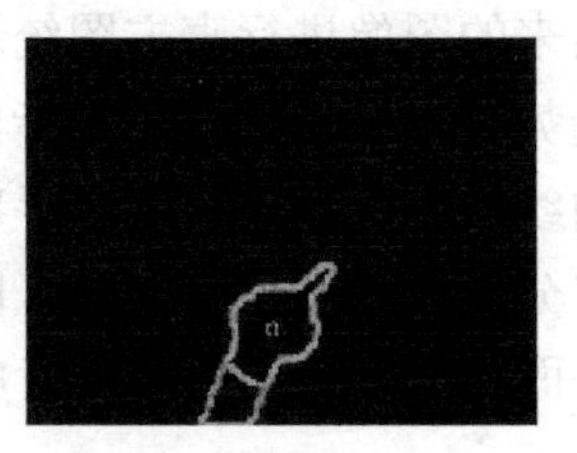

(c) 新轮廓图

图7.5-7　利用Mean Shift算法更新手部轮廓的实例

阈值粗分割后，可以得到手部的大致区域，该区域包含冗余轮廓，如图7.5-7（b）所示，灰色实线表示手部区域的冗余轮廓。Mean Shift算法是一个迭代算法，所以，首先要计算初始迭代点和迭代半径，初始迭代点要尽量靠近手指尖。在计算初始迭代点时，要先将提取的手部区域轮廓以多边形表示，并修复含有内环的多边形情况，然后计算多边形的最小外接矩形，并与图形边界进行比较，根据两者的重合边数情况进行分类讨论。

（1）若重合边数≥3，表明手离镜头过近，图像无法显示完整的手部区域，算法终止；

（2）若重合边数=2，但重合的两条边是平行边，表明手横向或纵向贯穿镜头，图像无法显示完整的手部区域，算法终止；

（3）若重合边数=0，表明没有手臂轮廓与图像边界相交，冗余轮廓不存在，此时返回的初始迭代点为手部区域的质心，初始迭代半径根据实际经验值选取；

（4）若重合边数=1或重合边数=2且重合的两条边是相交边，则进入下一步。

当重合边数满足情形（4）时，需要在多边形的最小外接矩形的四个顶点中，计算距离多边形最近的顶点，且要保证该顶点是有效的（不在图像边界上）；再计算该顶点在多边形上的投影点（多边形上距离该顶点最近的点）；最后取投影点与多边形质心连线的中点作为初始迭代点、连线长度的一半作为初始迭代半径，若初始迭代点在多边形外部，则取该点在多边形上的投影点作为新的初始迭代点。

确定初始迭代点和初始迭代半径后，就需要根据 Mean Shift 算法进行迭代了，找到最接近手掌区域的圆形区域，得到圆心 c 与半径 r。首先，需要根据初始迭代点与初始迭代半径得到初始圆形区域。然后开始迭代，寻找该圆形区域与手部区域多边形的相交区域，并计算该区域的质心。比较相交区域质心与圆心的位置，若两者差值超过 Mean Shift 迭代门限，调整当前圆形区域的圆心为相交区域的质心，半径为相交区域的质心到手部区域多边形边界的最小距离；反之，若两者的差值在 Mean Shift 迭代门限内，继续分类讨论。第一类是相交区域面积或圆形面积的值超过有效面积像素门限的 1.1 倍，那么增加圆的半径；第二类是相交区域面积或圆形面积的值低于有效面积像素门限的 0.9 倍，那么减小圆的半径。如果满足上述两种情况，则回到第二步，重新开始迭代，如果这两种情况都不满足，那么迭代终止，输出迭代终止时的圆形区域的圆心 c 和半径 r。

最后根据得到的圆心 c 和半径 r 更新手部区域轮廓，剔除冗余轮廓，得到精确的手部区域轮廓，具体可以细分为四个子步骤。

（1）根据迭代后的圆形区域与手部区域多边形的相交情况，将手部区域多边形分成相交区域 I 和不相交区域 P，其中，不相交区域 P 可能是由多个独立多边形 p 构成的。

（2）针对 P 中的每个独立多边形 p，计算 p 与边界的重合线段的长度。若重合线段长度大于重合段阈值，则在原手部区域多边形中剪除该独立多边形 p 的部分，并进入子步骤（4）；若没有一个独立多边形 p 与边界的重合线段长度大于重合段阈值，则进入子步骤（3）。

（3）针对 P 中的每个独立多边形 p，计算 p 的质心，以迭代后圆形区域的圆心 c 为起点，作 cp 延长线至图像边界，计算 p 与 cp 延长线的重合线段的长度。若重合线段长度> 0.4 cp 延长线的长度，则在原手部区域多边形中剪除该独立多边形 p 的部分。

（4）判断得到的手部区域多边形是否包含多个独立的多边形部分，若是，则将其中面积最大的多边形部分作为最终得到的手部区域多边形。返回最终得到的手部区域多边形外轮廓。

7.5.3 静态手势识别

静态手势识别只分析手势的状态，识别如数字“1～5”这一类手势。传统的静态手势识别方法大体上按照特征提取+分类器的思路，在分割之后的图像上提取特征，最后将特征向量输入分类器进行分类。

在 7.5.1 节中已经介绍过，静态手势识别中常见的人工特征描述子有轮廓、手指特征、凸包等，本节会详细介绍其中几种特征。

文献[53]提出了一种基于手指特征检测的静态手势识别方法。该方法先在分割完成的手部区域提取轮廓，然后计算出轮廓的中心点作为掌心。接着对于轮廓上的每一个点，计算该点在轮廓上的曲率。对于每一个目标点，找到其轮廓上的前面第 k 个点和后面第 k 个点，这两个点和目标点构成两个向量，计算这两个向量在目标点处的余弦值，作为该目标点处的曲率特征。k 的取值可以是 n 和 m 之间的任意一个整数，n 和 m 是论文作者选取的经验值。但是，对于每一个目标点，曲率只有一个，作者用最大的余弦值作为该点的曲率，曲率确定以后，k 也随之确定。每一个目标点要符合两个条件才会被判定为指尖：第一，该点的曲率小于阈值，这个阈值也是一个给定的经验值；第二，计算该点到掌心的距离，以及前文提到的前后第 k 个点连线的中点到掌心的距离，比较这两个距离，如果该点到掌心的距离比较大，那么该点就是指尖点，反之，该点是两个手指之间的凹槽点。检测到的指尖点的数量对应 6 种不同的手势，分别是 0、1、2、3、4、5。

文献[32]提出了一种基于轮廓的新的距离度量方法——Finger-Earth Mover's Distance（FEMD）来测量手部形状之间的差异。FEMD 特征是对 EMD[54]特征的改进，EMD 特征是两个概率分部之间距离的度量。在手势识别中，EMD 特征无法分辨全局特征之间的差异性，如图 7.5-8 所示，图中两个平势手指数量才是两者的主要差异。所以，FEMD 特征对此进行了改进，用全局特征（手指聚类）表示手，而不是局部特征。

以上这些特征都是常见的静态手势特征，每种特征都有各自的局限性，这里就不再给出具体的实现过程。本节会介绍另外两种实现静态手势识别的方法，一种是基于 Hu 矩和 SVM 分类器的传统方法，另一种是基于浅层神经网络的手势识别方法。本案例中的五种静态手势如图 7.5-9 所示。

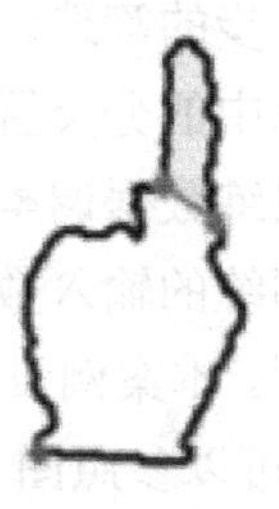

图 7.5-8　局部特征相似但全局特征不同的两种手势

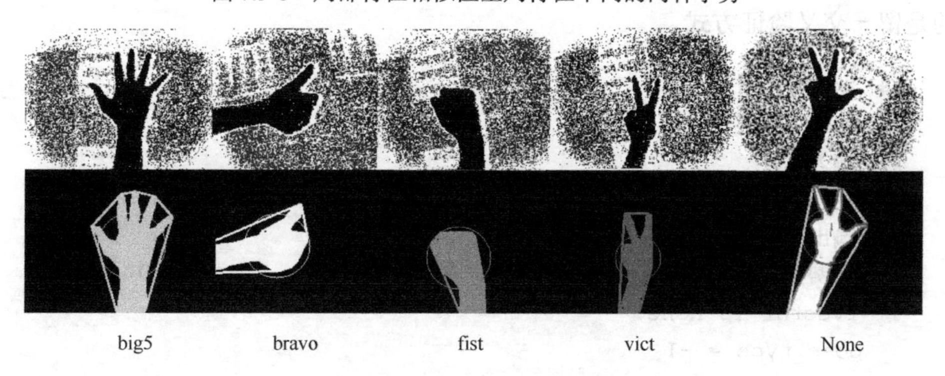

图 7.5-9　本案例中的五种静态手势

Hu 矩的原理在前面章节已有介绍。以下函数可以在分割出来的手势基础上提取 Hu 矩特征。

```
##  功能描述
#   Hu 矩特征提取
#   输入参数：
#   深度图
#   输出参数：
#   Hu 矩特征

（1）提取手部轮廓。
（2）找到初始掌心点。
（3）利用 Mean Shift 算法寻找掌心点和手掌半径。
（4）更新轮廓。
（5）利用 OpenCV 提取 Hu 矩特征。
```

Hu 矩特征提取出来之后，就把该特征直接放入后一级的 SVM 分类器进行判断。本案例中设计的 SVM 分类器输出的是各类别的分类置信率，后续需要根据分类置信率进行进一步的筛选。只有当分类置信率超过固定阈值时才可判定该结果是可信的，本案例中的分类置信率阈值是根据实验数据选取的经验值，该值可以根据实际使用的训练数据调整。

在本案例中，训练的输入数据是从每一帧深度图中提取的 Hu 矩特征，输出的是手势所属的类别。本案例设计了五种静态手势，分别是 big5、bravo、fist、vict 和 None，具体手势可以参照图 7.5-9。本案例采集了十个人的五种手势数据，训练时按照训练：验证：测试=8：1：1 的比例分割数据集，训练 SVM 分类器采用的是留一交叉验证方式。

```
## 功能描述：
#  SVM 分类
#  输入参数：
#  Hu 矩特征、SVM 模型
#  输出参数：
#  手势类别（0: None、1: big5、2: vict、3: fist、4: bravo）
if fvector is None:
   pose_type = -1
   result = -1
   result_str = pose_type
else:
   pca_vector = pca.transform([fvector])
   pose_type = svc.predict(pca_vector)
   result_str = pose_type[0]
   if pose_type:
       ## SVM 分类为静态手势的概率
       pro = svc.predict_proba(pca_vector)
       proba = max(pro[0])
       ## 分类置信率阈值
       if proba>= pr and pose_type[0] == 'big5':
           result = 1
       elifproba>= pr and pose_type[0] == 'vict':
           result = 2
       elifproba>= pr and pose_type[0] == 'fist':
           result = 3
       elifproba>= pr and pose_type[0] == 'bravo':
           result = 4
```

```
    else:
        result = 0
```

上文提到的 Hu 矩+SVM 分类器的方法，其实还是 2D 特征在深度图上的延伸与拓展，该特征和本节提到的轮廓及手指特征有相似的问题：虽然在某些特定场景中的识别结果很准确，但是普适性及可拓展性比较差；而且，这些特征在整体上已经陷入瓶颈，准确率难以提升，识别能力不如基于神经网络的方法。

因此，下面介绍基于浅层神经网络的手势识别方法（s-CNN）。该网络结构采用最基本的卷积神经网络，仅包含 3 层卷积层和 3 层池化层，最后是一个全连接层。静态手势分类卷积神经网络模型如图 7.5-10 所示。该网络的输入是预处理之后的深度图，也就是前文提到的手腕分割之后的手势，该图像经过了裁剪处理，尺寸是 128×128。该网络的输出是一个六维的向量，代表手势的类别。输出向量的维度等于手势的类别数（在本案例中，可以识别五种有效静态手势）。3 个卷积层的卷积核大小，按顺序依次是 5×5、3×3、3×3。3 个池化层的滤波核大小都是 2×2；全连接层包含 128 个单元；网络最后采用的是 softmax 激活函数。

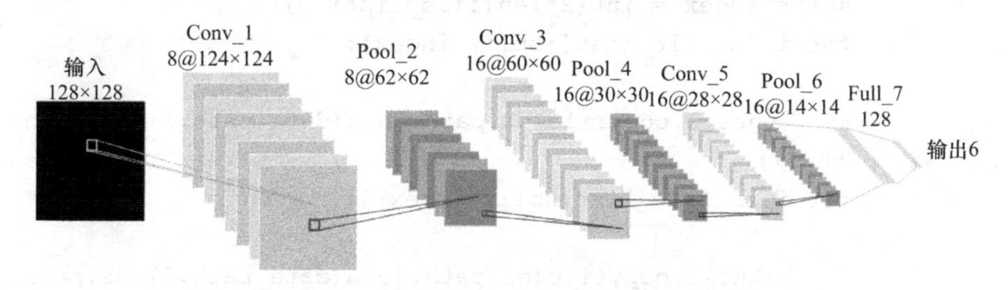

图 7.5-10　静态手势分类卷积神经网络模型

注：Conv_*x* 为卷积层；Pool_*x* 为池化层；Full_*x* 为全连接层；数字代表的是第几层。

神经网络在训练的时候需要把整个数据集分成训练、验证两个子数据集，本书提供的数据集分割函数如下。

```
## 功能描述：
#  数据集分割函数
#  输入参数：
#  数据集保存路径、类别
#  输出参数：
#  分割之后的数据集

generate_data_set(train_set_dir='…\train',validate_set_dir=…\val
```

```
idate',classes=[…]):
    if not os.path.exists(train_set_dir):
        os.mkdir(train_set_dir)
    if not os.path.exists(validate_set_dir):
        os.mkdir(validate_set_dir)
    for c in classes:
        # 生成必要的目录
        data_path = os.path.join('I:\sensors\ego_6',c)
        train_path = os.path.join(train_set_dir,c)
        if not os.path.exists(train_path):
            os.mkdir(train_path)
        validate_path = os.path.join(validate_set_dir,c)
        if not os.path.exists(validate_path):
            os.mkdir(validate_path)
        # 将原始数据分割出训练集和验证集
        file_list = os.listdir(data_path)
        random.shuffle(file_list)
        split_index = int(2*len(file_list)/3)
        for i in file_list[:split_index]:

            shutil.copyfile(os.path.join(data_path,i),os.path.j
oin(train_path,i))
        for i in file_list[split_index:]:

            shutil.copyfile(os.path.join(data_path,i),os.path.j
oin(validate_path,i))
```

经过实验验证，在相同的数据集上，基于浅层神经网络的手势识别方法的准确率更高。同时，本书提出的浅层神经网络所需要的资源也比较少，在CPU上就可以实时运行。浅层神经网络的参数设置可以参考本书提供的代码，读者也可以根据自己的需求重新采集数据集，修改网络的参数。两种方法的准确率对比如表7-1所示。

表7-1　两种方法的准确率对比

方法	准确率	
	Laboratory	Cockpit
Hu矩+SVM分类器	95.74%	94.15%
s-CNN	97.55%	98.20%

对比实验分为两个场景。Laboratory 对应的是实验室场景，背景比较简单；Cockpit 则是仿真的车载场景，背景相对复杂。同时，这里附上我们的 s-CNN 的实现代码。

```
## 功能描述:
#   s-CNN 训练代码
#   输出参数:
#   网络模型

optimizer = 'rmsprop'
## 调用库
from keras.preprocessing.image import ImageDataGenerator
from keras.models import Sequential
from keras.layers import Conv2D, MaxPooling2D
from keras.layers import Activation, Dropout, Flatten, Dense
from keras.optimizers import SGD
## 设置图像尺寸
img_width, img_height = 128, 128
## 设置训练、验证数据路径
train_data_dir = 'train'
validation_data_dir = 'validate'
## 设置样本数、网络参数
nb_train_samples = 3027
nb_validation_samples = 1139
nb_epoch = 100
## 网络结构
model = Sequential()
model.add(Conv2D(8, (5, 5), activation='relu',input_shape=(img_
width, img_height,1)))
model.add(MaxPooling2D(pool_size=(2, 2)))
model.add(Conv2D(16, (3, 3), activation='relu'))
model.add(MaxPooling2D(pool_size=(2, 2)))
model.add(Conv2D(16, (3, 3), activation='relu'))
model.add(MaxPooling2D(pool_size=(2, 2)))
model.add(Flatten())
model.add(Dense(128))
model.add(Activation('relu'))
```

```
model.add(Dropout(0.5))
model.add(Dense(5))
model.add(Activation('softmax'))

model.compile(loss='categorical_crossentropy',
              optimizer=optimizer,
              metrics=['accuracy'])
# 用于训练的分割参数
train_datagen = ImageDataGenerator(
                rotation_range=0,
                width_shift_range=0.05,
                height_shift_range=0.05,
                zoom_range=0.05,
                horizontal_flip=False,
                fill_mode='constant',
                cval=0,
                preprocessing_function=my_preprocess
                )
# 用于测试的分割参数
test_datagen = ImageDataGenerator(preprocessing_function=
my_preprocess)
train_generator = train_datagen.flow_from_directory(
        train_data_dir,
        target_size = (img_width, img_height),
        batch_size = 32,
        color_mode = 'grayscale',
        class_mode = 'categorical')
validation_generator = test_datagen.flow_from_directory(
        validation_data_dir,
        target_size = (img_width, img_height),
        batch_size = 32,
        color_mode = 'grayscale',
        class_mode = 'categorical')
model.fit_generator(
        train_generator,
        samples_per_epoch=nb_train_samples,
        nb_epoch=nb_epoch,
        validation_data=validation_generator,
```

```
        nb_val_samples=nb_validation_samples)
## 保存训练模型
model.save(optimizer+'.h5')
print('done')
```

本书提供的基于浅层神经网络的手势识别方法只是最基础的一种方法，所针对的手势种类比较有限。一般来说，具有普适性的手势识别方法，通常其网络结构会很复杂，感兴趣的读者可以自己去研究。

7.5.4 动态手势识别

动态手势识别是一个很广的研究课题，动态手势包括手势的变化、手的运动、手指的运动等。本书仅提供动态手势中手指轨迹识别的案例。

该案例主要有两个研究点，即如何在深度图中找到指尖的位置，以及指尖跟踪和轨迹识别。寻找指尖的方法有很多，针对不同的视角有不同的方法。当手掌和相机平面平行时，可以参考常见的 2D 图像寻找指尖的方法，例如，在提取出来的轮廓上寻找曲率符合条件的点，又或者利用凸包来寻找指尖。但是当指尖指向相机平面（这也是指尖做动作的常见视角）时，传统的 2D 方法就无法运用了。本书介绍的案例就是基于该场景的指尖识别，如图 7.5-11 所示为几种指尖动作模板。

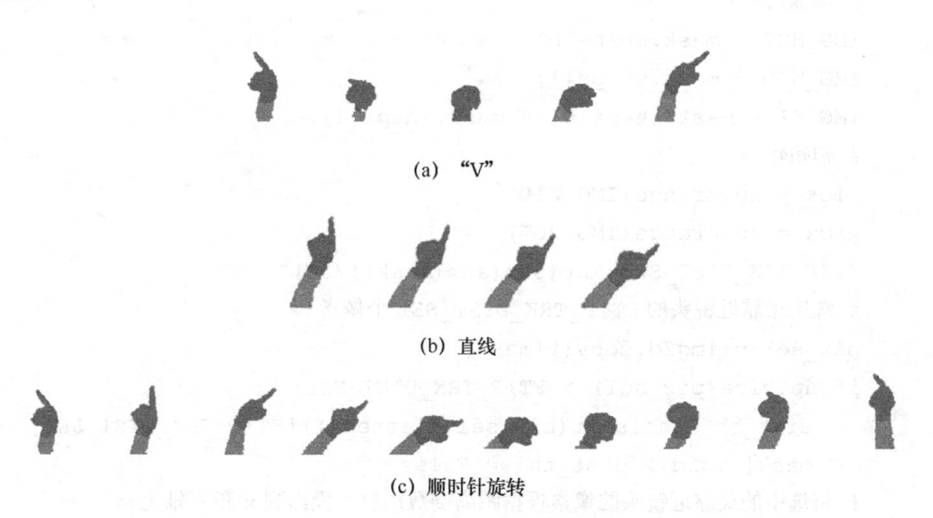

(a) "V"

(b) 直线

(c) 顺时针旋转

图 7.5-11 几种指尖动作模板

本节案例基于 7.5.2 节的手腕分割。因为场景是手指尖指向相机平面做动作，那么手指指尖的位置是处于手的最前方的。

首先，需要把深度值最小的一批像素提取出来。像素的数量需要根据手的实际距离而定。由普通相机的原理可知，物体的成像符合“近大远小”的规律。物体距离相机越近，该物体在图像中占据的像素越多，面积越大。基于 ToF 相机的深度值，我们可以计算出固定尺寸的物体在不同的距离下所占据的像素数。

其次，根据手的整体距离选择提取出来的像素的数量，然后将选中的最靠近镜头的像素根据距离倒数加权，分别投影到 x 轴和 y 轴上。为了方便计算这些像素的投影中心，把这些权重进行归一化，类似概率密度函数。

最后，根据归一化的权重计算投影中心和质量因子。质量因子衡量的是计算出来的投影中心和真实指尖位置之间的定性关系。

```
## 功能描述：
#  指尖检测函数
#  输入参数：
#  深度图、掩码矩阵
#  输出参数：
#  指尖坐标、置信度

def z_calc_tip(mask, img2d, img_dump=None):
    # 图像尺寸
    IMG_HGT = mask.shape[0]
    IMG_WID = mask.shape[1]
    IMG_SZ = mask.shape[0] * mask.shape[1]
    # 初始化
    xidx = np.arange(IMG_WID)
    yidx = np.arange(IMG_HGT)
    FTIP_TRK_DIST_SEL=int(sum(sum(mask))/30)
    # 选出最靠近镜头的 FTIP_TRK_DIST_SEL 个像素
    pix_sel = img2d.copy()[mask]
    if np.size(pix_sel) > FTIP_TRK_DIST_SEL:
        dist_th = np.sort(pix_sel.flatten())[FTIP_TRK_DIST_SEL]
        mask[img2d > dist_th] = False
    # 将选中的最靠近镜头的像素根据距离倒数加权，投影到 x 和 y 轴上
    xproj = np.sum(mask / (img2d + FTIP_TRK_EPS), axis=0).astype
(np.float)
```

```
        yproj = np.sum(mask / (img2d + FTIP_TRK_EPS), axis=1).astype
(np.float)
        # 归一化（为了方便计算投影中心），
        # 归一化的 xproj/yproj 类似概率密度函数
        xproj /= np.sum(xproj).astype(np.float)
        yproj /= np.sum(yproj).astype(np.float)
        # 计算投影中心（指尖位置估计值）
        xmean = np.sum(xproj * xidx)
        ymean = np.sum(yproj * yidx)
        finger_tip = (int(xmean), int(ymean))
        # 计算质量因子
        # 基于像素数量的质量因子
        q0 = np.sum(mask)
        # 基于像素分布方差的质量因子
        q1 = math.sqrt(np.sum(xproj * (xidx - xmean) ** 2) +
                    np.sum(yproj * (yidx - ymean) ** 2))
        return finger_tip, [q0, q1]
```

接下来，需要把动作序列中的指尖位置重新组成一个动态特征序列——由 3D 坐标点组成的序列。常见的轨迹特征识别方法有 HMM 和 DTW 等，本节基于 DTW 的改进算法进行模板匹配。

DTW 算法（动态时间规整算法）可以衡量两个长度不同的时间序列的相似度，早期在语音识别领域应用比较广泛，因为每个人发音的速度不一样，同样的一句话会有不同的时间长度。同样，同一个手势动作，不同的人做会有不同的时间长度。所以本书借鉴语音识别的思路，利用 DTW 算法计算手势动作和标准模板之间的相似度，实现动态手势识别。

对于两个给定的序列，假定两者的长度不相等，分别是 m 和 n。此时，我们需要构建一个 $m \times n$ 的矩阵，其行、列向量分别对应这两个序列。所以，DTW 算法就是求一个从左下角到右上角的最佳路径，该路径需要满足距离和是所有可选路径中最小的。同时，在匹配时不会出现某一个点漏匹配的情况，而且由于这是时间序列的匹配问题，也不会出现往回匹配的情况，所以路径的行进方向其实只有 3 个，如图 7.5-12 所示。有了这个约束之后，符合条件的路径就会少很多，最终我们需要在其中找到距离和最小的那一条最优路径，该问题也就简化成了一个最优化问题。读者可以自行学习 DTW 算法的具体原理介绍和简单例程。

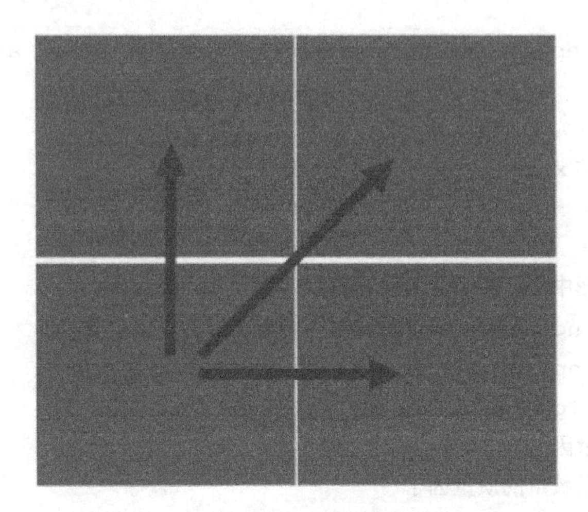

图 7.5-12　每个点的路径可选行进方向

相较于 HMM，DTW 算法并不需要大量的训练。在利用 DTW 算法对指尖轨迹进行匹配之前，需要先对指尖轨迹做归一化处理。

首先，直接匹配 3D 特征点序列是很困难的，因为 3D 模板很难定义。举个例子，同样是画圆，在 xy 平面、xz 平面和 yz 平面上的圆轨迹表示是不一样的，但是它们都是圆，不能因为在不同的平面上就定义不同的模板。所以，首先需要对特征序列降维，利用主成分分析（PCA）把特征点序列降到 2D，相当于从空间到平面的投影。其实，对于大多数动态手势而言，其轨迹都是存在于一个平面上的，所以降维不会丢失很多信息。

其次，给降维后的特征序列添加三个约束，降低匹配的复杂度。第一点，特征序列的中心要位于坐标原点；第二点，特征序列的第一个点要位于 x 轴上；第三点，特征序列的水平方向和竖直方向的跨度等于 1。换言之，每一个特征序列都需要进行平移、旋转和尺度归一化。

（1）平移：计算出中心点到坐标原点的距离，特征序列中的所有点平移相同的距离。

（2）旋转：计算原点和序列中的第一个点连成的向量与 x 轴的夹角，特征序列中的所有点都旋转该角度。

（3）尺度归一化：计算出轨迹序列中 x 方向和 y 方向的跨度，所有点按比例缩放，从而使得跨度等于 1。

最后，运用标准 DTW 算法计算归一化后的序列和每个模板的距离，找到距离最小的模板，如果距离值小于一定的阈值，表明匹配成功。

以上就是本书提供的关于指尖动作识别的案例。其实，动态手势的种类十分丰富，并不局限于指尖轨迹，还有许多其他变化，如手型的变化、手的整体运动等。感兴趣的读者可以自行阅读相关论文。

7.6　总结与思考

本章介绍了 3D 活体检测与动作识别的相关知识，主要介绍了其中的四个应用，分别是人脸识别、人体骨架识别、跌倒检测和手势识别。由于本章涉及的课题比较多，且结合了前几章介绍的基本知识，所以读者在理解上需要多花费一些时间。建议读者根据本书提供的示例代码，亲自动手实现本书的四个案例，从而更好地理解本书所讲的算法。

下面是关于本章内容的拓展问题，感兴趣的读者可以进一步思考。

（1）人体的姿态识别和手势的姿态识别这两个问题之间具有共性，这两个问题是否可以抽象成一个问题，用同一个神经网络来同时解决这两个问题？

（2）基于人体关节可以识别跌倒，读者可以考虑识别其他动作。

（3）之前提到的两点都是思考如何将人体姿态识别的研究应用到手势识别上，反之，是否可以用手势识别的思想来识别跌倒动作，而不需要先识别人体姿态？

（4）针对手势识别，不考虑检测手势关节位置的话，按照本章提出的思路，是否可以提出新的特征子来实现手势的识别？其实，目前很多手势特征子仍旧是基于 2D 特征的改进，但是有了深度信息之后，是否可以扩展特征维度，提出具有几何含义的 3D 特征子？就好比传统的卷积神经网络都是基于 2D 图像而言的，而当 3D 数据出来之后，学界就提出了类似于 PointNet 的基于 3D 数据的网络结构。

以上几点是针对本章内容的一些思考，读者也可以作为拓展问题去研究。

参 考 文 献

[1]　丁圣勇，樊勇兵，陈楠. 基于 UNet 结构的人体骨骼点检测[J]. 广东通信技术，2018(11): 64-69.

[2]　叶果. 人体 2.5D 细化算法及其骨架提取研究[D]. 成都：电子科技大学，2015.

[3]　Liu Z , Zhu J , Bu J , et al. A survey of human pose estimation: The body parts parsing based methods[J]. Journal of Visual Communication & Image Representation, 2015, 32:10-19.

[4] 庄浩洋. 3D 人机交互中的骨架提取和动态手势识别[D]. 成都：电子科技大学, 2013.

[5] Grammalidis N, Goussis G, Troufakos G, et al. 3-D human bodytracking from depth images using analysis by synthesis[J]. Proc. of 2001Internat. Conf. on Image Processing, 2001(02): 185-188.

[6] Charles J, Everingham M. Learning shape models for monocular human poseestimation from the Microsoft Xbox Kinect[J]. 2011 IEEE Internat. Conf. onComputer Vision Workshops (ICCVW), 2011: 1202-1208.

[7] Besl P, McKay H. A method for registration of 3-D shapes[J]. IEEE Trans. Pattern Anal Machine Intell, 1992, 14: 239-256.

[8] Knoop S, Vacek S, Dillmann R. Fusion of 2d and 3d sensor data for articulated body tracking[J]. Robotics & Autonomous Systems, 2009, 57(03): 321-329.

[9] Plagemann C , Ganapathi V , Koller D , et al. Real-time Identification and Localization of Body Parts from Depth Images[C]// IEEE International Conference on Robotics and Automation, 2010.

[10] Shotton J, Fitzgibbon A, Cook M, et al. Real-time human pose recognition in parts from single depth images[C]// Computer Vision and Pattern Recognition. IEEE, 2011: 1297-1304.

[11] Sarafianos N , Boteanu B , Ionescu B , et al. 3D Human Pose Estimation: A Review of the Literature and Analysis of Covariates[J]. Computer Vision and Image Understanding, 2016, 152: 1-20.

[12] Jiu M, Wolf C, Taylor G, et al. Human body part estimation from depth images via spatially-constrained deep learning[J]. Pattern Recognition Letters, 2014, 50: 122-129.

[13] Haque A, Peng B, Luo Z, et al. Towards viewpoint invariant 3d human pose estimation[C]//European Conference on Computer Vision. Springer, 2016: 160-177.

[14] Martinez J , Hossain R , Romero J , et al. A simple yet effective baseline for 3d human pose estimation[J]. 2017.

[15] Xiao S, Xiao B, Wei F, et al. Integral Human Pose Regression[J]. Spring, 2017.

[16] Shahroudy A, Liu J, Ng T T, et al. NTU RGB+D: A Large Scale Dataset for 3D Human Activity Analysis[J]. Computer Vision and Pattern Recognition, 2016: 1010-1019.

[17] Ionescu C, Papava D, Olaru V, et al. Human 3.6M: Large Scale Datasets and Predictive Methods for 3D Human Sensing in Natural Environments[J]. IEEE Transactions on Pattern Analysis and Machine Intelligence, 2014, 36(7): 1325-1339.

[18] Joo H , Liu H , Tan L , et al. Panoptic Studio: A Massively Multiview System for Social Motion Capture[C]// IEEE International Conference on Computer Vision. IEEE, 2015.

[19] Mehta D , Rhodin H , Casas D , et al. Monocular 3D Human Pose Estimation in the Wild Using Improved CNN Supervision[J]. IEEE 2017 International Conference on 3D Vision, 2017: 506-516.

[20] S.R. Lord, C. Sherrington, H.B. Menz, et al. Risk Factors and Strategies for Prevention[M]. Cambridge University Press, 2007.

[21] Noury N , Rumeau P , Bourke A K , et al. A proposal for the classification and evaluation of fall detectors[J]. Irbm, 2008, 29(06): 340-349.

[22] Wu G. Distinguishing fall activities from normal activities by velocity characteristics[J]. Jour of Biomechanics, 2000, 33: 1497-1500.

[23] Nait-Charif H, Mckenna S J. Activity summarisation and fall detection in a supportive home environment[C]// International Conference on Pattern Recognition, 2004.

[24] Rougier C, Meunier J. Fall Detection Using 3D Head Trajectory Extracted From a Single Camera Video Sequence[C]//First International Workshop on Video Processing for Security, 2006.

[25] Noury N , Hervé, Thierry, Rialle V , et al. Monitoring behavior in home using a smart fall sensor and position sensors[C]// International, Conference on Microtechnologies in Medicine & Biology. IEEE, 2000.

[26] Williams G , Doughty K , Cameron K , et al. A smart fall and activity monitor for telecare applications[C]// Engineering in Medicine and Biology Society, 1998. Proceedings of the 20th Annual International Conference of the IEEE. IEEE, 1998: 1151-1154.

[27] Lindemann U. Evaluation of a fall detector based on accelerometers: a pilot study[J]. Med Biol Eng Comput, 2005, 43: 548-551.

[28] Srinivasan P , Birchfield D , Qian G , et al. Design of a Pressure Sensitive Floor for Multimodal Sensing[C]// International Conference on Information Visualisation. IEEE, 2005.

[29] Zhang T, et al. Fall detection by embedding an accelerometer in cell phone and using KFD algorithm[J]. Int J Comp Sci Netw Secur, 2006, 6: 277-84.

[30] Mihailidis A. An intelligent emergency response system: preliminary development and testing of automated fall detection[J]. Telemed Telecare, 2005, 11: 194.

[31] Plouffe, G.; Cretu, A. Static and Dynamic Hand Gesture Recognition in Depth Data Using Dynamic Time Warping[J]. IEEE Transactions on Instrumentation and Measurement, 2016, 65: 305-316.

[32] Ren Z; Yuan J, Meng J, et al. Robust Part-Based Hand Gesture Recognition Using Kinect Sensor[J]. IEEE Transactions on Multimedia, 2013, 15: 1110-1120.

[33] Lee H, Kim J. An HMM-based threshold model approach for gesture recognition[J]. IEEE Transactions on Pattern Analysis and Machine Intelligence, 1999, 21: 961-973.

[34] Wang C , Liu Z , Chan S C . Superpixel-Based Hand Gesture Recognition With Kinect Depth Camera[J]. IEEE Transactions on Multimedia, 2015, 17(01): 29-39.

[35] Haines T F, Xiang T. Background Subtraction with DirichletProcess Mixture Models[J]. IEEE Transactions on Pattern Analysis and Machine Intelligence, 2014, 36: 670-683.

[36] Van Droogenbroeck M , Paquot O . ackground subtraction: Experiments and improvements for ViBe[C]// 2012 IEEE Computer Society Conference on Computer Vision and Pattern Recognition Workshops. IEEE, 2012: 32-37.

[37] Piccardi M . Background subtraction techniques: a review[C]// IEEE International Conference on Systems. IEEE, 2005.

[38] Yao Y, Fu Y. Contour Model-Based Hand-Gesture Recognition Using the Kinect Sensor[J]. IEEE Transactions on Circuits and Systems for Video Technology, 2014, 24: 1935-1944.

[39] Gurav R M, Kadbe P K. Real time finger tracking and contour detection for gesture recognition using OpenCV[C]//International conference on industrial instrumentation and control, 2015: 974-977.

[40] Li Y . Multi-scenario gesture recognition using Kinect[C]// Computer Games (CGAMES), 2012 17th International Conference on. IEEE Computer Society, 2012.

[41] Wang F, Wang Z. Robust Features of Finger Regions Based Hand Gesture Recognition Using Kinect Sensor[J]. Chinese Conference on Pattern Recognition, 2016.

[42] Wu X , Yang C , Wang Y , et al. An Intelligent Interactive System Based on Hand Gesture Recognition Algorithm and Kinect[C]// Fifth International Symposium on Computational Intelligence & Design. IEEE, 2013.

[43] Hu, M. Visual pattern recognition by moment invariants[J]. IEEE Transactions on Information Theory, 1962, 8: 179-187.

[44] Wang N , Gong X , Liu J . A new depth descriptor for pedestrian detection in RGB-D images[C]// Pattern Recognition (ICPR), 2012 21st International Conference on. IEEE, 2012: 3688-3691.

[45] Huang D Y , Hu W C , Chang S H . Vision-Based Hand Gesture Recognition Using PCA+Gabor Filters and SVM[C]// Fifth International Conference on Intelligent Information Hiding & Multimedia Signal Processing. IEEE Computer Society, 2009.

[46] Serra G , Camurri M , Baraldi L , et al. Hand segmentation for gesture recognition in EGO-vision[C]// Acm International Workshop on Interactive Multimedia on Mobile & Portable

Devices. ACM, 2013: 31-36.

[47] Rashid O , Al-Hamadi A , Michaelis B . A Framework for the Integration of Gesture and Posture Recognition Using HMM and SVM[C]// Intelligent Computing and Intelligent Systems, 2009.

[48] Oreifej O , Liu Z . HON4D: Histogram of Oriented 4D Normals for Activity Recognition from Depth Sequences[C]// IEEE Conference on Computer Vision & Pattern Recognition. IEEE Computer Society, 2013: 716-723.

[49] Elmezain M , Al-Hamadi A , Appenrodt J , et al. A Hidden Markov Model-based continuous gesture recognition system for hand motion trajectory[C]// Pattern Recognition, 2008. ICPR 2008. 19th International Conference on IEEE, 2009.

[50] Cao C , Zhang Y , Wu Y , et al. Egocentric Gesture Recognition Using Recurrent 3D Convolutional Neural Networks with Spatiotemporal Transformer Modules[C]// 2017 IEEE International Conference on Computer Vision (ICCV). IEEE Computer Society, 2017.

[51] Donahue J , Hendricks L A , Guadarrama S , et al. Long-term Recurrent Convolutional Networks for Visual Recognition and Description[M]. Elsevier, 2015.

[52] Donahue J , Hendricks L A , Rohrbach M , et al. Long-term Recurrent Convolutional Networks for Visual Recognition and Description[J]. IEEE Transactions on Pattern Analysis & Machine Intelligence, 2014, 39(04): 677-691.

[53] Ma X, Peng J. Kinect Sensor-Based Long-Distance Hand Gesture Recognition and Fingertip Detection with Depth Information[J]. Journal of Sensors, 2018: 1-9.

[54] Grauman K, Darrell T. Fast contour matching using approximate earth mover's distance[C]// Computer vision and pattern recognition, 2004: 220-227.

[55] Simonyan K , Zisserman A . Very Deep Convolutional Networks for Large-Scale Image Recognition[J]. Computer Science, 2014.

[56] He K , Zhang X , Ren S , et al. Deep Residual Learning for Image Recognition[C]// 2016 IEEE Conference on CVPR, 2016.

[57] 手势识别成人机交互新趋势[EB/OL].http://finance.sina.com.cn/stock/marketresearch/2017-10-09/doc-ifymrqmq2438238.shtml.

[58] Lowe D G . Distinctive Image Features from Scale-Invariant Keypoints[J]. International Journal of Computer Vision, 2004, 60(02): 91-110.

[59] Ahonen T, Hadid A, Pietikäinen M. Face description with local binary patterns: application to face recognition[J]. IEEE Transactions on Pattern Analysis & Machine Intelligence, 2006, 28(12): 2037-2041.

[60] Dalal N, Triggs B. Histograms of oriented gradients for human detection [C]// Computer Vision

and Pattern (CVPR), IEEE, 2005: 886-893.

[61] Hussain S U , Thibault Napoléon, Jurie F . Face Recognition using Local Quantized Patterns[C]// British Machine Vision Conference, 2012.

[62] Zhen Lei, Matti Pietikäinen, Stan Z. Li. Learning Discriminant Face Descriptor[J]. IEEE Transactions on Pattern Analysis & Machine Intelligence, 2014, 36(02): 289-302.

[63] Taigman Y, Ming Y, Ranzato M, et al. DeepFace: Closing the Gap to Human-Level Performance in Face Verification[C]// IEEE Conference on Computer Vision & Pattern Recognition, 2014.

[64] Navneet Jindal, Vikas Kumar. Enhanced Face Recognition Algorithm using PCA with Artificial Neural Networks[J]. International Journal of Advanced Research in Computer Science and Software Engineering, 2013, 3(06).

[65] Viola P, Jones M J. Robust Real-Time Face Detection[J]. International Journal of Computer Vision, 2004, 57(02): 137-154.

[66] Huang Y. Application of independent component analysis in face images: a survey[C]// International Symposium on Multispectral Image Processing & Pattern Recognition, 2003.

[67] W. Zhao, R. Chellappa, A. Rosenfeld, et al. Face Recognition: A Literature Survey[J]. ACM Computing Surveys, 2003: 399-458.

附录　缩略语

缩写	英文全称	中文全称
AMCW-ToF	Amplitude Modulation Continuous Wave-ToF	调幅连续波形调制的 ToF
CAD	Computer Aided Design	计算机辅助设计
CCD	Charge-coupled Device	电荷耦合器件
CNN	Convolutional Neural Network	卷积神经网络
CPAD	Current Assisted Photonic Demodulators	电流辅助光电解调器
DCS	Differential Correlation Sample	差分相关采样
DMAPP	Data Miracle Application	数迹智能应用平台
DTW	Dynamic Time Warping	动态时间规整
FMCW-ToF	Frequency Modulation Continuous Wave-ToF	调频连续波形调制的 ToF
HDR	High-Dynamic Range	高动态范围
HMM	Hidden Markov Model	隐马尔科夫模型
HOG	Histogram of Oriented Gradient	方向梯度直方图
ICP	Iterative Closest Point	迭代最近点算法
JPEG	Joint Photographic Experts Group	联合图像专家组
LSTM	Long Short-Term Memory	长短期记忆网络
MCU	Microcontroller Unit	微控制单元
MPU	Microprocessor Unit	微处理器
MQTT	Message Queuing Telemetry Transport	消息队列遥测传输
ONVIF	Open Network Video Interface Forum	开放型网络视频接口论坛
OpenCV	Open Source Computer Vision Library	开源计算机视觉库
PCL	Point Cloud Library	点云库
PS	Photoshop	美化图片
PSNR	Peak Signal Noise Rate	峰值信噪比
P-ToF	Pulse ToF	脉冲调制的 ToF
QVGA	Quarter Video Graphics Array	1/4 的 480×640 屏幕分辨率
RANSAC	Random Sample Consensus	随机抽样一致方法
RLE	Run Length Encoding	行程编码
RNN	Recurrent Neural Network	循环神经网络
ROI	Region of Interest	感兴趣区域
RTMP	Real Time Messaging Protocol	实时消息传输协议

（续表）

缩写	英文全称	中文全称
RVL	Run Length Encoding and Variable Length Encoding	行程长度编码和变化长度编码
SFM	Structure From Motion	运动恢复结构
SVM	Support Vector Machine	支持向量机
SGD	Stochastic Gradient Descent	随机梯度下降
VPU	Video Processing Unit	视频处理单元

反侵权盗版声明